스페이스 크로니클

스페이스 크로니클

우주 탐험, 그 여정과 미래

닐 디그래스 타이슨 지음

에이비스 랭 엮음 | 박병철 옮김

부·키

지은이 **닐 디그래스 타이슨** Neil deGrasse Tyson 은 미국 자연사 박물관 부설 헤이든 천문관의 천체물리학자이자, 과학의 대중화에 앞장서고 있는 과학 커뮤니케이터이다. 1958년 뉴욕에서 태어난 그는 하버드 대학교에서 물리학을 공부한 후 컬럼비아 대학교에서 천체물리학 박사 학위를 받았고, 1996년 헤이든 천문관의 5대 소장으로 임명되었다.

타이슨 박사의 연구 관심사는 우주론, 별의 형성과 진화 및 폭발, 왜소 은하, 우리 은하의 구조 등 광범위한 분야에 걸쳐 있다. 그는 1995년부터 2005년까지 〈내추럴 히스토리〉에 '우주(Universe)'라는 칼럼을 매달 연재하는 한편, 대중을 위한 천문학 책도 여러 권 써왔다. 열 번째 저서 〈스페이스 크로니클〉에서는 우주 탐험의 과거와 현재, 그리고 미래에 대하여 자신이 그간 품어온 모든 생각을 풀어내고 있다. 2014년에는 13부작 우주 다큐멘터리 〈코스모스〉의 진행자이자 내레이터로 출연했는데, 이 프로그램은 칼 세이건이 1980년에 진행했던 기념비적 시리즈를 리부트한 것으로 한국을 비롯한 180여 개국에서 45개 언어로 방영되었다.

타이슨은 19개의 명예박사 학위를 수여받았으며, 2004년 NASA 공로 훈장을 받았다. 국제 천문 연맹에서는 대중에게 우주를 알리는 일에 매진해온 타이슨의 공로를 기려 한 소행성의 이름을 '13123 타이슨'으로 명명했다. 2000년에는 〈피플〉에서 '현존하는 가장 섹시한 천체물리학자'로 선정되었고, 2015년 미국 과학 학회에서는 '대중들이 과학의 경이로움에 빠져들도록 빼어난 활약'을 펼친 타이슨에게 '공익 메달'을 수여했다.

엮은이 **에이비스 랭** Avis Lang 은 작가이자 프리랜서 편집자이며, 뉴욕 시립 대학교에서 영문학을 가르치고 있다. 닐 디그래스 타이슨의 조력자이기도 하며, 특히 2002년부터 2007년까지 〈내추럴 히스토리〉의 편집장을 지내면서 타이슨의 연재 칼럼 '우주'를 편집했다. 원래 미술사를 전공한 랭은 미술 에세이를 꾸준히 써오는 한편 대규모 그룹 전시회의 큐레이터로도 몇 차례 활약했다.

옮긴이 **박병철**은 연세대학교와 동 대학원에서 물리학을 공부하고, 한국과학기술원(KAIST)에서 이론물리학을 전공하여 박사 학위를 받았다. 현재 대진대학교 물리학과 초빙교수이며, 과학 번역가 및 저술가로 활동하고 있다. 옮긴 책으로 〈타이슨이 연주하는 우주 교향곡〉1, 2 〈페르마의 마지막 정리〉〈엘러건트 유니버스〉〈평행우주〉〈파인만의 물리학 강의〉I, II 〈퀀텀스토리〉〈백미러 속의 우주〉 등 50여 권이 있으며, 저서로는 어린이 과학 동화 〈라이카의 별〉이 있다.

스페이스 크로니클

2016년 1월 15일 초판 1쇄 발행 | 2020년 9월 4일 초판 4쇄 발행

지은이 닐 디그래스 타이슨 | 엮은이 에이비스 랭 | 옮긴이 박병철
펴낸곳 부키(주) | 펴낸이 박윤우 | 등록일 2012년 9월 27일 | 등록번호 제312-2012-000045호 | 주소 03785 서울 서대문구 신촌로3길 15 산성빌딩 6층 | 전화 02) 325-0846 | 팩스 02) 3141-4066 | 홈페이지 www.bookie.co.kr | 이메일 webmaster@bookie.co.kr | 제작대행 올인피앤비 bobys1@nate.com | ISBN 978-89-6051-529-1 03440

미래를 꿈꾸는 법을 아직 잊지 않은 모든 이들에게 바친다

엮은이의 글

닐 디그래스 타이슨은 1990년대 중반부터 과학 잡지 〈내추럴 히스토리〉에 '우주Universe'라는 칼럼을 쓰기 시작했다. 당시 이 잡지를 출간했던 미국 자연사 박물관은 부설 기관으로 헤이든 천문관을 운영하고 있었는데, 잡지 칼럼으로 인연을 맺은 타이슨은 1996년 이 천문관의 소장으로 부임했다. 2002년 여름, 박물관의 예산 축소와 함께 운영 방침이 일부 바뀌면서 잡지사는 한 개인 회사에 인수되었다. 바로 이 무렵에 나는 〈내추럴 히스토리〉의 편집장으로 부임하여 한동안 타이슨이 쓴 글의 편집을 전담해왔다. 지금은 다른 출판사에서 일하고 있지만, 타이슨과 나는 지금까지 돈독한 관계를 유지해오고 있다.

나는 미술사가이자 큐레이터다. 독자들은 내 경력이 타이슨 같은 과학자의 책을 편집하기에 적절치 않다고 생각할지도 모르겠다. 그러나 내가 이 일을 자처한 데에는 그럴 만한 이유가 있다. 타이슨은 과학자 중에서도 대중과의 소통을 매우 중시하는 사람이고, 과학 대중화를 위해 많은 글을 써온 사람이다. 그래서 우리 두 사람이 호흡을 맞추면 일반인들이 쉽게 이해할 만하면서 과학자에게도 만족스러운 책을 만들 수 있을 거라고 생각했다.

구소련이 세계 최초로 소형 인공위성(스푸트니크 1호. 1957년—옮긴이)을 발사한 지 50년이 넘었고, 미국의 우주인이 최초로 달 표면에 발자국을 남긴 지도 반세기 가까이 지났다. 요즘은 NASA에 소속된 우주인이 아니어도 2000만~3000만 달러를 지불할 수 있는 부자라면 개인적으로 우주 여행을 즐길 수 있다. 미국의 항공우주 기업들은 사람과 화물을 싣고 국제 우주 정거장을 왕복하는 우주선을 한창 개발 중이다. 지구 주변을 선회하는 인공위성은 그 수가 너무 많아서 거의 포화 상태에 이르렀다. 지금 하늘에는 0.5인치가 넘는 우주 쓰레기 수십만 개가 위성과 함께 돌고 있으며, 소행성을 군사 목적으로 사용하는 방안까지 논의되고 있다.

지난 10여 년 동안 미국의 각종 정부 위원회는 사람을 달에 보내는 계획을 포함하여 유인 우주선을 더 먼 곳까지 보내는 프로젝트를 구상해왔다. 그러나 NASA의 예산이 부족하여 유인 탐사는 저궤도에서만 이루어졌고, 원거리 탐사는 주로 로봇에 의존해왔다. 2011년 초에 NASA는 미국 의회에 "혁신적인 발사 시스템과 파격적인 예산 증원이 없으면 미국은 2016년까지 우주로 다시 진출할 수 없을 것"이라고 경고했다.

그러는 사이에 다른 국가들이 맹추격을 해왔다. 중국은 2003년에 사람을 우주로 보냈고, 인도는 이와 비슷한 프로젝트를 2015년에 완료할 계획이다. 유럽 연합은 2004년에 달 탐사선을 발사했고, 2007년에는 일본, 그다음 해에는 인도의 달 탐사선이 성공적으로 임무를 완수했다. 그리고 2010년에 중국은 공화국 설립 61주년을 맞이하여 2차 무인 탐사선을 달 궤도에 진입시켰는데, 이 프로젝트의 목적은 3차 탐사선의 적절한 착륙 지점을 찾는 것이었다. 냉전 시대에 우주 개발을 이끌었던 러시아도 유인 달 탐사선을 계획 중이며, 브라질, 이스라엘, 이란, 한국, 우크라이나, 캐나다, 프랑스, 독일, 이탈리아, 영국 등도 우주 개발 전담 부서를 운영하면서 우주 진출에 박차를 가하고 있다. 현재 인공위성을 보유한 나라는 40개국이 넘는다. 최근에 남아프리카 공화국도 우주 개발 부서를 발족시켰고, 범아랍 우주 개발국도 곧 출범할 예정이다. 요즘은 여러 국가들이 공동으로 참여하는 국제 우주 협력 기구가 대세로 떠오르고 있다. 일부 국가들이 우주 개발을 이끌던 시대는 이제 완전히 끝난 것이다. 전 세계의 과학자들은 "여러 국가들이 힘을 합쳐 위기와 한계를 극복하는 것이 훨씬 효율적"임을 강조하고 있다.

닐 디그래스 타이슨은 지금까지 이런 이야기를 생각하고, 책으로 쓰고, 온갖 매체를 통해 적극적으로 전파해온 사람이다. 이 책에는 지난 15년 동안 타이슨이 우주 개발에 관하여 언급해온 다양한 내용들이, 1부 '왜 가려고 하는가Why', 2부 '어떻게 갈 것인가How', 3부 '불가능은 없다Why Not'로 정리되어 있다. 우리는 왜 우주를 동경하며, 왜 우주로 나가야 하는가? 지금까지 우리는 어떻게 우주를 탐사해왔으며, 미래에는 어떤 방법이 사용될 것인가? 그리고 우주를 향한 도전의 걸림돌은 무엇인가? 이 책에는 과거 우주 개발 정책의 변천사가 한 편의 서사시처럼 펼쳐져 있다. 그리고 이 서사시는 우주의 의미를 다시 한 번 되새기는 것으로 마무리된다.

우주 공간으로 나가면 수시로 얼음 먼지 돌풍이 일고, 전자기파 복사처럼 소리 없는 위험이 곳곳에 도사리고 있다. 다행히도 우리는 타이슨 덕분에 그런 위험을 감수할 필요 없이 책상 앞에 앉아서 그의 안내를 따라가기만 하면 된다. 자, 그의 말에 귀를 기울여보자. 앞으로 우리는 지구를 떠나서 살아야 할지도 모르기 때문이다.

에이비스 랭

차례

PART III 불가능은 없다

프롤로그
우주 정책

세상 돌아가는 모습을 보고 있노라면 당장 나서서 글로벌 의식을 함양시키고 군중을 계도하는 등 세상을 바꾸기 위해 무언가 하고 싶어진다. 그러나 달에서 지구를 바라보면 그 복잡다단한 국제 정치라는 것이 아이들 장난처럼 귀엽게 보인다. 만일 당신이 달 표면에서 있다면 정치가의 뒷덜미를 잡고 40만 킬로미터 떨어진 달에 끌고 와서 이렇게 말해주고 싶을 것이다. "잘 보라고, 저게 지구야. 이래도 계속 떠들고 싶나?"

에드거 미첼, 아폴로 14호 우주인, 1974년

세상에는 정치적 논리보다 감정에 치우치는 사람이 있고, 합리적 사고보다 정치적 논리를 좋아하는 사람도 있다. 또 개중에는 합리적 사고를 아예 하지 않는 사람도 있다.

나는 지금 사람들을 평가하려는 것이 아니다. 그냥 현실이 그렇다는 이야기다.

인류는 역사 이래 여러 차례에 걸쳐 비약적인 발전을 해왔는데, 그중 일부는 비논리적이고 원시적인 '감정'에서 비롯되었다. 누가 뭐라해도 감정은 풍부한 언어와 위대한 예술의 원천이다. "그는 광인狂人

아니면 천재가 분명하다."—이런 말을 감정 없이 어떻게 이해할 수 있을까?

물론 논리적으로 사는 것도 나쁘지 않다. 단, 다른 사람들도 똑같이 논리적이라는 가정하에 그렇다. 사실 이런 삶은 〈걸리버 여행기〉 같은 소설 속에서나 가능하다. (여기 등장하는 나라 중에 똑똑한 말[馬]이 지배하는 후이넘Houyhnhnm이라는 나라가 있다. 후이넘은 '완전한 천성perfection of nature'이라는 뜻이다.) 인기 공상과학 시리즈 〈스타 트렉〉에 등장하는 외계인 나라 벌컨Vulcan도 이성이 지배하는 세상이다. 후이넘과 벌컨에서 최고의 덕목은 효율성이며, 이 지침에 따라 모든 결정이 내려진다. 여기에는 허식이나 열정, 허위 같은 것이 끼어들 여지가 없다.

그러나 감정적인 사람, 이성적인 사람, 둘 사이를 오락가락하는 사람, 그리고 자신은 논리적이라고 주장하면서 실제로는 어설픈 느낌이나 검증되지 않은 사변철학에 의존하는 사람… 이들이 마구 섞여 있는 사회를 다스리려면 '정치'라는 것이 필요하다. 정치가 제대로 이루어지면 구성원들의 다양한 생각을 종합해서 바람직한 결론을 이끌어낼 수 있지만, 잘못하면 부적절한 폭로가 난무하거나 유권자의 뜻을 오인하여 유해한 결론에 도달할 수도 있다.

정치적 견해는 사람마다 다를 수 있다. 그러나 다른 정도가 심하면 여론이 형성되지 않아 의견 수렴이 어려워진다. 낙태, 사형 제도, 국방 예산, 경제 제재, 총기 단속, 세법 등이 그 대표적 사례들이다. "당신은 이런 문제에 대하여 어떤 의견을 갖고 있는가?"라는 질문은 "당신은 어떤 정당을 지지하는가?"라는 질문과 거의 동격이다. 예민한 사안에 어떤 정책을 펼쳐야 하는가?—이것은 정당의 정체성을 좌우하는 질문이다.

　이전투구 속에서 탄생한 정부가 과연 생산적인 결과물을 내놓을 수 있을까? 누구나 의심스러울 것이다. 미국의 유명 코미디언 갤러거는 1985년에 출연했던 영화 〈회계 담당자〉에서 멋진 대사를 남겼다. "프로pro와 콘con은 서로 반대의 뜻을 담고 있다. 그래서 의회Congress와 진보progress도 서로 반대말이다(원래 'pro and con'은 찬성과 반대, 즉 '찬반양론' 이라는 뜻이다―옮긴이)."

　얼마 전까지만 해도 '우주 개발'이라는 테마는 정당의 정책보다 우위에 있었다. 미국 항공우주국, 즉 NASA는 정부 기관이면서 정치적으로 철저하게 중립을 유지해왔으며, NASA의 정책을 지지하는 것은 공화당과 민주당, 도시민과 지방민, 부유층과 빈곤층 모두의 공통적인 성향이었다.

　미국 문화에서 NASA의 위치는 매우 특별하다. NASA의 10개 센터는 미국의 여덟 주州에 걸쳐 분포되어 있는데, 지난 2008년에 실시된 연방 선거 결과를 보면 이들 지역에서 민주당 여섯 명, 공화당 네 명이 하원 의원에 당선되었고, 2010년 선거에서는 민주당 네 명, 공화당 여섯 명이었다. 그리고 현재 임기 중에 있는 해당 주들의 상원 의원 수는 공화당 여덟 명, 민주당 여덟 명으로 똑같다. 1958년에 미국 항공우주법이 공포되었을 때 미국 대통령은 공화당을 대표하는 드와이트 D. 아이젠하워였고, 아폴로 프로그램이 처음 시작된 1961년에는 민주당의 존 F. 케네디가 정권을 잡고 있었다. 그리고 다시 공화당의 리처드 M. 닉슨이 대통령직을 수행하던 1969년에 아폴로 11호가 달에 착륙했다.

우연의 일치일 수도 있겠지만, 미국이 배출한 우주인 중 존 글렌(미국 최초로 궤도 비행에 성공한 우주 비행사)과 닐 암스트롱(달 표면을 최초로 걸었던 우주 비행사)을 포함한 24명이 스윙 스테이트swing state(정치적 성향이 뚜렷하지 않은 주—옮긴이)인 오하이오 주 출신이다.

특정 정당이 NASA의 활동에 영향을 미치면 그 결과는 곧바로 만천하에 드러난다. 한 가지 예를 들어보자. 1969년 아폴로 11호가 달탐사 임무를 성공적으로 수행하고 귀환했을 때, 닉슨 대통령은 아폴로 11호 사령선(최종적으로 지구에 착륙하는 캡슐—옮긴이) 회수팀으로 당시 새로 건조된 항공모함 USS 존 F. 케네디호를 보낼 수도 있었다. 만일 그랬다면 모양새가 훨씬 좋았을 것이다. 그러나 닉슨은 편의를 위해 USS 호닛 항공모함을 태평양으로 파견했고, 결국 케네디호는 온 국

1969년 7월 24일, 하와이 남서쪽 1500킬로미터 해상에 착수한 아폴로 11호 사령선의 승무원들이 항공모함 호닛호의 헬리콥터를 기다리고 있다. NASA

민이 아폴로 11호의 귀환을 축하할 때 버지니아 주 포츠머스에 있는
건선거乾船渠(대형 선박의 수리나 청소를 위해 만든 구조물—옮긴이)에 갇혀 있었
다. 또 다른 사례도 있다. 1984년, 로널드 레이건 대통령이 산업 우대
정책을 펼치고 있을 때 상업 우주 개발법이 의회를 통과하면서 민간
기업이 NASA의 재정 지원을 받아 우주선을 개발할 수 있는 길이 열
렸다. 오직 NASA에만 지원되던 정부 보조금이 민간 업체에도 할당된
것이다. 이런 아이디어가 민주당 측에서 나왔는지는 알 수 없지만, 어
쨌거나 공화당이 지배하던 상원과 민주당이 지배하던 하원은 이 법안
을 통과시켰다. 이들의 공통된 목적은 '미국인 달에 보내기'였다.

NASA가 우주 개발사에 남긴 업적 중에는 미국이라는 특정 국가의
이익을 초월한 것도 많다. 허블 우주 망원경이 보내온 고해상도 우주
사진들은 인터넷을 통해 누구에게나 공개되어 있으며, 두바이와 카타
르에서는 아폴로 우주인들의 얼굴이 인쇄된 우표가 발행되기도 했다.
또한 2006년에 제작된 다큐멘터리 〈달의 그림자 속에서〉에는 아폴로
12호의 승무원이자 역사상 네 번째로 달 표면을 거닐었던 앨런 빈이
전 세계를 돌아다니며 강연을 하는 장면이 나오는데, 그를 에워싼 군
중은 "당신이 해냈다!"거나 "미국이 해냈다!"가 아니라, "우리가 해냈
다!"를 큰 소리로 외쳤다. 월면 보행을 경험한 사람의 83퍼센트는 군
인이었고 100퍼센트가 미국인 남자였지만, 사실 이들은 특정 국가나
정치적 이데올로기를 초월한 '전 인류의 대표'였던 것이다.

　　NASA가 제아무리 정치와 무관한 기관이라 해도, 국내 여론보다

훨씬 막강한 국제 정세로부터 자유롭지는 못했다. 1957년에 구소련이 세계 최초의 인공위성 스푸트니크 1호 발사에 성공하자 위기감을 느낀 미국은 곧바로 우주 경쟁에 뛰어들었고, 그로부터 1년 후에 탄생한 것이 바로 NASA였다. 그러니까 NASA는 태생적으로 냉전의 산물이었던 셈이다. 그리고 소련이 최초로 유인 인공위성을 쏘아 올린 지 몇 주 후, 미국은 사람을 달에 보낸다는 아폴로 프로그램에 착수했다. 당시만 해도 소련은 최초의 우주 유영, 최장 시간 우주 유영, 최초의 여성 우주인, 최초의 우주 도킹, 최초의 우주 정거장, 최장 시간 우주 거주 등 우주와 관련된 거의 모든 분야에서 미국을 압도하고 있었다. 이런 시기에 미국이 아폴로 계획을 발표한 데에는 "다른 경쟁에서 뒤처진 것을 한 방에 만회하겠다."는 의도가 숨어 있었다.

1969년, 미국은 달에 갔다 오기 경쟁에서 기어이 소련을 제치고 역전승의 기쁨을 만끽했다. 그리고 승리를 확신한 다음에는 달에 가는 일을 완전히 그만두었다. 이것으로 상황이 종료되었을까? 아니다. 소련은 "지표에서 벌어지는 모든 상황을 관측할 수 있는 대형 우주 플랫폼을 건설하겠다."며 미국을 위협했고, 1971년부터 살류트 우주 모듈(세계 최초의 우주 정거장—옮긴이) 프로젝트에 착수했다. 여기서 충분한 경험을 축적한 소련은 1986년에 사람이 장기간 거주할 수 있는 미르Mir(러시아어로 '평화'라는 뜻) 우주 정거장을 건설하기 위한 첫 번째 자재를 우주에 실어 보냈다(그 후 여섯 차례에 걸쳐 부분 모듈을 조립하여 1996년에 완공했다—옮긴이). 소련의 질주에 또다시 불안감을 느낀 미국은 "우리도 우주 정거장을 만들어야 한다."며 2차 경쟁 모드로 접어들었고, 레이건은 1984년 연두 교서(미국 대통령이 매년 초 상·하원 합동 회의에 참석하여 국정 전반에 대한 견해를 밝히고 관련 입법을 권고하는 정기 연설—옮긴이)에서 "우방국과 협조하여 프리덤 우주 정거장을 하루속히 건설하겠다."고 선언했다. 이 계획은 의회의 승인을 얻어내긴 했지만, 소련의 해체와 함께 냉전이 종식되면서 1989년에 백지화되었다. 그 후 1993년에 클린턴 대통령은 부족한 예산을 여기저기서 충당하여 미국의 프리덤 우주 정거장 프로젝트와 유럽의 콜럼버스 모듈을 하나로 통합하는 국제 우주 정거장 건설을 승인했고, 이 소식이 전해지자 러시아의 고집센 핵물리학자들과 공학자들은 미국 위협용 대량 살상 무기의 제작을 포기하고 좀 더 실용적인 분야에 관심을 갖기 시작했다. 그리고 바로 이해에 역사상 최대 규모 가속기인 초전도 초충돌기SSC 건설 프로젝트가 중단되었다. SSC는 1980년대에 미국 의회의 승인을 얻어 시작된 초대형 프로젝트였다. 항간에는 SSC의 건설 비용이 눈덩이처럼 불어나서 어쩔 수 없이 중단되었다고 알려져 있지만, 우주 정거장과 초충돌기 모두 텍사스 주에서 관리했다는 점도 부정적 요인으로 작용했다. 그러나 이 문제를 좀 더 자세히 들여다보면 또 다른 이유가 눈에 띈다. 냉전 시대에 우주 정거장은 미국의 안보를 위해 반드시 필요한 장비였지만, 평화 시대의 충돌기는 그 정도로 절실하게 필요한 장비가 아니었다. SSC 프로젝트의 중도 폐기는 "정치와 전쟁이 과학의 미래를 좌우한다."는 사실을 극명하게 보여주고 있다.

국제 우주 정거장은, 전쟁 때 결성된 연합군에 이어 여러 국가들이 협력하여 초대형 임무를 성공적으로 완수한 또 하나의 모범적 사례이다. 이 프로젝트에는 미국과 러시아를 비롯하여 캐나다와 일본, 브라질, 그리고 유럽 우주국의 회원국인 벨기에와 덴마크, 프랑스, 독일,

이탈리아, 네덜란드, 노르웨이, 스페인, 스웨덴, 스위스, 영국이 참여했다. 원래는 중국도 참여할 예정이었지만 국내 인권 보장 수준이 국제 수준에 못 미친다는 이유로 제외되었다. 과연 이것이 전부였을까? 인권과 우주 개발이 무슨 상관이기에 참여국 명단에서 제외한다는 말인가? 사실 여기에는 또 다른 이유가 있었다. 중국은 2003년에 자체 제작한 유인 우주선 발사에 성공했는데, 당시 승무원이었던 양리웨이는 미국의 초기 우주인들과 마찬가지로 전투기 조종사 출신이었다. 그리고 중국은 수명이 끝난 채 하릴없이 궤도를 돌고 있는 자국 위성을 처분할 때 중거리 탄도 미사일을 사용했다. 간단히 말해서, 중국의 우주 개발 계획은 군사력과 밀접하게 관련되어 있었던 것이다. 그래서 미국의 정보 분석가들은 중국을 '미국에 위협이 될 수 있는 잠재적 적국'으로 분류했고, 정부는 이들의 충고를 받아들였다.

중국은 이 결정이 분명 마음에 들지 않을 것이다(2015년 4월 중국의 우주인들이 국제 우주 정거장에 가고 싶다는 뜻을 비쳤으나, 미국은 아무런 응답도 하지 않았다―옮긴이). 겉으로는 관련 법규를 내세우고 있지만, 미국의 저의를 중국이 모를 리 없다. 이런 상황에서 미국이 추진 중인 유인 화성 탐사 프로젝트에 중국이 정면으로 도전장을 내민다 해도 미국 정부는 할 말이 없을 것이다.

NASA는 평균적으로 5~6년에 1000억 달러라는 천문학적 예산을 소모해왔다. 그동안 NASA가 펼쳐온 사업들(머큐리 프로그램(미국 최초의 유인 우주 비행 계획), 제미니 프로그램(2인승 유인 우주선 개발 계획), 아폴로 프로그램

(유인 달 착륙선 개발 계획), 로켓 추진 기술 연구, 우주왕복선, 우주 정거장 등)은 과학적 발견을 해내거나 삶의 질을 향상시키기 위한 프로젝트가 아니었다. 물론 NASA 덕분에 새로운 발견이 이루어지고 부분적으로나마 삶의 질도 높아지긴 했지만, 이런 것은 본래의 목적이 아니라 지정학적 임무를 수행하면서 부수적으로 얻은 효과였다.

이 간단한 사실을 외면한다면 NASA의 속성을 결코 이해할 수 없다. 지금까지 NASA는 국제 정세로부터 결코 자유롭지 못했으며, 앞으로도 그럴 것이다.

아폴로 11호가 달에 착륙한 지 20년이 지난 1989년 7월 20일, 조지 부시 대통령은 미국 항공우주 박물관에서 개최된 기념식에 참석하여 우주 개발 이니셔티브SEI 계획을 발표했는데, 주된 내용은 프리덤 우주 정거장을 완성하고, 달에 영구 기지를 건설하고, 화성에 사람을 보내는 것이었다. 이날 부시는 신대륙을 발견했던 콜럼버스의 개척 정신을 언급하면서 "적절한 시기에 적절한 장소에서 올바른 일을 수행할 것"이라고 했다. 이렇게 감동적인 연설이 안 먹혀든다면, 그게 오히려 이상하다. 케네디 대통령도 1962년 9월 12일 휴스턴에 있는 라이스 대학교에서 이와 비슷한 연설을 한 적이 있다. 그는 이 자리에서 아폴로 프로그램의 역사적 의미를 강조하면서, 거기 투입되는 비용을 이례적으로 솔직하게 털어놓았다. "물론 여기에는 엄청난 돈이 들어간다. 금년 우주 개발에 할당된 예산은 작년 예산의 세 배이며, 지난 8년 동안 투입된 예산을 모두 합한 것보다 많다."

아마도 부시에게는 케네디의 카리스마가 필요했던 것 같다. 아니면 다른 무언가가 필요했을지도 모른다.

부시의 연설이 있은 후, NASA 존슨 우주 센터의 소장이 이끄는 연구팀은 SEI의 세부 사항을 꼼꼼하게 분석하여 향후 20~30년 동안 소요될 최소 비용을 추산했는데, 그 결과는 놀랍게도 5000억 달러(한화 약 560조 원)였다. 대체 어떤 의원이 이런 지출을 선뜻 허락하겠는가? SEI는 시작과 동시에 중단될 위기에 처했다. 그런데 이 비용이 케네디가 썼던 비용보다 많을까? 아니다. 아폴로 계획에 더 많은 돈이 들어갔다. 그런데 사람들의 반응은 27년 전과 크게 달라졌다.

두 연설의 반응이 이렇게 다른 이유는 정치적 의지나 여론 때문이 아니다. 또한 부시의 카리스마가 부족해서도 아니고, 돈 때문은 더욱 아니다. 1960년대 초에 케네디는 소련과 치열한 냉전을 치르고 있었지만, 80년대 말의 부시는 어느 누구와도 전쟁을 하지 않았다. 전시에는 돈의 흐름을 좌우하는 돌발 변수가 수시로 나타나기 때문에, 케네디와 부시의 연설을 직접 비교할 수는 없다.

전쟁과 관련된 변수를 고려하지 않은 채 우주 개발을 무조건 지지하는 사람들은 "지금 우리에게 필요한 것은 위험을 불사하는 도전 정신"이라는 케네디식 논리에 빠지기 쉽다. 여기에 정치적 의지까지 개입되었다면, 지금쯤 화성에는 기지가 완성되어 수백 명이 파견되어 있을 것이다. 과거에 프린스턴 대학교의 제라드 K. 오닐은 화성 기지가 2000년쯤 완공될 것이라고 예측했다.

반면에 좀 더 까다로운 우주 신봉자들은 "NASA가 납세자의 돈을 낭비하고 있다."면서 NASA를 통해 분배되는 예산을 포크 배럴pork barrel(미국 의원들이 표를 얻기 위해 자기 선거구에 끌어오는 정부 보조금. '표를 얻는 가장 쉬운 방법'을 뜻한다—옮긴이)처럼 취급하고 있다. 그러나 사실은 정반

대다. 여러 곳에서 모은 돈을 NASA 혼자 독식하고 있는 것이 아니라, NASA라는 한정된 지역에서 개발된 기술이 미국을 비롯한 전 세계 사람들에게 더욱 나은 삶을 제공하고 있다.

여기, 한 번쯤 실행해볼 만한 실험이 있다. NASA를 부정적으로 바라보는 사람의 집에 몰래 잠입하여 NASA에서 개발한 기술이 적용된 모든 장치를 제거하는 것이다. 초소형 전자 기기, GPS(위성 항법 장치), 긁힘 방지 렌즈, 무선 동력 공구, 메모리폼 매트리스, 헤드 쿠션, 귀 체온계, 가정용 식수 필터, 구두 안창, 원거리 통신 장비, 화재 감지기… 나열하자면 한도 끝도 없다. 만일 집주인이 라식 수술을 했다면, 그것도 원래대로 되돌려놓는다. 이 실험이 제대로 수행되었다면, 다음 날 아침에 깨어난 집주인은 앞을 제대로 볼 수 없고 전화를 걸 수도 없으며, 안경을 찾아서 낀다 해도 GPS가 없으니 장거리 운전도 할 수 없다. 그리고 날씨를 알려줄 기상 위성이 없으므로 외출 시에는 언제라도 비 맞을 각오를 해야 한다.

NASA가 유인 프로젝트(사람을 우주에 보내는 프로젝트)에 집중하지 않을 때, NASA의 과학 활동은 주로 지구과학, 태양물리학, 행성과학, 천체물리학에 집중되었다. 2005년에 NASA는 1년 예산의 40퍼센트를 이 네 가지 분야에 투자했다. 그러나 아폴로 계획이 진행되던 무렵에는 매년 10퍼센트대를 넘지 않았으며, 지난 50년 동안 평균을 내보면 과학 분야에 투자한 비용은 전체 예산의 20퍼센트 정도이다. 간단히 말해서, NASA를 지지하는 의원들과 NASA 자체는 과학을 '우선 투자

분야'로 간주하고 있지 않다는 뜻이다.

그럼에도 불구하고 '과학'과 'NASA'를 별개로 생각하는 사람은 거의 없다. NASA의 프로젝트가 지정학적 이유 때문에 수행되는 경우에도, 사람들은 어떻게든 과학적 이유를 찾아내려 애쓰는 경향이 있다. 그래서 입법자들은 일반 대중을 상대로 연설을 할 때나 청문회에 불려 나가 증언을 할 때, NASA의 유인 프로젝트가 가져다줄 과학적 이득을 실제보다 크게 부풀리곤 한다. 예를 들어 미국 최초로 유인 궤도 비행에 성공한 우주인이자 상원 의원인 존 글렌은 국제 우주 정거장 건설 계획이 발표되었을 때 재빠르게 '무중력 상태의 과학적 응용 가치'를 강조하면서 축하 메시지를 날렸다. 하지만 1년에 30억 달러라니? 학교나 연구소에서 과학 발전을 위해 정진하고 있는 학자들에게는 꿈도 꿀 수 없는 거액이다. 아닌 게 아니라, 학계의 저명한 과학자들은 NASA가 천문학적 예산을 소모할 때마다 신랄한 비난을 퍼부었다. 1979년 노벨 물리학상 수상자인 입자물리학자 스티븐 와인버그는 2007년 볼티모어 우주 망원경 연구소에서 개최된 학회에 참석했을 때, 〈스페이스 닷컴〉의 기자와 인터뷰를 하면서 다음과 같이 불만을 토로했다.

국제 우주 정거장은 궤도를 도는 깡통에 불과합니다. (…) 거기서 과학적 발견을 이룬다고요? 어림없는 소리죠. 지금까지 우주 정거장 덕분에 새로 알게 된 과학적 지식은 단 하나도 없습니다. 말이 나온 김에 한마디 더 하자면, 유인 우주 계획은 과학적 가치가 전혀 없으면서 국민의 세금만 펑펑 써대는 '돈 먹는 하마'일 뿐입니다.

(…) NASA는 해가 갈수록 많은 돈을 쓰고 있습니다. 지금은 또 사람을 우주에 보낸다며 분위기를 띄우고 있는데, 그게 대체 무슨 소용이란 말입니까? 과학은 우주인들 덕분에 발전하는 분야가 결코 아닙니다. 내가 볼 때 유인 우주 계획은 대통령과 NASA의 유치한 합작품에 불과합니다.

이것은 아무나 할 수 있는 말이 아니다. "NASA는 정부로부터 특별 대우를 받는 예외적 집단"이라고 굳게 믿는 사람만이 이런 과격한 발언을 할 수 있다. 또 다른 사례를 들어보자. NASA의 수석 달 과학자였던 도널드 U. 와이즈가 제출한 사직서에는 와인버그만큼은 아니지만 그와 비슷한 감정이 실려 있다.

나는 NASA에 근무하는 동안 비합리적인 결정이 내려지는 광경을 자주 목격했습니다. 그들은 유인 우주 계획을 최우선 과제로 상정한 후, 작업 순서를 바꾸고 예산 배정을 변경하는 등 (…) 기본적으로 탐사의 효율성을 저해하는 결정을 아무렇지도 않게 내리곤 했습니다.

무인 탐사와 마찬가지로 유인 탐사의 기본은 과학입니다. 유인 프로젝트를 성공적으로 수행하려면 과학 분야에 적절한 예산과 전문 인력이 투입되어야 합니다. NASA가 이 사실을 깨닫지 못하는 한, 내 후임자도 나처럼 시간 낭비만 하게 될 것입니다.

와인버그와 와이즈의 이야기만 들으면 NASA는 예전부터 과학에 별 관심이 없었던 것처럼 보인다. 그러나 와이즈의 글은 아주 오래전에 쓰인 것이다. 그는 인간이 최초로 달을 밟은 직후인 1969년 8월 24일에 사직서를 제출했다.★

아폴로 시대에 미국이 세웠던 대부분의 우주 프로그램은 현란한 수식어로 포장되었지만, 가장 깊은 곳에 담긴 의미는 종종 무시되거나, 오인되거나, 아예 잊히곤 했다. 2009년 4월 27일 버락 오바마 대통령은 미국 국립 과학원 연설에서 NASA의 역할을 다음과 같이 강조했다.

과거에 아이젠하워 대통령은 NASA를 설립하는 법안에 서명했고, 초등학교에서 대학원에 이르는 각급 학교의 수학 및 과학 교육을 강화하기 위해 막대한 예산을 투입했습니다. 그로부터 몇 년 후, 1961년 국립 과학원 정례 회의에서 케네디 대통령은 의회와 상의도 하기 전에 "달에 사람을 보내고, 무사히 귀환시킬 것"이라고 선언했습니다.

미국의 과학자들은 이 목적을 이루기 위해 하나로 뭉쳤습니다. 케네디의 선언은 사람을 결국 달에 보냈을 뿐만 아니라, 지구에 있는 우리에게도 커다란 도약을 가져다주었습니다. 우리는 아폴로 프

★ NASA의 수석 과학자 겸 아폴로 달 탐사 연구소의 부팀장 도널드 와이즈가 NASA 부소장 호머 뉴얼에게 보낸 편지, 1969년 8월 24일. 존 M. 록즈던 외 편, 〈미지 탐험: 미국 민간 우주 프로그램 역사 속 문서 선집〉, 제5권 〈우주 탐사〉, NASA SP-2001-4407(Washington, DC: Government Printing Office, 2001), 185~86쪽.

로그램 덕분에 신장 투석기와 정수 장치, 유해 가스 감지 장치, 에
너지 절약형 건설 자재, 그리고 소방대원과 경찰이 입는 방화복 등
을 사용할 수 있게 되었죠. 이 시기에 미국인들은 각자 고통을 분담
하면서 과학기술과 교육 분야에 집중적으로 투자했고, 그 결과는
돈으로 환산할 수 없는 무한한 가치로 되돌아왔습니다.

이 연설의 주된 의도는 향후 시행될 경기 부양책을 과학계에 강조
하는 것이었다. 그 결과 미국 과학 재단과 에너지국 부설 과학기술 연
구소, 그리고 미국 표준 기술 연구소의 예산은 전년보다 두 배로 늘어
났다. 그렇다면 NASA의 예산도 두 배로 증가했을까? 아니다. NASA
에는 전년과 똑같은 10억 달러가 할당되었을 뿐이다. 대통령이 우주
개발까지 언급하면서 꽤 감동적인 연설을 했는데도, 정작 NASA에는
아무런 혜택도 돌아오지 않았다.

오바마는 2011년 1월 27일에 발표한 두 번째 연두 교서에서 또다
시 "우주 경쟁은 과학기술 발전의 촉매가 되어왔다."고 강조했다. 과
거를 돌아보면 소련발 '스푸트니크 충격'은 케네디의 1961년 연설로
이어졌고, 그 덕분에 미국은 달에 사람을 보냈을 뿐만 아니라 우주과
학의 세계 최강국으로 20세기를 선도할 수 있었다. 지난 수십 년 동안
미국은 혁신을 통해 새로운 산업과 수백만 개의 일자리를 창출해왔
다. 그러나 오바마는 "다른 국가들도 과학기술 육성에 전력을 다하고
있는데, 지금 미국의 교육 시스템으로는 그들과 경쟁하기 어렵다."면
서, 현재의 상황을 스푸트니크 시대에 비유했다. 그러고는 2015년까
지 ❶ 전기 자동차를 100만 대 판매하고 ❷ 차세대 초고속 무선 통신

망 사용률을 98퍼센트까지 높일 것이며, 2035년까지 ❶미국 전기 생산량의 80퍼센트를 청정 에너지에서 얻고 ❷미국인의 80퍼센트가 고속 철도를 이용하도록 만들겠다고 선언했다.

바람직한 목표임에는 분명하다. 그러나 '제2의 스푸트니크 쇼크'에 대처하는 방안치고는 너무 지구에 한정되어 있다는 느낌이 들지 않는가? 지난 수십 년 사이에 '미래를 향한 꿈'이 '불편함을 해소해주는 기술을 향한 꿈'으로 바뀐 것 같다.

2003년 2월 1일 우주왕복선 컬럼비아호 폭발 사고로 일곱 승무원을 잃은 후, 여론과 매체들, 그리고 입법자들은 NASA에 "지구 저궤도 너머 먼 우주로 진출하라."는 새로운 비전을 제시했다. 어떤 프로그램이건 사고가 난 직후에는 수정되기 마련이다. 그런데 이상한 점이 있다. 1986년에 챌린저호가 발사 직후 폭발했을 때에도 승무원 일곱 명이 사망했는데, 당시 NASA의 정책에는 별다른 변화가 없었다. 왜 그랬을까? 1986년에는 중국의 우주 개발이 초보 단계에 머물러 있었다. 그러나 2003년 10월 15일 중국은 자국 최초의 유인 우주선을 지구 궤도에 안착시킴으로써, 우주 클럽에 가입한 세 번째 국가가 되었다.

중국이 유인 우주선 발사에 성공한 지 3개월 후인 2004년 1월 15일에 부시 대통령은 우주 탐사의 새로운 비전을 제시했다. 미국의 우주선이 저궤도에서 탈피해야 할 이유가 생긴 것이다.

부시는 우주 정거장을 완공하고, NASA의 우주왕복선을 2010년까지 퇴역시키고, 여기서 절약된 예산으로 달과 화성에 보낼 유인 우주선을 개발하겠다고 선언했다. 그러나 나는 2004년 2월부터 미국의 우주 정책과 NASA에 당파 싸움의 먹구름이 드리우는 것을 목격했다. (당시 부시 대통령은 나를 포함한 과학자 아홉 명을 '미국 우주 탐사 정책의 실시에 관한 자문 위원회'의 위원으로 임명했는데, 우리의 주된 임무는 각종 우주 프로그램의 실현 가능성을 판단하는 것이었다.) 정치적 편향성이 강하게 작용하면서 우주 계획에 대한 사람들의 감이 무뎌진 것이다.

민주당의 일부 정치인들은 합리적 사고보다 정치 논리에 입각하여 "미국은 그런 프로젝트를 수행할 능력이 없다."며 부시를 비난했고, 다른 민주당원들은 "계획은 그럴듯하지만 구체적인 실천 방안이 없다."고 했다. 그러나 당시 백악관과 NASA의 웹사이트에는 우주 프로그램의 자세한 실천 방안이 이미 공개되어 있었다. 게다가 부시의 연설은 NASA 본부에 의해 계획된 것으로, 현직 대통령으로는 전례가 없는 일이었다. 또한 같은 날 부통령 딕 체니는 캘리포니아에 있는 NASA 제트 추진 연구소를 방문하여 비슷한 연설을 했다. (케네디 대통령은 1961년 5월 25일에 상·하원 합동 회의에 참석하여 유인 달 탐사에 필요한 예산을 통과시켜달라고 강력하게 요구한 바 있다.) 2000년도 대선을 아직도 문제 삼으면서 부시를 비난하던 일부 민주당원들은 "정 그렇게 가고 싶다면 부시가 직접 화성으로 가라."는 과격한 발언도 서슴지 않았다.

반대파들은 대체로 정보가 부족한 사람들이다. 그러나 여기에는 '배신과 보복'이라는 정치적 감정도 한몫했다. 내가 우주 정책에 관여하던 기간 중에는 이런 일이 없었기 때문에 매사가 자연스럽고 순조롭게 돌아갔다. 그러나 2004년에 발표된 우주 개발 비전은 두 정당에 의해 찬반양론으로 분열되었다.

버락 오바마는 임기 초부터 극렬한 반대에 시달렸다. 부시 전 대통령도 사사건건 딴지를 걸어 오는 민주당원들 때문에 임기 내내 고생했지만, 이 점에서 공화당원들은 한술 더 떴던 것 같다. 2010년 4월 15일, 오바마 대통령이 플로리다에 있는 케네디 우주 센터에서 우주 정책에 관한 연설을 할 때 나도 우연히 그 자리에 있었는데, 케네디 같은 카리스마와 능숙한 말솜씨도 일품이었지만 미국 우주 탐사의 희망적인 미래 비전을 제시했다는 점에서 깊은 감명을 받았다. 오바마는 지구 저궤도를 벗어난 탐사는 물론이고, 소행성 탐사까지 언급했다. 또한 우주왕복선의 퇴역과 화성 탐사의 필요성을 강조하면서, "달에는 이미 갔다 왔으므로 다시 갈 이유가 없다."고 잘라 말했다. 로켓 기술이 충분히 진보하면(기존의 기술로는 어렵고, 앞으로 10년은 족히 걸리겠지만) 달을 지나 화성까지 갈 수 있다. 아마도 2030년대 중반쯤 가능할 것 같은데, 이때가 되면 미국인의 80퍼센트는 자동차나 비행기 대신 고속철을 이용하고 있을 것이다.

나는 그 자리에서 방 안에 가득 찬 에너지를 느꼈다. 더욱 중요한 것은 오바마의 열정과 NASA의 역할에 모두 동감했다는 점이다. 다음 날, 오바마에게 우호적인 일간지에는 '오바마, 화성으로 가는 길을 열다'라는 머리기사가 실렸고, 오바마에게 적대적인 일간지에는 '오바마, 우주 프로그램을 죽이다'라는 정반대의 기사가 실렸다.

연설이 있던 날, 케네디 우주 센터에는 수십 명의 반대자들이 모여서 "NASA를 파괴하지 말라"는 플래카드를 들고 한동안 시위를 벌였다. 그리고 달에 갔다 온 우주인을 포함하여 여론에 영향을 줄 수 있는 유명 인사들은 둘 중 어느 쪽에 설 것인지를 결정해야 했다. 달 탐사 계획을 취소한다는 오바마의 우주 정책에 강한 반대 의사를 표명했던 아폴로 11호의 닐 암스트롱과 아폴로 17호의 유진 서넌은 의회에 증인으로 출석하여 자신의 의견을 피력했는데, 이들은 달 표면을 거닐었던 첫 우주인과 마지막 우주인으로 상징적인 의미가 있었다. 반면에 닐 암스트롱과 함께 아폴로 11호를 타고 달에 갔다 왔던 버즈 올드린은 오바마의 정책에 적극 찬성하여 플로리다행 대통령 전용기에 동승하기도 했다.

대체 어떻게 된 일일까? 왜 사람들의 의견이 둘로 양분되었을까? 오바마 대통령이 케네디 우주 센터에서 완전히 반대되는 내용으로 연설을 두 번 했는데 내가 그중 하나만 들은 것일까? 아니면 그날 강연장에 있던 사람들이 모두 '자신에게 유리한 말만 골라 듣기 증후군'에 걸린 것일까?

하긴, 그날 오바마는 장소를 옮겨 다니면서 연설을 여러 번 하긴했다. 그러나 대통령인 그가 한 입으로 두말을 했을 리는 없고, 아마도 사람들이 각자의 입장에서 대통령의 의도를 다르게 해석했을 것이다. 당시 나는 오바마가 제안한 'NASA 30년 비전'에 깊은 감명을 받았다. 그러나 자국의 로켓에 자국 우주 비행사를 태우고 우주로 거침없이 나아가기를 원하는 사람들에게 우주왕복선 폐기나 달 탐사 포기 선언은 결코 수용될 수 없었다. 컬럼비아호 사고 이후 우주왕복선 운항이 한동안 중단되었을 때 러시아는 미국의 우주인을 소유즈 캡슐에 태우고 국제 우주 정거장으로 데려다주었다. 물론 임무 수행에도 아무런 문제가 없었다. "미국은 자국이 만든 우주선에 자국민을 태우고 우주로 진출해야 한다."는 생각은 실용성과 무관한 자존심의 문제이다. 부시 대통령도 2004년에 우주왕복선의 단계적 폐지를 제안한 바 있다. 지금 오바마는 부시의 정책을 따르고 있는 것뿐이다.

겉으로 드러난 사실만 보면 오바마의 우주 정책에 반대하는 것은 개인의 의견일 뿐 정치적 성향과는 무관할 것 같지만, 사실은 그렇지 않다. '민주당 = 찬성, 공화당 = 반대'라는 공식이 거의 예외 없이 성립했기 때문이다. 그래서 NASA에 새로운 예산을 배정하고 집행하려면 어떻게든 의회에서 '평화적 합의'가 이루어져야 했다. 나도 입법자들의 요청을 받아, 미국에서 NASA의 존재 가치를 재확인하는 한편 양분된 여론의 조율을 촉구하는 편지를 써 보낸 적이 있는데, 내 의견은 평화적 합의의 한 방안으로 채택되었다. 당시 의회는 공화당 측의 반감을 줄이기 위해 대통령의 정책을 일부 수정했고, NASA의 예산도 삭감하는 쪽으로 가닥을 잡았다. 그리고 새턴 5호 로켓으로 대변되는 아폴로 시대 이후 처음으로 장거리 유인 우주선 발사 장치를 빠른 시일 내에 개발하는 데 합의했다. 언뜻 보면 면피용 미봉책 같지만, 이때 내려진 결정은 저물어가는 우주왕복선 시대와 앞으로 다가올 장거리 유인 탐사 시대를 부드럽게 연결하는 윤활제 역할을 할 것이며, 오바마가 위태롭게 만들었던 '항공우주 관련 일자리'를 보존해줄 것이다.

갑자기 웬 일자리 타령이냐고? 여기에는 그럴 만한 이유가 있다. 처음에 나는 여론의 주된 이슈가 '지속적인 우주 개발 가능성'과 '유인 우주 탐험의 단명성短命性'이라고 생각했다. 시위대의 플래카드와 반 오바마 진영이 외치는 구호도 이런 내용을 담고 있었다. 그런데 혹시 그들의 진짜 관심사는 일자리가 아니었을까? 만일 그랬다면 왜 처음부터 그렇게 말하지 않았을까? 내가 만일 NASA의 로켓 발사 기술을 지원하는 업자였다면, 오바마 대통령의 연설에서 "우주왕복선의 퇴역과 차세대 로켓 기술 사이의 갭"만 귀에 들어왔을 것이다. 그리고 새로운 우주 정책을 실현하기 위해 새롭고 불확실한 발사 기술이 요구된다면 유인 우주 탐사를 준비하는 기간도 불확실했을 것이고, 그 와중에 나는 직장을 잃었을 것이다.

우주왕복선은 NASA의 주요 사업이고 NASA의 사업 파트너는 미국 전역에 퍼져 있기 때문에, 일자리가 줄어들면 그 여파는 플로리다의 스페이스코스트(NASA의 우주선 발사 기지가 있는 곳—옮긴이)뿐만 아니라 미국 전역으로 퍼져나갈 것이다. 오바마의 연설에는 "일자리 감소에 대비하여 재교육 프로그램을 지원하겠다."는 내용도 들어 있었다. 또한 그는 자신의 정책이 일자리에 영향을 주긴 하겠지만 부시 전 대통령의 '우주 개발 정책'보다는 덜할 것이라고 강조하면서, 다음과 같이 덧붙였다. "일부 언론의 보도와 달리, 우리 정부의 우주 정책은 스페이스코스트를 중심으로 지난 정부보다 2500개 많은 일자리를 창출할 것이다."

이 부분에서 청중들의 박수가 터져 나왔다. 만일 오바마가 좀 더 솔직하게 "부시는 1만 개의 일자리를 날려버렸지만, 우리 정부는 7500개만 없앨 예정"이라고 했다면, 청중들이 어떤 반응을 보였을지 의심스럽다.

박수는 받았지만, 지난 수십 년 동안 우주왕복선을 궤도에 올리기 위해 혼신의 노력을 기울여왔던 기술자들에게는 별로 와 닿는 게 없었다. 오히려 케네디 우주 센터에서 연설을 하기 전부터 오바마를 싫어했던 사람들에게는 그를 악당으로 낙인찍을 구실이 하나 더 생겼다. 1962년에는 단 2개국만이 우주 여행을 할 수 있었고 50년이 지난 2012년에도 여전히 2개국이었지만, 거기에 미국이 끼지 못한다는 것이 문제였다.

이제 와서 돌아보니 반 오바마 진영에서 일자리 문제를 언급하지 않은 이유를 알 수 있을 것 같다. 대부분의 미국인들은 NASA를 '일자리 창출용 정부 기관'으로 생각하지 않으며, 그렇게 생각하는 사람으로 보이고 싶지도 않기 때문이다. 특히 공화당을 지지하는 사람이라면 말할 필요도 없다. 과거에 이런 발언을 한 사람이 있긴 있었는데, 그는 정치인이 아니라 코미디언이었다. 솔직하면서도 정곡을 찌르는 독설로 유명한 완다 사이크스는 2004년에 출간한 저서 〈그래요, 내가 그렇게 말했어요〉에 다음과 같이 적어놓았다. "NASA는 엄청 똑똑한 공붓벌레들을 위해서 10억 달러짜리 복지 프로그램을 실행하고 있다. NASA가 없었다면 그들이 대체 어디서 직장을 구할 수 있었을까? 다른 곳에서 일하기에는 너무 똑똑하잖은가."

오바마의 우주 정책이 낳은 이슈들 중 일자리 문제보다 중요한 것이 하나 있다. 선거에 기반을 둔 민주 국가에서 모든 정치인들은 '임기'라는 것이 있기 때문에, 대통령이 무언가를 철석같이 약속해도 그것을 임기 내에 완수하는 경우는 거의 없다. 그저 자신의 재임 기간 동안 약속을 지키기 위해 최선을 다할 뿐이다. 게다가 그 약속이라는 것이 정당의 이해관계와 얽혀 있는 경우에는 상황이 더욱 어려워진다. 미국의 대선과 지방 선거는 2년을 주기로 반복되기 때문이다(미국 대통령은 4년 중임제이다. 상원 의원은 임기가 6년이지만 2년마다 선거를 통해 3분의 1씩 교체되고, 하원 의원은 임기 2년에 2년마다 전원이 다시 선출된다—옮긴이).

1961년에 케네디가 "1960년대가 끝나기 전에 달에 사람을 보내겠다."고 선언했을 때, 그는 이 말의 의미를 잘 알고 있었다. 만일 그가 생존하여 재선에 성공했다면 1969년 1월 19일까지 대통령직을 수행했을 것이고, 1967년 1월에 아폴로 1호가 비극적인 사고를 겪으면서 우주 비행사 세 명이 사망했을 때에도 아폴로 프로그램은 지연되지 않았을 것이다. 아폴로 11호의 승무원들은 1969년 7월에 달 표면을 밟았지만, 케네디가 살아 있었다면 이 과업은 그의 임기 중에 이루어졌을 것이다.

만일 케네디가 "이번 세기 안에 달에 사람을 보내겠다."고 공언했다면 상황은 어떻게 달라졌을까? 아마도 달은커녕, 지구를 떠나지도 못했을 것 같다. 대통령이 자기 임기 내에 이룰 수 없는 약속을 하는 것은 "나는 그 결과에 책임이 없다."고 미리 선언하는 것과 다를 바 없다. 약속 이행을 위해 사업을 벌이는 것은 그의 몫이지만, 일을 마무리하는 것은 그의 책임이 아니기 때문이다. 그래서 야심 차게 세웠던 정책이 쉽게 폐기되거나, 꿈같은 계획이 쉽게 미뤄지곤 한다. 우주 정책에 관한 오바마의 연설은 미래 지향적이면서 감명도 깊었지만 정치적으로는 거의 재앙에 가까웠다. 그의 말대로라면, 임기 중에 확실히 예견할 수 있는 것은 미국의 우주 진출이 어느 날 갑자기 중단된다는 사실뿐이다.

지난 수십 년 동안 NASA는 몇 년에 한 번씩 새로운 방향으로 진로로를 틀곤 했다. 각 당파는 'NASA에게 좋은 길'을 자신만이 알고 있다고 하늘같이 믿으면서 줄기차게 싸워왔다. 한 가지 다행인 것은 당쟁의 와중에도 NASA의 존재 가치를 문제 삼지는 않았다는 점이다. 결국 우리 모두는 NASA의 불확실한 미래에 걸린 판돈을 보관하는 관리자인 셈이다.

모든 문제는 결국 "NASA는 미국인에게 어떤 의미를 갖는가?"와 "우주 탐험은 인류에게 어떤 의미를 갖는가?"라는 두 가지 질문으로 귀결된다. 우주로 가는 길은 과학적으로 명백하지만 기술적으로는 매우 어려운 과제이며, 정치적으로는 정말 다루기 힘들다. 물론 어딘가에 해답이 존재하겠지만, 거기 도달하려면 잘못된 신념을 버리고 우주 탐험으로부터 과학 발전과 국가 안보, 그리고 경제 부흥을 이루는 길을 찾아야 한다. 이것이 선행되어야 우주 개척자들의 의욕을 북돋울 수 있고, 앞으로 치열하게 전개될 국제 경쟁에서 우위를 점할 수 있다.

PART I

Why

왜 가려고 하는가

1
매혹적인 우주★

지난 수천 년 동안 인류는 밤하늘을 올려다보며 우주에서 자신의 위치를 알아내려 애써왔으나, 우주에 대해 체계적인 지식을 쌓기 시작한 것은 불과 400년 전부터였다. 영국의 성직자이자 열성적인 과학 마니아였던 존 윌킨스는 1640년에 출간된 책 〈달 세계의 발견〉에서 달로 가는 여행을 다음과 같이 묘사했다.

그러나 나는 하늘을 나는 마차를 만들 수 있다고 믿는다. 사람을 태우고 허공을 가로지르는 마차… 거기에는 여러 명이 탈 수도 있다. 이것은 결코 허황된 꿈이 아니다. (…) 조그만 코르크 껍질은 물에 뜨고, 집채만 한 배도 물에 뜬다. 조그만 날벌레는 하늘을 날고, 커다란 독수리도 자유롭게 날아다닌다. (…) 지금 당장은 불가능해 보이지만, 미래에는 사람을 달까지 데려다주는 마차가 발명될

★ '미국은 왜 우주로 나가야 하는가Why America Needs to Explore Space', 〈퍼레이드〉, 2007년 8월 5일.

지도 모른다. 이 엄청난 시도에 최초로 성공한 사람은 정말 행복할
것이다.

그로부터 정확히 329년 후, 인류는 아폴로 11호라는 최신형 마차
를 타고 달에 착륙했다. 이것은 비교적 신생국에 속하는 미국이라는
나라에서 과학기술에 엄청난 돈을 투자하여 일궈낸 결과였다. 이 나
라는 그 후 거의 50년 동안 최고의 부를 누려왔고, 지금 우리는 그것
을 당연하게 생각한다. 그러나 과학에 대한 사람들의 관심이 식어감
에 따라, 미국의 과학기술은 다른 국가에게 추월당하기 직전이다.

최근 몇십 년 동안 미국의 과학 및 공학 분야에서 배출된 대학원생
은 거의 대부분 외국인이거나, 외국에서 태어난 미국인이었다. 1990
년대까지만 해도 이들은 학위를 받은 후 미국에서 하이테크 산업계로
진출하여 선진 미국을 이끄는 견인차 역할을 했으나, 지금은 인도, 중
국, 동유럽이 과학 및 공학 분야의 신흥 강자로 떠오르면서 많은 학생
들이 졸업 후 고국으로 돌아가고 있다.

미국은 유학생들에 대하여 소유권을 주장한 적이 없으므로 이 현
상을 두뇌 유출이라고 할 수는 없다. 그러나 "미국의 두뇌가 쇠퇴하
고 있다."는 것만은 분명한 사실이다. 지난 세기에 미국은 과학기술을
집중적으로 육성하면서 전성기를 누렸지만, 이제는 점진적 하락을 겪
고 있다. 게다가 이 현상은 '수입된 재능'에 가려서 잘 드러나지도 않
는다. 이제 다음 세대로 넘어가면 '두뇌를 가르칠 두뇌'가 부족하여
고급 인력 수급에 심각한 차질을 빚게 될 것이다. 이것은 초침이 돌고
있는 시한폭탄이나 다름없다. 현대의 과학기술은 경제적 부를 창출하

는 가장 중요한 자산이기 때문이다. 과학기술에 대한 자국민의 관심을 되살리지 못하면, 미국의 풍요로운 삶은 머지않아 파국을 맞이하게 될 것이다.

나는 2002년에 중국을 처음으로 방문했다. 그 전까지만 해도 나는 '베이징' 하면 넓은 대로에 수천 대의 자전거가 물결치는 광경을 떠올리곤 했다. 자전거가 중국인의 가장 중요한 교통수단이라고 들었기 때문이다. 그러나 막상 가서 보니 실상은 완전 딴판이었다. 넓은 대로는 여전히 그곳에 있었지만 그 길을 가득 메운 것은 자전거가 아니라 최고급 승용차들이었고, 초고층 빌딩을 건설하는 대형 크레인들이 지평선 끝까지 스카이라인을 완전히 뒤덮고 있었다. 게다가 중국은 말도 많고 탈도 많았던 양쯔 강 싼샤 댐을 2009년에 완공했다. 이것은 세계 최대 규모의 공학 프로젝트로서, 생산 전력이 후버 댐의 20배에 달한다. 이뿐만이 아니다. 중국은 세계 최대 규모의 공항을 보유하고 있으며, 2010년에는 일본을 제치고 세계 2위의 경제 대국으로 올라섰다. 지금 중국의 수출 규모는 단연 세계 1위이고, 이산화탄소 배출량도 가장 많다.

중국은 2003년 10월에 유인 우주선을 지구 궤도에 안착시킴으로써 미국과 러시아에 이어 세 번째 '우주 여행 국가'가 되었으며, 달에 사람을 보내는 것을 다음 목표로 세워놓고 있다. 이 야심 찬 계획을 실현하려면 돈은 물론이고 계획을 수행할 수 있는 고급 두뇌와 강한 의지로 프로젝트를 밀어붙이는 지도자가 있어야 한다.

중국의 인구는 거의 15억에 달한다. 만일 당신이 아주 똑똑해서 100만 명 중 1등을 했다 해도, 중국에는 당신과 비슷한 능력을 가진 사람이 1500명이나 더 있다는 뜻이다.

한편 유럽과 인도는 우주 플랫폼 건설에 필수적인 로봇공학을 적극적으로 육성하고 있으며, 이스라엘, 이란, 브라질, 나이지리아 등 수십 개의 국가들도 우주 개발에 지대한 관심을 보이고 있다. 중국은 현재 자국 영토의 북위 19도 지점에 새로운 로켓 발사 기지를 건설 중인데, 이 시설이 완공되면 미국의 케이프커내버럴(로켓 발사 시설이 있는 곳. 플로리다 주 동쪽 연안에 위치한다. 우주선은 가능한 한 적도에 가까운 곳에서 발사해야 속도상의 이득을 볼 수 있다―옮긴이)보다 훨씬 효율적으로 우주선을 발사할 수 있다. 우주 진출에 관심을 갖기 시작한 여러 국가들은 뒤늦게나마 우주 공간의 한 부분이라도 차지하기 위해 안간힘을 쓰고 있다. 이제 미국은 리더가 아니라 우주 개발을 진행 중인 여러 국가들 중 하나에 불과하다. 그저 제자리에 가만히 머물러 있었을 뿐인데, 다른 국가들이 빠르게 추월하는 바람에 이런 신세가 된 것이다.

스페이스 트윗 1   @neiltyson • 2011년 1월 23일 오전 9:47
100,000미터: 국제 항공 연맹이 정의한 '우주가 시작되는 고도'.

그러나 아직 희망은 남아 있다. 지난 한 세기 동안 미국이 항공 분야에서 이루어온 업적을 되돌아보는 것만으로도 많은 것을 배우고 느낄 수 있다. 최근 10년 사이에 방문객 수가 세계에서 가장 많았던 박물관이 어디인지 아는가? 뉴욕에 있는 메트로폴리탄 미술관? 아니다.

이탈리아 피렌체의 우피치 미술관도 아니고, 파리에 있는 루브르 박물관도 아니다. 세계 1위는 방문객 수가 연간 900만 명에 달하는 워싱턴 DC의 미국 항공우주 박물관NASM이다. 여기에는 1903년에 최초 비행에 성공했던 라이트 형제의 비행기부터 달 착륙에 성공한 아폴로 11호의 모듈에 이르기까지, 지난 한 세기에 걸친 미국의 비행 발달사가 일목요연하게 전시되어 있다. 세계 각국의 사람들이 미국이 남긴 유산을 보기 위해 NASM으로 모여들고 있는 것이다. 더욱 중요한 사실은 NASM이 무언가를 꿈꾸고 실현해온 인류의 역사를 보여주고 있다는 점이다. 이것은 인간의 본성이자 지금의 미국을 건설한 원동력이었다.

이런 야망을 권장하지 않는 나라에 가보면 아무런 희망도 느낄 수 없다. 정치와 경제, 그리고 교육 등이 전혀 미래 지향적이지 않기 때문에, 사람들은 오늘 당장 잘 곳과 기껏해야 내일 먹을 음식을 걱정하면서 살아간다. 지구촌의 수많은 사람들이 미래를 생각하지 않는다는 것은 정말 비극이 아닐 수 없다. 현명한 리더와 첨단 기술이 결합되면 이런 문제를 해결할 수 있을 뿐만 아니라, 보다 나은 미래를 꿈꿀 수 있다.

미국인들은 지난 수십 년 동안 최고의 번영을 누리면서 항상 새롭고 더 좋은 것을 찾아왔다. 지금보다 더 재미있고 풍요로운 삶, 좀 더 의미 있고 보람 있는 삶을 누리려면 무엇이 필요할까? 오직 '탐험'만이 이 모든 것을 가져다줄 수 있다. 우리는 그저 이 사실을 인식하기만 하면 된다.

최근 수십 년 사이에 가장 위대한 탐험을 수행했던 주인공은 인간이 아니라, 우리에게 우주의 새로운 창을 열어준 허블 우주 망원경이었다. 그러나 이 망원경이 처음부터 순조롭게 작동한 것은 아니다. 허블이 1990년에 발사되어 궤도에 진입한 후 첫 번째 사진을 보내왔을 때, 관계자들은 공황 상태에 빠졌다. 기대했던 것만큼 사진이 선명하지 않았던 것이다. 렌즈 제작 과정상의 실수가 뒤늦게 발견되었는데 문제의 렌즈는 이미 지구를 떠나 610킬로미터 상공에서 궤도를 돌고 있었으니, 망원경을 수리하려면 수리팀을 우주왕복선에 태우고 허블이 있는 곳으로 파견하는 수밖에 없었다. 3년 뒤 NASA는 수리팀을 파견하여 망원경을 최상의 상태로 만들어놓는 데 성공했다. 그동안 우리가 TV나 잡지를 통해 접해왔던 선명한 우주 사진들은 이런 어려운 과정을 통해 얻어진 것이다.

그 3년 동안 천문학자들은 무엇을 할 수 있었을까? 허블은 엄청나게 크고 비싼 망원경이다. 물론 지구에 있는 대형 망원경보다는 작지만, 제작과 발사에 들어간 비용은 가히 상상을 초월한다. 이런 망원경을 애써 궤도에 올려놓고 영상이 희미하다는 이유로 수리될 때까지 기다리는 것은 별로 좋은 생각이 아니다. 성능이야 어쨌든 일단 망원경이 전송해 온 데이터를 분석하여 무언가 새로운 사실을 알아내도록 노력이라도 해야 한다. 그래서 허블 망원경을 관리하는 볼티모어의 우주 망원경 과학 연구소의 천체물리학자들은 가만히 앉아서 기다리지 않고 영상 처리 프로그램을 개발하는 등, 허블이 보내온 희미한 영상에서 새로운 천체를 찾기 위해 최선의 노력을 기울였다. 그 덕분에 허블 망원경은 수리를 기다리는 와중에도 우주의 비밀을 밝히는 데 중요한 역할을 수행할 수 있었다.

한편, 워싱턴 DC의 조지타운 의과대학 부설 롬바디 종합 암 센터의 의학자들은 천체물리학자들의 영상 분석 기술이 유방 조영상(유방암 검진용 엑스선 사진—옮긴이)에서 육안으로 암세포를 찾는 데 도움이 된다는 사실을 깨달았다. 그래서 의학계는 미국 과학 재단으로부터 재정적 도움을 받아 영상 분석 기술을 사람 몸에 맞게 수정했고, 이 신기술을 유방암 조기 진단에 적용하여 커다란 성공을 거두었다. 허블 망원경 설계 단계에서 디자이너들이 범한 실수 덕분에 수많은 여성들이 목숨을 건진 것이다.

모든 사례를 일일이 나열할 수는 없지만, 이와 비슷한 일은 지금도 수시로 일어나고 있다. 새로운 혁신과 발견은 서로 상이한 분야들이 하나로 결합될 때 종종 나타나곤 한다. 그리고 우주 탐사만큼 다양한 학문에 골고루 공헌할 수 있는 분야도 드물다. 실제로 우주 과학기술은 천체물리학과 생물학, 화학, 공학, 행성지질학 등에 지대한 공헌을 해왔으며, 분야 간 협력이 이루어질 때마다 우리의 삶은 한층 더 개선되고 풍부해졌다.

"지구에도 해결해야 할 문제들이 산더미인데, 왜 사람이 살지도 않는 우주에 수십억 달러를 퍼붓고 있는가?" 지금까지 나는 이런 질문을 수도 없이 받아왔다. 다른 국가에서는 쉽게 대답할 수 있겠지만, 미국의 경우에는 사정이 다르다. 명쾌한 답이 내려질 수 있도록 질문을 조금 바꿔보자. "미국은 우주 망원경, 행성 탐사, 화성 탐사 로봇, 국제 우주 정거장, 우주왕복선, 앞으로 발사될 우주 망원경과 우주선 등에 국민이 납부한 세금의 몇 퍼센트를 쓰고 있는가?" 답—다 합쳐도 1년 세금의 0.5퍼센트밖에 안 된다. 세금 1달러당 0.5센트가 우주 개발에 사용된다는 뜻이다. 오히려 나는 이 비율이 2퍼센트 정도까지 올라갔으면 좋겠다. 우주 개발에 전력을 다했던 아폴로 시대에도 NASA가 쓴 돈은 세금의 4퍼센트에 불과했다. 이 정도만 투자해도 전 세계 우주 개발을 선도하는 데 아무런 문제가 없다. 그러나 지금 수준으로는 게임에 간신히 참여할 수만 있을 뿐, 결코 앞서 나갈 수는 없다.

세금 1달러 중 99센트가 넘는 돈이 국민 복지와 새로운 부를 창출하는 데 쓰이고 있으므로, 우주 탐험이 다른 복지 사업을 방해한다는 주장은 별로 설득력이 없다. 과거에 미국이 항공우주 분야에 아낌없이 투자를 한 덕분에 탐험 정신이 하나의 문화로 자리 잡을 수 있었으며, 다른 국가들에도 긍정적인 영향을 미쳤다. 지금 당장 우주 산업 분야에 투자를 늘린다 해도 미국 경제는 충분히 견뎌낼 수 있다. 그리고 그 결과는 경제 성장과 야망의 실현, 그리고 무엇보다도 '새로운 꿈'이라는 무한한 가치로 되돌아올 것이다.

2
외계 행성★

한 장소에서 다른 장소로 이동할 때 주변을 한번 둘러보라. 기어서 가건, 뛰어가건, 수영을 하건, 또는 느긋하게 걸어가건 간에, 지표면 근처에는 구경거리가 지천으로 널려 있다. 계곡 벽에는 핑크색 석회암층이 한 폭의 그림처럼 펼쳐지고, 장미꽃 줄기에서는 무당벌레가 진딧물을 잡아먹고 있다. 바닷가로 가면 온갖 형상의 조개들이 모래를 뚫고 나오는 모습을 볼 수 있다. 우리는 그저 바라보기만 하면 된다.

그런데 장거리 여객기를 타고 하늘로 날아오르면 그 많던 구경거리들이 갑자기 시야에서 사라진다. 아무리 눈을 부릅뜨고 바라봐도 무당벌레나 조개는 없다. 비행기가 순항 고도(약 10킬로미터 상공)에 이르면 16차선짜리 고속도로조차 잘 보이지 않는다.

우주로 나가면 지구의 세세한 모습은 시야에서 사라진다. 당신이 360킬로미터 상공에 떠 있는 우주 정거장으로 파견되어 낮 시간에 창

★ '외계 행성Exoplanet Earth', 〈내추럴 히스토리〉, 2006년 2월.

문을 통해 지구를 내려다본다면 런던과 로스앤젤레스, 뉴욕, 또는 파리를 찾을 수 있다. 당신의 시력이 좋아서가 아니라, 지도상에서 유명 도시의 위치를 대충 알고 있기 때문이다. 밤에는 대도시에 온갖 조명이 켜지기 때문에 찾기가 더 쉽다. 그러나 낮 시간에 우주 정거장에서 광학 기계의 도움을 받지 않으면 기자의 피라미드를 절대로 볼 수 없다. 항간에는 달에서 중국의 만리장성이 보인다는 소문이 나도는데, 턱도 없는 소리다. 달은커녕, 우주 정거장에서도 만리장성은 보이지 않는다. 이런 구조물들은 주로 바위와 흙으로 이루어져 있어서 주변 경관과 구별되지 않는다. 게다가 만리장성은 길이가 수천 킬로미터나 되지만 폭이 6미터에 불과하다. 비행기에서 간신히 보이는 고속도로도 이것보다 훨씬 넓다.

스페이스 트윗 2 @neiltyson • 2010년 4월 19일 오전 5:53
지구를 학습용 지구본 크기로 줄였을 때, 우주왕복선과 우주 정거장은 지구본 표면의 9.5mm 위를 선회하고 있다.

지구 저궤도에서 보이는 것은, 1991년 걸프전 때 쿠웨이트 유전이 타면서 발생했던 연기 기둥 따위이다. 그리고 관개지와 불모지 사이의 녹색-갈색 경계도 눈에 띈다. 인간이 만든 구조물은 거의 보이지 않고, 멕시코 만에서 발생한 허리케인이나 북대서양의 유빙들, 그리고 세계 곳곳에서 일어나는 화산 활동 등 자연 현상이 주로 보인다.

지구로부터 약 40만 킬로미터 떨어져 있는 달에서 보면 뉴욕과 파리를 비롯한 대도시들은 점보다 작아서 거의 보이지 않지만, 지구를 덮고 있는 구름의 분포는 맨눈으로도 확인할 수 있다. 여기서 한 단계 더 나아가 지구로부터 5600만 킬로미터 거리에 있는 화성에서 지구를 바라보면 맨눈으로는 아무것도 볼 수 없고, 가정용 천체망원경을 가져가서 보면 눈 덮인 산맥과 대륙의 경계를 간신히 확인할 수 있다. 43억 킬로미터 거리에 있는 해왕성으로 가면 태양은 지구에서 보이는 면적의 1000분의 1로 작아지고, '찬란한 햇살'이라는 말이 무색해질 정도로 희미해진다. 그리고 지구는 희미한 별과 비슷한 수준이지만, 그나마 태양 빛에 가려서 보이지 않는다.

1977년에 발사된 보이저 1호가 1990년 태양계 끝에 도달하여 지구 사진을 찍어 보내왔다. 과연 어떤 모습이었을까? 차라리 안 보는 게 나을 뻔했다. 칼 세이건은 이 사진을 보고 '창백하고 푸른 점'이라고 했는데, 이 정도면 좋게 봐준 셈이다. 태양계 끝에서 바라본 지구는 너무나 평범하여, 사진 설명이 첨부되지 않으면 어느 것이 지구인지 도저히 판별할 수 없다.

태양계 너머 머나먼 곳에 외계인이 살고 있다고 가정해보자. 이들은 두뇌가 아주 크고 천연 시력도 지구의 망원경 못지않게 좋다. 게다가 이들은 과학도 아주 발달하여, 자기네 태양계 너머에 있는 행성들을 관측할 수 있는 최첨단 망원경까지 보유하고 있다. 그렇다면 이들에게 지구는 과연 어떤 모습으로 보일 것인가?

파란색―이것이 전부다. 지표의 3분의 2 이상이 바다로 덮여 있기 때문이다. 실제로 지구를 어떤 특정 각도에서 바라보면 태평양밖에 보이지 않는다. 지구의 색상을 판별할 수 있는 광학 장비를 가진 외계인이라면, 그들은 지구에 물이 있음을 쉽게 간파할 것이다. 사실, H_2O는 우주에서 세 번째로 흔한 분자이다.

외계인의 망원경 해상도가 이보다 높아서 지표면에 복잡하게 나 있는 해안선을 발견한다면, 그들은 지구의 물이 액체 상태임을 알 수 있을 것이다. 그리고 그들 중 똑똑한 외계인은 액체 상태의 물이 존재한다는 사실로부터 대기의 온도와 기압을 유추할 수 있을 것이다.

지구는 양 극지방에 온도에 따라 크기가 변하는 특유의 '얼음 모자'를 쓰고 있는데, 이것도 외계인의 망원경을 통해 관측될 수 있다. 그리고 대륙이 움직이는 속도로부터 지구가 24시간을 주기로 자전하고 있다는 사실도 알아낼 수 있으며, 이 정도 성능의 망원경이라면 날씨의 변화까지 관측할 수 있다. 외계인들이 충분히 똑똑하다면 구름의 이동에 의한 효과와 지표면의 회전에 의한 효과를 구별할 수 있을 것이다.

이제 현실적인 가능성을 체크해보자. 우리의 태양이 아닌 다른 태양을 주인으로 삼아 그 주변을 공전하는 행성들을 외계 행성exoplanet 이라 한다. 가장 가까운 외계 행성과 지구 사이의 거리는 10광년 이내이며, 대부분의 외계 행성들은 지구로부터 100광년 이상 떨어져 있다. 또한 지구의 밝기는 태양의 100억분의 1도 안 되면서 태양과의 거리가 비교적 가깝기 때문에, 외계인의 광학망원경에 잡힐 가능성은 거의 없다. 그러므로 외계인이 지구를 발견한다면 그들은 가시광선 외의 빛을 사용하거나, 구조가 완전히 다른 망원경을 사용할 것이다.

지구에도 외계 행성을 찾는 사냥꾼이 있다. 똑똑한 외계인이라면 우리와 비슷한 방법을 사용할지도 모른다. 지구의 행성 사냥꾼들은 수많은 별들 중에서 주기적으로 조금씩 흔들리는 별을 찾고 있다. 이런 별은 주변에 행성을 거느리고 있을 가능성이 매우 높기 때문이다. 흔히 태양계라고 하면 "별은 그 자리에 가만히 있고 행성이 그 주변을 공전하는 시스템"을 떠올리지만, 사실은 그렇지 않다. 별과 행성은 서로 상대방에게 중력을 행사하고 있으며, 힘의 크기도 똑같다. (이것이 바로 뉴턴의 작용-반작용 법칙이다.) 그래서 별(모항성)과 행성은 하나의 질량 중심을 기준으로 둘 다 공전하고 있으며, 행성의 질량이 클수록 별의 공전 궤도가 커져서 관측하기도 쉬워진다. 그러나 지구는 덩치가 너무 작아서 태양의 움직임이 거의 없기 때문에, 외계인이 이런 방법으로 지구를 찾기는 어려울 것이다.

가시광선으로 관측이 안 된다면 적외선의 한 종류인 라디오파를 이용할 수도 있다. 독자들은 푸에르토리코에 있는 아레시보 관측소를 한번쯤 들어본 적이 있을 것이다. 여기 설치되어 있는 거대한 접시는 세계 최대의 전파망원경(라디오 망원경)으로, 칼 세이건의 소설에 기초하여 1997년에 제작되었던 영화 〈콘택트〉에 등장한 바 있다. 만일 외계인이 이런 종류의 망원경을 동원하여 올바른 주파수를 찾아낸다면, 지구를 발견한 후 "세상에… 뭐 이렇게 시끄러운 행성이 다 있나?"며 고개를 저을지도 모른다. 지구에서는 라디오 방송뿐만 아니라 TV, 휴대 전화, 전자 오븐, 차고 문 개폐용 리모컨, 자동차용 리모컨, 상업용 레이더, 군사용 레이더, 통신 위성 등에서 온갖 종류의 라디오파가 방

아레시보 전파망원경. 직경이 305미터에 이른다. NAIC-Arecibo Observatory, a facility of the NSF

출되고 있기 때문이다. 원래 지구처럼 바위로 이루어진 행성에서는 천연 라디오파가 거의 방출되지 않는다. 따라서 지구의 라디오파를 감지한 외계인들은 그곳에서 무언가 심상치 않은 일이 벌어지고 있음을 눈치챌 것이다.

그러므로 외계인이 지구가 있는 방향으로 전파망원경을 조준하면, 지구에 다양한 기술 문명이 존재한다는 사실을 금방 알 수 있다. 그런데여기에는 한 가지 문제가 있다. 외계인들이 지구에서 방출된 라디오파를 다른 식으로 해석할 수도 있다는 것이다. 목성이나 토성과 같은거대 행성들은 상당량의 라디오파를 방출하고 있기 때문에, 외계인들

이 라디오파의 출처를 규명하지 못할 수도 있다. 또는 방송용 전파를 천연 라디오파로 착각하여 지구를 '새로운 종류의 라디오파 방출원'으로 생각할지도 모른다. 그리고 태양에서 방출된 라디오파와 지구의 라디오파가 섞인 채 외계인의 망원경에 도달하면, 라디오파의 진원지를 태양으로 오인할 수도 있다.

지구의 천체물리학자들, 좀 더 정확히 말해서 영국 케임브리지 대학교의 천체물리학자들도 1967년에 이와 비슷한 착각에 빠진 적이 있다. 당시 앤터니 휴이시의 연구팀은 전파망원경으로 하늘을 뒤지던 중 매우 이상한 신호를 감지했다. 어떤 천체로부터 1초가 조금 넘는 간격으로 규칙적인 라디오파가 방출되고 있었던 것이다. 이 현상을 처음 발견한 사람은 휴이시의 지도하에 박사 과정을 밟고 있던 조슬린 벨이었다.

벨의 동료들이 후속 관측을 해보니, 문제의 라디오파는 엄청나게 먼 거리에서 날아온 것이었다. 기술 문명을 보유한 외계인이 아니고서는 그토록 규칙적인 신호를 보낼 수 없을 것 같았다. 1976년에 벨은 어느 저녁 세미나 자리에서 이렇게 회고했다. "그것이 자연적으로 방출된 라디오파라는 증거는 어디에도 없었다. (…) 나는 새로운 기술을 개발하여 박사 학위를 받으려고 했는데, 우연히도 어떤 외계인들이 내가 만든 안테나와 그에 맞는 주파수를 선택하여 지구인과 통신을 시도한 것 같았다." 그러나 며칠 후, 그녀는 똑같은 신호가 우리 은하의 한구석에서도 날아오고 있음을 알게 되었다. 벨과 동료들이 발견한 것은 외계 문명이 아니라 새로운 형태의 천체였던 것이다. 그리하여 이 천체에는 '규칙적으로 신호를 보낸다'는 뜻으로 맥동성, 또는 펄서pulsar라는 이름이 붙었다.

외계 행성의 정보를 캐기 위해 반드시 라디오파에 의존할 필요는 없다. 요즘 천체물리학계에서는 외계 행성의 대기를 분석하는 우주화학cosmochemistry이 새로운 분야로 떠오르고 있다. 우주화학의 가장 중요한 요소는 분광기로 빛을 여러 개의 단색광으로 분해하여 광원의 특성을 분석하는 분광학spectroscopy이다. 우주화학자들의 주된 임무는 분광학자의 실험 방법과 도구를 그대로 채용하여 외계 생명체의 존재 여부를 확인하는 것이다. 물론 외계 생명체가 지능을 갖고 있거나 문명사회를 이룩했다면 더할 나위 없이 흥미롭겠지만, 아주 초보 단계 생명체라도 상관없다.

이 어려운 작업을 분광학으로 해낼 수 있는 이유는 우주의 모든 분자들이 각기 고유한 방식으로 빛을 흡수하고, 방출하고, 반사하고, 산란시키기 때문이다. 이 빛을 분광기에 통과시키면 분자의 '화학 지문'을 확인할 수 있다. 그중에서 가장 알아보기 쉬운 지문은 주변 대기의 압력과 온도 때문에 들뜬 상태로 올라간 화학물질에 의해 만들어진다. 행성의 대기는 이런 분자들로 가득 차 있다. 게다가 행성에 동물과 식물이 서식하고 있다면 생명 활동의 부산물이 대기에 섞여 있을 것이므로, 분광학을 통해 생명체의 존재를 확인할 수 있다. 그것이 동식물의 생명 활동에서 생긴 유기물이건, 호모 사피엔스(인간)만이 방출할 수 있는 물질이건, 또는 고도의 과학기술이 있어야 만들 수 있는 물질이건 간에, 이런 유의 증거는 발견되지 않는 것이 오히려 더 이상하다.

외계인의 몸 안에 분광 기능이 선천적으로 들어 있지 않는 한, 그들도 지구의 화학 지문을 분석하려면 분광기가 있어야 한다. 그러나 무엇보다도 외계인과 별 사이에 지구가 끼어드는 일식 현상이 일어나야 한다. 그래야 별에서 방출된 빛이 지구 대기를 거치는 동안 지구의 화학물질과 상호 작용을 교환할 수 있기 때문이다. 이 빛이 외계인 행성에 도달하여 분광기를 거치면 지구에서 생명 활동이 진행되고 있음을 알려줄 것이다.

암모니아와 이산화탄소, 물 등 일부 분자는 생명체가 있건 없건 우주 어디에나 존재할 수 있다. 그러나 각종 스프레이에 함유되어 오존층을 파괴하는 프레온 가스와 광물질 용제에서 증발한 기체, 냉장고와 에어컨에서 유출된 냉매, 그리고 화석 연료를 태우면서 발생한 연무(스모그)는 생명 활동의 증거임이 확실하다. 또 다른 증거는 상당량의 메탄CH_4이다. 지구에 존재하는 메탄의 절반 이상은 석유 생산과 쌀 농사, 하수, 그리고 가축의 트림에서 발생한 것이다.

외계인이 '지구의 밤'을 관측한다면, 나트륨등에서 방출된 다량의 나트륨을 발견할 것이다. 그러나 지구에 생명체가 존재한다는 가장 결정적인 증거는 대기의 20퍼센트 이상을 차지하고 있는 산소이다.

❦

우주에서 가장 흔한 원소의 순위는 ❶ 수소, ❷ 헬륨, ❸ 산소이다. 그중에서도 산소는 화학적 활성도가 매우 높아서 수소, 탄소, 질소, 실리콘, 유황, 철 등과 쉽게 결합한다. 그래서 일정량의 산소가 유지되려면 화학 결합으로 사라지는 만큼 무언가가 산소를 꾸준히 방출해야 한다. 지구의 경우, 산소의 방출은 생명 활동과 밀접하게 관련되어 있다. 모든 식물과 일부 박테리아는 광합성을 통해 바다와 대기 중에 산소를 방출하고 있으며, 인간을 포함한 동물들은 이 산소를 이용하여 신진대사를 유지하고 있다.

우리 인간은 수많은 경험과 연구를 통하여 지구 특유의 화학 지문이 무엇인지 잘 알고 있다. 그러나 멀리 떨어져 있는 외계인이 지구의 화학 지문을 우연히 발견했다면, 다양한 가설을 세우고 실험을 해봐야 정확한 답을 알 수 있다. 나트륨이 주기적으로 발견되는 것은 그 행성(지구)에 문명이 존재한다는 뜻일까? 다량의 산소가 발견되는 것으로 보아, 그곳에는 분명히 생명체가 살고 있다. 그런데 메탄은 어떻게 해석해야 하는가? 메탄도 화학적으로 불안정하다. 그중 일부는 인간 활동의 산물이며, 나머지는 박테리아, 소, 영구 동토층, 흙, 흰개미, 습지, 그리고 기타 생물과 무생물로부터 생성된다. 그래서 우주생물학자들은 화성과 타이탄(토성의 위성)에서 발견된 메탄의 출처를 규명하느라 애를 먹고 있다. 이곳에는 소나 흰개미가 살지 않기 때문이다.

외계인이 "지구에 생명체가 살고 있다."고 결론지었다면, 그 생명체가 과연 지능을 갖고 있는지 궁금할 것이다. 그들은 서로 의사소통을 하고 있을 것이므로, 다른 생명체도 의사소통을 할 수 있다고 생각할 것이다. 전파망원경으로 다른 행성의 신호를 엿듣는 것도 지적 생명체의 존재 여부를 확인하기 위한 수단일 것이다. 지구 거주자들은 어떤 전자기파를 사용하며, 주로 어떤 내용을 주고받고 있는가? 화학 성분을 분석하건, 또는 라디오파를 분석하건 간에, 지구를 관측하는 외계인은 동일한 결론에 도달할 것이다.—"고도의 기술이 발달한 행성에는 지적 생명체가 살고 있다. 그들은 우주의 원리와 법칙을 개인이나 집단에 적용하기 위해 끊임없이 노력하고 있다."

외계 행성의 목록은 지금도 끊임없이 늘어나고 있다. 우주에는 1000억 개에 가까운 은하들이 산재해 있으며, 하나의 은하에는 적어도 수천억 개의 별이 존재할 것으로 추정된다.

　천문학자들이 외계 행성을 찾는 이유는 결국 그곳에서 외계 생명체의 흔적이라도 찾을 수 있기를 바라기 때문이다. 개중에는 지구와 아주 닮은 것도 있다. 세세한 부분까지 같긴 않지만, 대기 상태와 온도 등 전체적인 특성은 지구와 거의 비슷하다. 아마도 우리의 후손들은 탐험의 일환으로, 또는 생명을 부지하기 위해 이런 행성을 방문하게 될 것이다. 그러나 지금까지 행성 사냥꾼들이 발견한 대부분의 외계 행성들은 지구보다 훨씬 크다. 전체적으로 평균을 내보면 지구 질량의 300배쯤 되는데, 이 정도면 목성과 맞먹는다. 천체물리학자들은 좀 더 작은 행성을 찾기 위해 망원경을 비롯한 관련 하드웨어를 꾸준히 업그레이드하고 있다. 모항성의 움직임이 작을수록 행성이 작다는 뜻이니, 작은 행성을 발견하려면 모든 장비가 그만큼 정밀해야 한다.

　관측 자료는 꽤 많이 모았지만, 지구인의 외계 행성 사냥 기술은 아직 초보 단계에 머물러 있다. "저게 정말로 행성인가? 질량은 얼마나 되는가? 모항성에 대한 공전 주기는 얼마인가?"라는 가장 기본적인 질문에조차 명확하게 답하지 못하는 수준이다. 외계 행성의 주성분도 아직 알려지지 않았다. 이것을 알아내려면 앞서 말한 대로 일식이 일어나서 행성의 대기를 통과한 빛이 지구에 도달해야 하는데, 우리의 바람대로 움직여주는 행성은 극히 일부에 불과하다.

그러나 화학 성분을 분석하는 것만으로는 시인이나 과학자의 상상력을 자극하지 못한다. 행성 표면의 구체적인 모습이 머릿속에 그려져야 그곳을 '또 하나의 세계'로 인식할 수 있다. 행성 사진이 단 몇 개의 픽셀로 이루어져 있다면, 그로부터 무슨 상상을 떠올릴 수 있겠는가? '창백하고 푸른 점'에 화학 성분을 아무리 갖다 붙여도 점은 여전히 점일 뿐이다. 우리에게는 그 이상의 정보가 필요하다.

멀리 떨어진 외계 행성의 겉모습을 추정하려면 훨씬 많은 정보가 필요하고, 이를 위해서는 우주 망원경, 그것도 해상도가 상상을 초월하는 초고성능 망원경이 반드시 있어야 한다.

물론 우리는 아직 이 단계에 이르지 못했다. 그러나 외계인들은 이미 우리를 보고 있을지도 모른다.

3
외계 생명체[★]

1980년대 말~90년대 초에 대여섯 개의 외계 행성이 최초로 발견되면서 전 세계가 술렁이기 시작했다. 일반 대중들이 여기에 관심을 가진 이유는 외계 행성 자체 때문이 아니라, 그곳에 지능을 가진 생명체가 살지도 모른다는 기대감 때문이었다. 그리고 각종 매체들이 발 벗고 나서서 그 기대감을 심할 정도로 부풀렸다.

왜 그랬을까? 대중들은 말할 것도 없고, 천문학자들도 "그것이 전부일 리가 없다."고 생각했기 때문이다. 우리 태양계만 해도 행성이 무려 여덟 개나 되는데 이런 태양이 수천억 개 있는 은하와, 이런 은하가 1000억 개 존재하는 우주에 외계 행성이 달랑 대여섯 개뿐이라면 그게 더 이상하지 않은가?(우리 태양계의 행성은 원래 아홉 개였으나, 이 책의 저자

★ '외계에는 우리와 비슷한 생명체가 존재하는가?Is Anybody (Like Us) Out There?', 〈내추럴 히스토리〉, 1996년 9월: '외계 생명체 찾기: 우주 생명체 탐사의 과학적, 문화적 의미The Search for Life in the Universe: An Overview of the Scientific and Cultural Implications of Finding Life in the Cosmos', 미국 의회에 제출된 보고서, 2001년 7월 12일.

인 타이슨이 앞장서서 '명왕성 퇴출 캠페인'을 벌인 덕분에 2006년에 행성 명단에서 사라졌다. 명왕성의 천문학적 특성이 여타 행성들과 사뭇 다르다는 점은 나도 인정하지만, 역자에게는 이것이 마치 "막내아들이 형, 누나들과 다르게 생겼으니 호적에서 파내야 한다."는 주장처럼 들린다. 나에게 명왕성은 언제까지나 아홉 번째 행성으로 남아 있을 것이다―옮긴이) 게다가 당시에 발견된 행성들은 모두 목성을 닮은 거대 기체 행성이어서, 생명이 발 딛고 살아갈 땅이 아예 존재하지 않았다. 행여 어떤 기적 같은 생명체가 이런 곳에서 부력에 의지한 채 살아간다 해도, 그들이 지능을 갖고 있을 가능성은 거의 없다. 척박한 환경에서 살아남는 것만도 엄청나게 어려운 과제이기 때문이다.

단 하나의 사례로부터 일반적 결과를 유추하는 것은 과학자에게 매우 부담스럽고 위험한 일이다. (과학자가 아니어도 마찬가지다!) 지금까지 지구 밖에서 생명체가 발견된 사례는 한 건도 없었지만, "생명체는 오직 지구에만 존재한다."고 주장하기에는 확실히 무리가 있다. 실제로 대부분의 천체물리학자들은 외계 생명체의 존재 가능성을 인정하고 있는데, 그 이유는 아주 단순하다. 우리의 태양계가 우주에서 그다지 특별한 존재가 아니라면, 우주에 존재하는 행성의 수는 지금까지 지구에서 살다 간 모든 인간들이 입 밖으로 내뱉은 모든 소리, 모든 단어의 수를 합친 것보다 많다. 어떤 감정적인 이유에서 외계인이 존재하지 않기를 간절히 바란다면 모를까, 이런 정황 증거가 있는데도 "생명체는 지구에만 있다."고 우기는 것은 참으로 무모하고 경솔한 행동이다.

종교계와 과학계의 사상가들은 오랜 세월 동안 인간 중심주의와 무지로 인해 올바른 사고를 하지 못했다. 이론과 데이터가 부족한 상황에서는 "우리는 전혀 특별하지 않다."는 코페르니쿠스 원리에 입각하여 논리를 전개해야 오류를 줄일 수 있다. 1500년대 중반 폴란드의 천문학자 니콜라우스 코페르니쿠스는 지구를 우주의 중심에서 몰아내고 그 자리에 태양을 갖다 놓음으로써 인간 중심적 우주관에 처음으로 반기를 들었다(코페르니쿠스는 종교계의 반발을 염려하여 "개중에는 태양 중심설을 주장하는 사람도 있지만, 이런 주장을 펼칠 때는 신중에 신중을 기해야 한다."는 식으로 화살을 피해 갔다—옮긴이). 기원전 3세기에도 그리스의 철학자 아리스타르코스가 태양 중심 모형을 제시한 적이 있다. 그러나 지구가 우주의 중심이라는 우주관은 기원전 5세기경부터 15세기까지, 거의 2000년 동안 서구인들의 사고를 지배해왔다. 이 사상은 아리스토텔레스와 프톨레마이오스를 거쳐 착실하게 전수되었고, 중세에는 로마 가톨릭 교회가 천동설을 정식 교리로 채택했다. 사실, 아무런 사전 지식 없이 밤하늘을 바라보면 천동설이 맞는 것처럼 보인다. 지구에 서 있는 나는 아무런 움직임도 느끼지 못하고, 하늘의 별들은 일제히 움직이기 때문이다. 게다가 천동설은 '인간을 각별히 사랑하는' 신의 뜻과도 잘 들어맞았다.

코페르니쿠스 원리가 항상 과학의 이정표 역할을 해온 것은 아니다. 그러나 지구는 태양계의 중심이 아니었고 태양계는 은하수(태양계가 속해 있는 은하—옮긴이)의 중심이 아니었으며, 은하수 또한 우주의 중심이 아니었다. 인간의 우월성을 포기하기 싫은 사람들은 이렇게 묻고 싶을지도 모른다. "좋다. 중심은 아니라고 치자. 하지만 우리가 우주의 변두리에 있다면 그 또한 특별한 위치 아닌가?" 맞다. 변두리는 평범한 안쪽보다 특별하다. 하지만 우주에서 우리가 놓여 있는 위치는 변두리도 아니다.

이런 경우에는 "지구도 코페르니쿠스 원리에서 자유롭지 못하다." 고 가정하는 것이 현명하다. 그렇다면 지구 생명체의 물리적, 화학적 특성으로부터 외계 생명체의 생김새를 짐작할 수 있을까?

지구에는 정말로 다양한 생명체들이 살고 있다. 생물학자들이 이 사실을 매일 되새기면서 경외감을 느끼는지는 잘 모르겠지만, 적어도 나는 그렇다. 놀랍다 못해 소름이 끼칠 정도다. 지구에는 조류藻類, 딱정벌레, 해면, 해파리, 뱀, 대머리수리, 삼나무 등이 함께 살아가고 있다. 이들을 크기순으로 나열한 후, 지구 생명체에 대해 아무것도 모르는 외계인한테 보여줬다고 하자. 과연 그는 이 생명체들이 하나의 행성에서 생겨났다는 것을 상상이나 할 수 있을까? 같은 행성은커녕, 아예 각기 다른 우주에 사는 생명체라고 생각할지도 모른다. 예를 들어 뱀을 한 번도 본 적 없는 사람에게 뱀을 설명한다고 가정해보자. "이봐, 지구에는 뱀이라는 생명체가 있는데, 그놈은 ❶ 적외선 감지기로 먹이를 찾고, ❷ 자기 머리보다 몇 배나 큰 동물을 산 채로 삼킬 수 있고, ❸ 팔이나 다리는 하나도 없지만, ❹ 땅 위에서 초속 0.6미터로 움직일 수 있어. 뻥치지 말라고? 아냐, 진짜라니까!"

할리우드에서 만들어진 우주 영화에는 거의 예외 없이 외계인이 등장한다. 가까운 이웃으로는 화성인도 있고, 멀리 떨어진 다른 은하에서 온 외계인도 있다. 이런 영화에서 천체물리학은 관객들의 궁금증을 풀어주는 사다리 역할을 한다.—우주에 존재하는 생명체는 정말 우리뿐인가? 출장 여행길에 비행기 안에서 나를 알아보는 사람들 중 십중팔구는 똑같은 질문을 해 온다. "외계에 과연 생명체가 살고 있을까요?" 다른 어떤 의문도 대중의 궁금증을 이 정도로 자극하진 못할 것이다.

지구 생명체가 이토록 다양하니, 외계인의 겉모습은 훨씬 더 다양할 것이다. 그런데 나는 할리우드 영화를 볼 때마다 제작자들의 빈약한 상상력에 실망을 느끼곤 한다. 1958년에 개봉된 영화 〈블롭〉과 1968년의 〈2001: 스페이스 오디세이〉 같은 예외도 있지만, 대부분의 영화에 등장하는 외계인들은 지구인과 너무 비슷하다. 얼굴은 흉악하기도 하고 귀엽기도 하고 제법 다양한데(물론 분장술의 위력이다), "머리는 하나요, 눈은 둘이요, 코는 하나요, 입도 하나요, 손은 둘이요, 발도 둘이요, 손가락은 열 개…" 등등 전체적인 구조가 인간과 똑같다. 게다가 그들은 사람처럼 걷기까지 한다! 이들이 외계에서 왔다고 아무리 우겨도, 해부학적으로 인간과 완전히 동일한 육체를 갖고 있다. 그러나 외계 생명체는 지능이 있건 없건 지구의 생명체와 화끈하게 다를 것이다. 인간과 외계인의 차이는 해파리와 인간의 차이보다 더 크지 않겠는가?

스페이스 트윗 3 & 4　　　　　@neiltyson · 2010년 1월 23일 오전 9:06

LA 공항 근처에는 L-A-X라는 높이 9m짜리 대형 글자 세 개가 서 있다. 이 정도면 위성 궤도에서 망원경으로 충분히 보인다. 그럼 LA는 외계인 우주 공항인가?

　　　　　　　　　　　　　　　　　@neiltyson · 2010년 1월 28일 오후 2:16

LA에서의 마지막 날. HOLLYWOOD 간판은 공항의 LAX 간판 못지않게 크다. 우주에서 바라보면 외계 비행접시 착륙장처럼 보일 것 같다.

자연에는 90종이 넘는 천연 원소가 존재하지만, 지구 생명체의 몸을 이루는 원소는 이들 중 단 몇 가지밖에 안 된다. 우리 몸의 95퍼센트는 수소와 산소, 그리고 탄소로 이루어져 있으며, 다른 생명체도 크게 다르지 않다. 이들 중 탄소는 다른 탄소, 또는 다른 원소들과 쉽게 결합하면서 결합력도 강하고 결합 방식도 엄청나게 다양하기 때문에, 지구 생명체를 '탄소 기반carbon-based 생명체'라 부르기도 한다. 그리고 탄소가 포함된 분자를 연구하는 화학 분야를 '유기화학organic chemistry'이라 한다. 반면에 외계 생명체를 연구하는 분야는 직접적인 데이터가 전혀 없기 때문에 '유기'라는 단어를 쓰지 않고 그냥 '우주생물학exobiology'이라 한다.

생명체는 화학적으로 특별한 존재일까? 코페르니쿠스 원리에 입각해서 생각해보면 딱히 그럴 이유가 없을 것 같다. 외계 생명체가 존재한다면 겉모습은 말할 것도 없고, 구성 성분도 우리와 크게 다를 것이다. 우주에서 가장 흔한 원소 톱 4는 수소, 헬륨, 산소, 탄소이다. 이들 중 헬륨은 다른 원소와 거의 반응을 안 하지만, 나머지 셋은 양도 많고 화학적 활성도가 매우 높아서 지구 생명체의 대부분을 구성하고 있다. 즉, '우주를 통틀어 가장 흔하면서 결합도 잘하는 원소 톱 3'가 '지구 생명체의 구성 원소 톱 3'를 차지하고 있는 것이다. 가장 흔한 원소로 이루어져 있으니 별로 특별할 것도 없다. 외계 행성에 살고 있는 생명체의 몸도 수소-산소-탄소가 거의 대부분일 것이다. 지구인이건 외계인이건, 몸의 구성 성분이 망간이나 몰리브덴쯤 되어야 특별하다고 말할 수 있다.

외계인의 몸집은 얼마나 클까? 다시 한 번 코페르니쿠스 원리로 돌아가서 생각해보자. 인간이 유별난 존재가 아니듯이 우리와 우연히 조우한 외계인도 그다지 특별한 생명체는 아닐 것이다. 따라서 그들의 몸집도 우리의 상상에서 크게 벗어나지 않을 것이다. 만화나 소설에는 엠파이어 스테이트 빌딩만 한 괴물이 종종 등장하지만, 이런 생명체는 원리적으로 존재할 수 없다. 공학적 한계를 굳이 따지지 않더라도 더 근본적인 한계가 있기 때문이다. 생명체가 자신의 팔다리를 직접 움직인다면, 또는 좀 더 일반적으로 말해서 생명체가 하나의 시스템으로 작동하려면 몸집의 크기는 '빛의 속도'라는 한계를 벗어날 수 없다. 아인슈타인의 특수 상대성 이론에 의하면 빛의 속도는 모든 물체와 신호가 도달할 수 있는 궁극의 속도이다. 극단적인 예로 몸집이 해왕성의 공전 궤도를 가득 채울 정도로 큰 생명체가 있다고 가정해보자. (몸의 한쪽 끝에서 반대쪽 끝으로 가려면 광속으로 10시간을 달려야 한다.) 이런 생명체가 머리를 긁으려고 마음을 먹었다면, 행동으로 옮길 때까지 거의 10시간이 걸린다. 긁기뿐만 아니라 모든 행동과 감각 전달이 너무 느려서 진화하는 데에도 엄청난 시간이 소요된다. 이 생명체가 우주 초창기 때부터 존재해왔다 해도, 효율적인 몸(작은 몸)으로 진화하려면 아직 한참을 기다려야 할 것이다.

지능은 어떤가? 할리우드 영화에서 지구를 방문한 외계인은 거의 예외 없이 똑똑한 캐릭터로 그려진다. 그러나 그 먼 곳에서 지구까지 날아왔다는 외계인들이 하는 짓을 보면 정말 멍청하기 그지없다. 몇 년 전, 나는 차를 타고 보스턴에서 뉴욕으로 가던 중 라디오를 켰는데, 때마침 외계인 악당이 나오는 연속극이 방송되고 있었다. 그 외계인들의 목적은 지구의 바닷물을 빨아올린 후 거기서 수소를 추출하여 고향 행성으로 가져가는 것이었다. 아마 그들의 행성에 수소가 부족했던 모양이다. 그런데 왜 하필 지구인가? 정말 딱한 외계인들이다. 목성에 함유되어 있는 수소의 양은 지구 전체 질량의 200배나 된다. 아마도 이들은 오는 길에 목성을 보지 못했거나, 우주에 존재하는 원소의 90퍼센트가 수소라는 사실을 몰랐음이 분명하다.

이상한 것은 또 있다. 수천 광년의 거리를 가뿐하게 날아올 정도로 똑똑한 외계인이 정작 지구에 다 와서는 거의 추락하듯이 땅에 들이받는 이유가 대체 무엇일까?

1977년에 개봉된 영화 〈미지와의 조우〉에 등장하는 외계인들은 지구로 향하는 길에 어떤 신호를 송출하는데, 지구의 과학자들이 분석해보니 비행접시가 도착할 지점의 경도와 위도를 알리는 암호였다. 참으로 예의 바르고 준비성도 철저한 외계인이다… 잠깐, 무언가 좀 이상하지 않은가? 지구의 경도는 영국의 그리니치 천문대가 있는 곳을 기준으로 측정된 값이고, 이 기준은 지구인들의 합의에 따라 결정되었다. 그런데 외계인들이 어떻게 기준점을 알고 있단 말인가? 그리고 경도와 위도는 한 바퀴를 360등분한 단위(도, °)로 표기하는데, 이것도 오직 지구에서만 통용되는 단위이다. 아마도 그 외계인들은 인간의 역사와 문화를 사전에 충분히 예습하고 영어까지 완벽하게 습득한 후 다음과 같은 메시지를 날렸을 것이다. "우리는 미국 와이오밍 주의 데블스타워 바위산 근처에 착륙할 예정이다. 그리고 우리는 비행기가 아닌 비행접시를 타고 있으므로 활주로 조명은 켜지 않아도 된다."

스페이스 트윗 5   @neiltyson · 2010년 8월 21일 오후 12:00

비행접시가 착륙하여 문이 열리면 외계인은 항상 경사길을 따라 걸어 내려 온다. 왜 하필 경사길일까? 외계인에게 계단 공포증이라도 있는 걸까? 아니 면 그들의 비행접시는 장애인을 고려하여 설계된 것일까?

그러나 뭐니 뭐니 해도 '가장 말도 안 되는 SF 영화' 1위로는 1979 년에 개봉된 〈스타 트렉〉을 꼽고 싶다. 때는 23세기—옛날에 발사된 우주 탐사선 비저V'ger호가 우주 공간을 표류하다가 지능을 가진 외계 인들의 손에 구조되었다. 이들은 고장 난 부품을 수리하여 원래의 기 능을 되살려놓았고, 비저는 날이 갈수록 기억을 되살리며 똑똑해지다 가, 결국은 의식까지 갖게 된다. 마침내 비저는 옛날에 자신을 만들었 던 창조주를 찾아 지구로 돌아온다. 그런데 엔터프라이즈호의 커크 선장은 우연한 기회에 비저의 정체가 20세기 말에 지구에서 발사된 보이저 6호Voyager 6였음을 알게 된다. 몸체에 새겨진 이름 중 'oya'가 지워져서 'V'ger'로 불렸던 것이다. 아무튼 비저는 자신의 질문에 답하 지 못하면 지구를 날려버리겠다며 협박을 해 오고, 선원들은 비저의 질문을 이해하기 위해 혼신의 노력을 기울인다…. 20세기 말에 이런 고성능 탐사선을 만들었다는 설정도 다소 황당하지만, 정작 나를 실 망시킨 것은 비저의 앞뒤 안 맞는 멍청함이었다. 우주 공간을 배회하 면서 우주의 모든 지식을 습득했다는 기계가 자기 이름이 '보이저'였 다는 것도 기억하지 못하다니, 대체 이게 말이 되는가?

1996년 작 블록버스터 〈인디펜던스 데이〉는 또 어떤가. 이 영화에 등장하는 외계인에 대해서는 반론을 제기할 여지가 별로 없다. SF 영화에 외계인이 나오는 건 당연하니까. 〈인디펜던스 데이〉의 외계인은 오직 지구를 파괴하는 것 외에는 아무런 관심도 없는 악당 중의 악당 이며, 고깔해파리와 귀상어, 그리고 사람을 섞어놓은 듯한 외모를 갖고 있다. 영화 제작자들이 기존의 SF와 화끈하게 다른 외계인을 선보이기 위해 고민한 흔적이 역력하다. 그런데 이 외계인들은 초대형 비행접시 안에서 등받이가 높고 팔걸이까지 달린 푹신한 의자에 앉아 있다. 생긴 모습은 지구인과 완전 딴판인데, 사용하는 의자는 똑같다. 지구를 정복한 후 지구인의 의자를 사용하기 위해 미리 적응 훈련을 하고 있는 것일까?

이 영화는 인간의 승리로 끝난다. 다행이다. 영화의 주인공은 자신의 매킨토시 노트북에 바이러스를 업로드한 후, 이것을 외계인의 모선(질량이 달의 5분의 1이나 된다!)에 있는 컴퓨터에 심어서 방어벽을 무력화하는 데 성공한다. 그런데 이 영화가 개봉되었던 1996년 무렵에 나는 내 컴퓨터에 있는 파일을 다른 컴퓨터로 옮길 때마다 엄청 스트레스를 받았다. 특히 두 컴퓨터의 운영 체제os가 다른 경우에는 조용히 포기하는 것이 상책이었다. 그렇다면 가능한 시나리오는 하나뿐이다.—외계인은 애플 사에서 배포한 운영 체계를 사용하고 있었다!

논리의 전개를 위해, 인간이 지구에서 지능이 가장 뛰어난 생명체라고 가정해보자. (큰 두뇌를 가진 포유류를 무시하려는 의도는 전혀 없다. 하지만 이들은 천체물리학을 모르지 않는가? 동물 애호가들의 반론에 못 이겨 이들을 포함한다 해도, 결론은 크게 달라지지 않는다.) 지구의 생명체를 기준으로 삼는다면 외계에 지적 생명체가 존재할 확률은 엄청나게 작다. 일부 학자들의 주장에 의하면, 이미 멸종한 종과 현재 살아 있는 종을 모두 포함하여 지금까지 지구에서 살다 간 생명체는 100억 종이 넘는다고 한다. 그러므로 외계 생명체 중 지성을 가진 생명체는 지구와 비슷하게 100억분의 1을 크게 넘지 않을 것이다. 게다가 이들 중 고도의 과학기술을 발전시켜서 수십, 수백 광년 떨어져 있는 지구인과 통신을 시도할 만한 생명체는 더욱 드물 것으로 예상된다.

스페이스 트윗 6 @neiltyson • 2010년 6월 3일 오후 9:18
지렁이는 자기 옆을 스쳐 지나가는 인간이 똑똑하다는 사실을 전혀 인지하지 못한다. 따라서 인간보다 훨씬 우월한 외계인이 우리 곁을 스쳐 지나간다 해도, 우리는 그들의 존재를 눈치채지 못할 것이다.

그런 외계 문명이 존재한다면, 통신 수단으로 라디오파를 사용할 가능성이 높다. 우주 공간에 널리 퍼져 있는 기체와 먼지구름을 가장 잘 통과하는 것이 라디오파이기 때문이다. 그러나 우리 인간이 라디오파를 사용해온 기간은 100년이 채 되지 않는다. 지구에 인류가 처음 등장했을 때부터 외계인들이 라디오파를 계속 송출해왔다 해도, 우리는 최근에 와서야 그 신호를 감지할 수 있게 된 것이다. 각별한 인내심을 가진 외계 종족이 아닌 한, 이미 수백 년 전에 "지구에는 생명체가 없다."고 결론짓고 지금쯤 다른 행성과 통신을 시도하고 있을 것이다. 그들이 지구에 지적 생명체가 산다는 것을 간파하고 교류를 시도해 올 가능성은 현실적으로 너무 작다.

코페르니쿠스 원리에 의하면 우리 인간은 우주에서 유별난 생명체가 아니다. 그러므로 우리는 별 무리 없이 "우주 어느 곳이건 생명체가 살아가려면 액체 상태의 물이 있어야 한다."고 가정할 수 있다. 그러므로 모항성에 너무 가깝거나 너무 먼 행성에는 생명체가 살 수 없다. 너무 가까우면 물이 증발하고, 너무 멀면 얼어붙기 때문이다. 다시 말해서, 생명체가 서식하는 행성의 온도는 물이 액체 상태로 존재하는 섭씨 0~100도 사이여야 한다. 어린이 동화 〈골디락스와 곰 세 마리〉에 나오는 수프처럼, 온도가 적당해야 살아갈 수 있다. (언젠가 내가 라디오 토크 쇼에 출연해서 골디락스 영역에 대해 언급했을 때 사회자가 했던 말이 생각난다.—"그러니까 천문학자들은 오트밀 죽처럼 걸쭉한 행성을 찾고 있는 거로군요!")

생명체가 살아가기 위해서는 모항성과의 거리도 중요하지만, 모항성에서 방출된 복사 에너지를 흡수하는 정도도 그에 못지않게 중요하다. 금성에서 일어나고 있는 온실 효과를 예로 들어보자. 태양에서 방출된 가시광선은 금성의 두꺼운 이산화탄소 대기에 흡수된 후 적외선의 형태로 재방출되고, 이 적외선은 금성의 대기에 갇혀서 상상을 초월하는 온실 효과를 발생시킨다. 그래서 금성 표면의 온도는 태양과의 거리를 감안했을 때 추정되는 온도보다 훨씬 높아서, 무려 섭씨 480도나 된다. 이 정도면 납도 녹일 정도로 무시무시한 고온이다.

만일 우리가 지구 밖에서 생명체를 발견한다면, 그것은 지능이 없는 원시 생물일 가능성이 높다. 또는 이미 멸종된 원시 생물의 흔적이 발견될 수도 있다. 물론 지적 생명체보다는 흥미가 떨어지지만, 내가 보기에는 이것도 충분히 관심을 끌 만한 대형 사건이다.

지구 가까운 곳에서 생명체가 존재할 만한 후보로는 화성과 유로파(목성의 위성)를 꼽을 수 있다. 화성에는 과거 물이 존재했던 시기에 살았던 생명체의 화석이 남아 있을 가능성이 있고, 유로파는 표면을 덮고 있는 얼음층 밑에 바다가 있을 것으로 추정되고 있다. 얼음 밑의 온도가 비교적 높은 이유는 목성과 여러 위성들의 중력에 의해 압력이 작용하기 때문이다. 방금 언급한 두 천체는 과거 한때 물이 존재했거나 지금 존재한다는 공통점을 갖고 있다.

　행성(또는 위성)에서 탄생한 생명체가 안정적으로 진화하려면 행성이 하나의 별을 중심으로 거의 원형을 그리며 안정적으로 공전해야 한다. 하나의 태양계에 별이 두 개 이상 있으면(실제로 은하수 안에는 이런 태양계가 반이 넘는다) 행성의 공전 궤도가 길게 일그러지고 온도 변화가 심하기 때문에, 생명체가 안정적으로 진화할 수 없다. 그리고 질량이 큰 별은 수명이 짧아서(수백만 년 정도) 주변 행성에 생명체가 있다 해도 충분히 진화하기 전에 멸종할 것이다.

미국의 천문학자 프랭크 드레이크는 우주에 생명체가 존재할 확률을 방정식으로 표현했다. 이것이 바로 그 유명한 드레이크 방정식인데, 우주의 원리가 담긴 심오한 방정식은 아니고 그냥 생명체가 살아가는 데 필요한 여러 조건들을 확률로 환산하여 일렬로 곱해놓은 것이다. 친구들과 토론을 통해 각 항의 확률을 결정한 후 이 값들을 모두 곱하면 우주에 존재하는 기술 문명의 수(또는 그런 문명이 존재할 확률)가 얻어진다. 물론 이 값은 생물학과 화학, 천체역학, 천체물리학 등에 대한 당신의 지식수준에 따라 얼마든지 달라질 수 있다. 은하수 하나만을 대상으로 해도, 문명의 수는 한 개(인류 문명)에서 수백만 개까지 다양한 답이 나올 수 있다.

지구의 문명이 다른 외계 문명보다 크게 뒤떨어져 있을 가능성을 고려한다면(물론 그런 문명은 몇 개 안 되겠지만), 외계에서 날아온 신호를 수신하는 데 집중할 필요가 있다. 신호를 송출하는 것보다 수신하는 편이 훨씬 싸게 먹히기 때문이다. 우리보다 똑똑한 외계인들은 모항성의 에너지를 충분히 활용하고 있을 것이므로, 밖에서 온 신호를 감지하는 것보다 자신의 존재를 알리는 데 주력할 가능성이 높다.

외계 생명체 탐사(흔히 '세티SETI, search for extraterrestrial intelligence'라는 약자로 불린다)는 지금까지 매우 다양한 형태로 진행되어왔다. 그중 가장 오래된 방식은 우주에서 날아오는 라디오파와 마이크로파를 수십억 개 채널에 걸쳐 이 잡듯이 뒤지는 것이다. 푸에르토리코에 있는 아레시보 전파망원경에는 방대한 양의 데이터가 밤낮으로 수신되고 있는데, 이것을 하나의 컴퓨터로 분석하는 것보다 여러 대의 소형 컴퓨터에 나눠서 분석하는 것이 훨씬 효율적이다. 그래서 연구소 측에서는 'SETI@home 스크린세이버'라는 프로그램을 인터넷에 배포하여 일반인의 참여를 독려하고 있다. 다들 알다시피 개인용 컴퓨터는 아무런 작업도 하지 않을 때 '스크린세이버'라는 화면 보호 프로그램이 작동하도록 세팅할 수 있다. 그러므로 지원자가 SETI@home 스크린세이버 프로그램을 자신의 컴퓨터에 미리 다운로드해놓으면 컴퓨터가 아무런 작업도 하지 않을 때마다 분석 프로그램을 자동으로 실행하여 세티의 업무를 도울 수 있다. 이것을 분산 컴퓨팅distributed computing이라 하는데, 참여 인원이 거의 수백만 명에 달한다. 최근에는 레이저를 이용하여 몇 나노초(10억분의 1초) 동안 전자기파(빛)의 가시광선을 찾는 기술이 개발되었다. 아주 짧은 시간이긴 하지만, 이 시간 동안 가까운 별에서 강한 가시광선 펄스가 방출되면 지구에서 얼마든지 관측할 수 있다. 또 다른 방법은 꾸준히 방출되는 신호 대신 짧고 강하게 방출되는 마이크로파를 찾는 것이다. 이런 신호가 자주 발생한다는 보장은 없지만 비용 면에서는 훨씬 효율적이다.

외계에서 지적 생명체가 발견된다면 자신을 바라보는 우리의 관점은 가히 혁명적인 변화를 겪게 될 것이다. 나는 외계인들이 바깥 생명체를 찾을 때 우리와 다른 방법을 사용했으면 좋겠다. 모두가 듣는 데에만 열중하고 아무런 신호도 보내지 않는다면, 외계인이 존재한다 해도 찾을 수가 없기 때문이다.

지금 당장 아무런 소득이 없다 해도 외계 생명체를 찾는 시도는 한동안 계속될 것이다. 왜냐하면 인간은 태생적으로 호기심이 많고, 무언가를 발견하면서 성취감을 느끼는 지적 생명체이기 때문이다.

4
외계인 악당*
― 산제이 굽타와의 인터뷰, CNN ―

굽타 하나만 묻겠습니다. 여러분은 UFO의 존재를 믿습니까? 만일 믿는다면 당신은 특별한 사람입니다. 영국의 천체물리학자 스티븐 호킹을 알고 계시죠? 그가 가장 똑똑한 사람 중 한 명이라는 데에는 별 이견이 없을 줄 압니다. 그런 그가 말하기를, 외계인이 존재할 가능성이 아주 높다고 했습니다. 물론 ET처럼 호의적인 외계인은 아닐 수도 있겠죠. 호킹의 관점은 영화 〈우주 전쟁〉에 잘 나타나 있습니다. 그는 디스커버리 채널의 한 다큐멘터리 프로그램에 출연하여 "외계인들은 몸집이 크고 매우 공격적이며, 다른 행성을 점령하느라 매우 바쁘게 돌아다닐 것"이라고 했습니다. 또한 그는 외계인들이 거대한 우주선을 타고 우주 곳곳을 누비면서 다른 행성으로부터 에너지를 착취할지도 모른다고 경고했습니다. 정말 그럴까요? 오늘은 뉴욕 헤이든 천문관의 소장이자 스티븐 호킹과 같은 천체물리학자

★ 산제이 굽타와의 인터뷰, 〈앤더슨 쿠퍼 360도〉, CNN, 2010년 4월 26일.

인 닐 디그래스 타이슨 씨를 모시고 이야기를 들어보겠습니다.

저는 어린 시절에 "우주에는 수천억 개의 은하가 있고, 하나의 은하는 수억 개의 별들로 이루어져 있다."는 말을 듣고 우주의 매력에 푹 빠졌죠. 그때 느꼈던 경외감을 지금도 잊을 수가 없습니다.

타이슨 은하를 조금 과소평가하셨네요. 수억 개가 아니라 수천억 개입니다.

굽타 맞아요, 수천억 개. 더 많을 수도 있겠죠. 그렇다면 우주에 우리 말고 생명체가 존재할 수도 있겠죠?

타이슨 그렇습니다.

굽타 그런데 호킹 박사는 〈ET〉보다 〈인디펜던스 데이〉를 더 현실적인 시나리오로 생각하는 것 같습니다. 외계인이 악당이라는 건 그냥 추측이겠죠?

타이슨 추측이긴 합니다만, 아무렇게나 제기된 추측은 아닙니다. 그 저변에는 외계인보다 우리 자신에 대한 두려움이 깔려 있습니다. 다시 말해서, 우리가 서로를 대하는 방식대로 외계인이 우리를 대할까 봐 두려운 겁니다. 그러니까 종말론에 가까운 호킹의 경고는 우리 자신을 비추는 거울인 셈이죠.

굽타 칼 세이건이 예상했던 것과는 사뭇 다르군요. 그는 외계인에게 지구의 위치를 알리는 데 주력하지 않았습니까?

타이슨 맞아요. 세이건은 보이저호에 지구의 주소를 실어 보냈습니다. 외계인에게 "이봐, 우리 여기 있어!"라고 말하고 싶었죠.

굽타 그런데 왜 외계인들이 지구를 공격한다는 겁니까? 무슨 보복이라도 하려는 걸까요?

타이슨 방금 전에 말했지만 외계인이 어떤 식으로 행동할지는 아무도 모릅니다. 우리는 그저 우리 자신을 되돌아보면서 막연하게 추측만 할 수 있을 뿐이죠. 외계인은 우리와 몸의 화학 성분 자체가 다르기 때문에 동기도 다르고 목적도 완전히 다를 것입니다. 그들이 악당이라는 것은 우리가 외계인을 발견했을 때 취할 행동으로부터 역지사지로 유추한 것이지, 외계인의 특성을 알고 하는 말은 아닙니다.

스페이스 트윗 7 · @neiltyson · 2011년 1월 15일 오후 2:57
우주에서 재채기를 하면 외계인에게 바이러스가 옮지 않을까? 아니다. 우주인이 쓰는 헬멧은 재채기와 함께 뿜어져 나오는 점액 4만 방울을 막아주기 때문에, 재채기 때문에 외계인이 죽을 걱정은 안 해도 된다.

굽타 지금 우리는 우주에서 날아오는 신호에 귀를 기울이고 있죠. 이런 시도를 한 지 꽤 오래되었다고 들었는데, 의미 있는 신호는 단 한 번도 포착된 적이 없습니다. 그렇다면 외계인도 우리가 보낸 신호를 듣고 있을까요?

타이슨 얼마든지 가능합니다. 그런데 그들이 신호를 듣고 찾아와서 우리를 노예로 삼거나 동물원에 가둘까 봐 걱정되긴 합니다. SF 영화에도 이런 스토리가 자주 등장하잖아요?

굽타 외계인의 동물원에 갇힌다… 그런 생각은 한 번도 해본 적 없는데, 정말 끔찍하네요.

타이슨 반드시 그렇게 된다는 뜻은 아닙니다. 최악의 경우엔 그럴 수도 있다는 얘기죠. 하지만 지금 우리는 신호를 보내는 것보다 받는 쪽에 전력하고 있습니다. 거대한 전파망원경들이 귀를 쫑긋 세우고 수십억 개의 채널을 이 잡듯이 뒤지고 있죠. 우주 어느 곳에서 어떤 외계인이 살고 있건, 그들이 신호를 보내기만 했다면 언젠가는 포착될 겁니다. 이것은 적극적으로 신호를 송출하는 것과 근본적으로 다릅니다. 우리도 라디오 신호를 우주로 보내긴 했지만, 그건 전혀 의도된 행동이 아니었습니다. 지구에서 송출된 라디오파는 현재 70광년 거리까지 도달했는데, 외계인들이 이 신호를 받아서 재생한다면 〈왈가닥 루시〉나 〈신혼여행객〉 같은 1950년대 TV 연속극을 보게 될 겁니다. 루실 볼(〈왈가닥 루시〉의 여주인공—옮긴이)이 본인의 의도와 상관없이 지구 문명을 외계에 알리는 메신저가 된 것이죠. 외계인들이 우리를 두려워할 이유는 별로 없지만, 그들이 우리의 지능을 의심할 만한 이유는 사방에 널려 있습니다. 그리고 항간에 떠도는 소문과 달리, 우리는 외계인으로부터 아직 단 하나의 신호도 받지 못했습니다. 지금 우리의 진공청소기는 속이 텅 비어 있지만, 머지않아 우리가 초래한 공포로 가득 차게 될지도 모릅니다.

5
킬러 소행성★

당신의 묘비에 "소행성에 맞아 세상을 떠나다"라고 새겨질 확률은 "비행기 추락으로 사망하다"라고 새겨질 확률과 거의 비슷하다. 지난 400년 동안 운석에 맞아 사망한 사람은 약 20명이고, 비행기가 처음 발명된 후 지금까지 비행기 사고로 사망한 사람은 수천 명에 달한다. 그런데 왜 확률이 같다는 것일까? 이유는 간단하다.

1년 동안 비행기 사고로 죽는 사람을 평균 100명으로 잡으면 1000만 년 동안 10억 명의 사망자가 발생할 것이다. 그러나 커다란 소행성이 지구로 떨어졌을 때 발생하는 사망자 수도 이와 비슷하다. 비행기는 사람을 조금씩 꾸준히 죽이고 소행성은 단 한 번에 몰살한다는 차이가 있지만, 기록에 의하면 이런 소행성은 1000만 년마다 한 번씩 지구로 떨어지기 때문에 결국 확률이 같아지는 것이다. 게다가 소행성이 지구에 충돌하면 기후가 급격히 변하여, 충돌 순간에 운 좋게 살아남

★ '다가오는 인력Coming Attractions', 〈내추럴 히스토리〉, 1997년 9월.

은 사람들도 결국은 죽게 될 것이다.

태양계가 처음 생성되었을 무렵, 지구에는 소행성과 혜성이 수시로 떨어졌다. 화학 성분이 풍부한 기체가 식어서 밀도가 높아지면 분자가 되고, 이것이 모여서 먼지 알갱이가 되고, 또 이들이 모여서 바위와 얼음이 형성된다. 초기 태양계는 총알이 난무하는 사격장을 방불케 했다. 작은 바위와 얼음 조각들이 사방으로 어지럽게 날아다니면서 수시로 충돌을 일으켰고, 충돌이 일어날 때마다 화학적 결합력과 중력이 동시에 작용하여 물체의 크기가 점점 커졌다. 이들 중 비교적 덩치가 큰 것들은 다른 것들보다 중력이 강해서 질량이 더 빠르게 증가했고, 시간이 흐를수록 '빈익빈 부익부' 현상이 심화되면서 큰 덩어리와 작은 덩어리로 양분되었다. 그리고 거리가 같으면 중력의 크기도 같기 때문에, 한 곳에 집중된 질량은 점차 구형球形으로 변해갔다. 이렇게 탄생한 천체가 바로 행성이다. 덩치가 충분히 큰 행성은 자체 중력으로 자신의 주변에 기체층을 잡아놓을 수 있었는데, 우리는 이것을 '대기'라 부른다.

초기보다는 많이 느려졌지만, 모든 행성들은 지금도 외부 물체를 끌어당기면서 꾸준히 덩치를 부풀리는 중이다. 예를 들어 지구는 행성들 사이에 흩어져 있는 먼지를 매일 수백 톤씩 끌어당기고 있는데, 대부분은 대기와의 마찰에 의해 사라지고(이것을 유성이라 한다) 극히 일부만이 지표면에 도달한다. 이보다 더 위협적인 것은 수십억 개(또는 수조 개)에 달하는 혜성과 소행성들이다. 이들은 태양계 초기 때부터 태양 주변을 공전해오고 있는데, 대부분은 몸집이 작아서 망원경에 잡히지 않지만 먼 미래에는 심각한 위험 요인으로 부각될 것이다.

공전 주기가 긴 혜성들(대부분 얼음덩어리로 이루어져 있으며, 공전 반경이 해왕성의 수천 배에 달한다)은 덩치가 작아서 다른 천체의 중력에 쉽게 이끌린다. 개중에는 가까운 별이나 먼지구름의 중력에 끌려 원래 궤도를 이탈하는 혜성도 있다. 이들이 어쩌다가 태양계에 진입하여 우연히 지구와 마주친다면 대량 살상을 피할 길이 없다.

소행성의 주성분은 바위이며, 철을 비롯한 금속 성분도 일부 함유하고 있다. 대부분의 소행성들은 크기가 작은 돌멩이 수준으로, 화성과 목성 사이의 궤도를 안정적으로 돌고 있기 때문에 지구와 마주칠 가능성은 거의 없다.

그러나 모든 소행성들이 무해한 것은 아니다. 개중에는 궤도를 이탈하여 지구를 향해 날아오는 것도 있다. 지구 근처를 지나가는 소행성은 지금까지 약 1만 개가 발견되었으며, 지구와 충돌할 가능성이 있는 소행성만 추려도 무려 1000개나 된다. 게다가 이 숫자는 관측이 정밀해지면서 계속 증가하고 있다. 위험 목록에 올라 있는 소행성들은 직경이 150미터 이상으로, 지구와 달 사이 간격의 20배 이내의 거리를 '스쳐 지나간다'. 이들 모두가 내일 당장 지구와 충돌하진 않겠지만, 언제든지 돌발 변수가 발생하여 지구로 향할 수 있기 때문에 꾸준히 감시해야 한다.

지구와 충돌할 가능성이 있는 여러 천체들 중 가장 위협적인 것은 공전 주기가 200년이 넘는 장주기長週期 혜성들이다. 이들은 '충돌 블랙리스트'의 4분의 1을 차지하고 있으며, 엄청나게 먼 거리에서 태양계에 진입하여 점점 빨라지다가 지구와 충돌할 무렵에는 거의 시속 15만 킬로미터(음속의 약 120배)에 도달한다. 이처럼 장주기 혜성은 덩치가

크고 속도도 빠르기 때문에 충돌 에너지의 크기도 상상을 초월한다
[충돌할 때 발생하는 에너지는 충돌체의 운동 에너지에 비례한다. 운동 에너지는 $mv^2/2$
이므로 질량(m)이 클수록, 그리고 속도(v)가 빠를수록 크다—옮긴이]. 게다가 이들
은 너무 먼 곳에 있어서 망원경으로도 잘 보이지 않는다. 지구로 다가
오는 장주기 혜성이 망원경에 잡혔다면, 이는 곧 충돌에 대비할 시간
이 겨우 몇 년(또는 몇 달)밖에 남지 않았다는 뜻이기도 하다. 1996년에
1600만 킬로미터 간격으로 지구를 스쳐 지나갔던 햐쿠타케 혜성(1996
년 1월 31일에 일본의 아마추어 천문가 햐쿠타케 유지百武裕司가 발견한 혜성—옮긴
이)은 근일점에 도달하기 4개월 전에 발견되었다. 궤도면이 다른 혜성
들과 크게 달라서 아무도 그 일대를 바라보지 않았기 때문이다.

 '응축accretion'(행성이 주변 물체를 끌어당겨서 몸집을 키우는 현상)이라는 말은
"환경을 초토화하고 생명체를 몰살하는 충돌 사건"보다 덜 위험하게
들리지만, 태양계의 역사를 돌아보면 둘 사이에는 별다른 차이가 없
다. 지금 우리가 존재하게 된 것도 먼 옛날에 생명의 씨앗을 품은 소
행성이 지구에 충돌했기 때문일지도 모른다. 인간이 지구에서 안락하
게 살아가고, 지구에 온갖 화학물질이 풍부하게 널려 있고, 공룡이 아
직 살아 있지 않은 것은 다행스러운 일이지만, 이 모든 것을 제공해준
소행성은 한순간에 지구를 잿더미로 만들 수도 있다.

혜성이나 소행성이 지구로 떨어질 때, 충돌체가 갖고 있던 에너지의
일부는 마찰과 충격파를 통해 대기 중에 저장된다. 소닉 붐sonic boom(음
속 폭음)도 충격파의 일종이지만 이것은 비행기가 음속을 돌파하거나

초음속에서 음속 이하로 감속할 때 발생하기 때문에, 기껏해야 장식장에 진열해놓은 접시가 흔들리는 정도의 피해밖에 주지 않는다. 그러나 시속 7만 2000킬로미터(음속의 70배)로 돌진해 오는 소행성이 대기 중에서 만들어내는 충격파의 위력은 가히 상상을 초월한다.

혜성이나 소행성이 충격파를 만들어낸 후에도 살아남을 정도로 충분히 크다면, 남은 잔해의 운동 에너지는 지표면에 고스란히 전달된다. 이때 생기는 크레이터(충돌에 의해 생성되는 구덩이)의 직경은 충돌체보다 20배 이상 크고, 그 인근에 있는 바위와 흙은 열기를 이기지 못하고 녹아내린다. 하나의 충돌체가 충돌하여 온도가 급격하게 상승했는데, 충분히 식기 전에 또 다른 충돌체가 연이어 충돌한다면 그 충격은 몇 배로 커진다. 달의 표면에 나 있는 크레이터를 자세히 관측해보면

1969년 5월 아폴로 10호 우주인이 촬영한 달 표면의 크레이터. NASA Apollo

46억~40억 년 전에 충돌이 이런 식으로 일어났음을 알 수 있다. 혜성이나 소행성이 달에 특별한 악감정을 품지 않았다면, 이와 비슷한 시기에 지구도 연발탄을 맞았을 것이다.

지구에 생명체가 처음 탄생한 시기는 약 38억 년 전이다. 그 이전의 지구는 완벽한 불모지였다. 생명체가 형성되는 데 필요한 화학물질은 지구 탄생 초기에 이미 배달되었지만, 거의 8억 년 동안은 아무 일도 일어나지 않았다(46억 년－38억 년＝8억 년). 그중 6억 년은 지구에 충돌 사건이 하도 자주 발생하여 온도가 내려갈 날이 없었고, 나머지 2억 년 사이에 형성된 풍부한 화학적 수프 안에서 최초의 생명체가 탄생했다. 그리고 모든 맛있는 수프가 그렇듯이, 이 수프도 다량의 물을 함유하고 있었다.

그렇다면 물은 어떻게 생겨났을까? 지구 탄생 초기에 물이 있었다고 해도 뜨거웠던 시기에 모두 증발했을 테니, 지금 존재하는 물은 외부 어디선가 배달되었음이 분명하다. 천문학자들은 40억 년 이상 전에 수많은 혜성들이 지구로 떨어지면서 바다가 형성되었을 것으로 추측하고 있다. 그러나 이들 외에도 화성에서 날아온 바위가 수십 차례 지구를 강타했고, 달에서 분출된 바위가 지구에 충돌한 사건은 헤아릴 수 없을 정도로 많았다.

행성 표면에 운석이 충돌하면 엄청난 에너지가 전달되면서 충돌 지점 근처의 바위들이 위로 튀어 오르는데, 그 속도가 탈출 속도보다 빠르면 행성의 중력권을 이탈하여 마치 자기도 행성인 양 태양 중심

궤도를 선회하다가 다른 천체와 부딪친다. (부딪치지 않고 계속 떠도는 놈들이 훨씬 많다.) 화성을 이탈하여 태양계를 떠돌다가 지구에 떨어진 운석 중 가장 유명한 것은 1984년에 남극 대륙의 앨런 힐스 구역에서 발견된 ALH-84001이다. 과학자들이 이 운석을 분석한 결과, 아주 희미하긴 하지만 수십억 년 전 화성에 원시 생명체가 살았던 흔적이 발견되었다.

화성에는 강바닥과 삼각주, 범람원, 침식된 분화구, 협곡 등 과거에 물이 존재했던 흔적이 다양한 형태로 남아 있다. 또한 극지방의 만년설과 곳곳에 흩어져 있는 지하빙, 그리고 고인 물에 주로 함유되어 있는 광물질(실리콘, 점토, 적철광 등)은 지금도 발견된다. 액체 상태의 물은 생명체가 살아가는 데 반드시 필요한 요소이므로, 과거 한때 화성에 생명체가 존재했다는 주장은 나름 설득력이 있다. 과학자들 중에

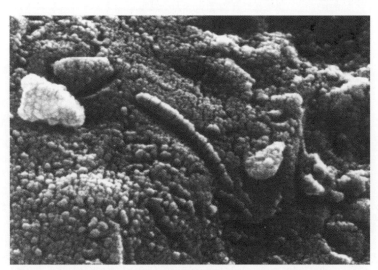

ALH-84001 운석 파편의 전자현미경 영상. 박테리아와 흡사한 생명체의 흔적이 발견되었다. NASA

는 "화성의 생명체가 어떤 자연 현상에 의해 표면을 탈출하여 태양계를 표류하다가 지구에 도달하여 진화를 시작했다."고 주장하는 사람도 있다. 언뜻 듣기에는 SF 소설을 방불케 하지만, 딱히 반박할 만한 증거도 없다. 이 가설을 '포자 가설panspermia'이라고 하는데, 이것이 사실이라면 인류의 조상은 화성인인 셈이다.

그 반대는 어떨까? 지구의 생명체가 화성으로 날아갈 수도 있지 않을까? 불가능하진 않지만 훨씬 어려운 시나리오다. 지구의 중력권을 탈출하려면 화성을 탈출할 때보다 2.5배나 많은 에너지가 필요하고, 지구의 대기는 화성의 대기보다 밀도가 100배쯤 높기 때문에 그만큼 헤쳐 나가기 어렵다. 어쨌거나 화성을 탈출한 박테리아가 소행성에 편승하여 지구로 떨어질 때까지 수백만 년을 버티려면 생존력이 엄청나게 강해야 한다. 다행히도 지구에는 생존에 필요한 물과 화학물질이 풍부하므로, 굳이 포자 가설에 집착할 필요는 없다.

이쯤에서 한 가지 의문이 떠오른다. 운석 충돌은 생명체에게 이로운 사건인가? 아니면 재앙인가? 상식적으로 생각하면 재앙에 가까울 것 같다. 실제로 지구 생명체들은 운석의 충돌로 인해 멸종 사태를 여러 번 겪었는데, 그 명단에는 한때 지구를 지배했던 공룡도 포함되어 있다. 다행히도 공룡이 멸종한 후 지금까지는 대형 소행성이 떨어지지 않아서, 작은 포유류가 호모 사피엔스(인간)로 진화할 수 있었다. 확률적으로 발생 가능한 사건이 오랫동안 일어나지 않았다는 것은 이제 일어날 때가 되었음을 의미한다. 대형 운석이 지금 떨어진다면 우리의 삶과 사회는 어떻게 달라질 것인가?

지구에는 지금도 집채만 한 운석이 수십 년에 한 번씩 떨어지고 있다. 이들은 대부분 대기 중에서 폭발하기 때문에 지표면에 분화구를 남기지 않는다. 그러나 여기에 인간의 정치가 개입되면 심각한 사태가 벌어질 수 있다. 예를 들어 분쟁이 한창 진행되고 있는 인도와 파키스탄의 접경 지역에서 이런 운석이 폭발한다면, 상대방이 공격한 것으로 오인하여 핵폭탄을 발사할 수도 있다. 또한 1억 년에 한 번꼴로 떨어지는 대형 운석이 지금 떨어진다면, 정치적 대응이고 뭐고 손가방보다 큰 생명체들은 남김없이 사라질 것이다.

스페이스 트윗 8   @neiltyson · 2011년 4월 13일 오후 8:40
우주와 관련된 이야기를 꺼내면 "우주는 관심 없다. 먹고살기도 바쁘다."고 주장하는 사람들이 의외로 많다. 하지만 내가 장담하건대, 소행성이 지구로 다가오면 생각이 달라질 것이다.

아래 제시된 표에는 지구로 떨어지는 충돌체의 크기와 빈도, 그리고 충돌 에너지(TNT 100만 톤의 위력을 1로 잡았을 때 상대적인 값)가 나열되어 있다. 구체적인 값은 지표면에 남아 있는 충돌 흔적과 달의 크레이터, 그리고 지구 궤도와 교차하는 혜성과 소행성 명단으로부터 산출된 것이다. 이 연구는 미국 의회의 위탁을 받아 NASA 지구 접근체 탐사 관측팀이 수행했다. 독자들의 이해를 돕기 위해 표의 오른쪽 끝에 충돌체의 에너지를 1945년 히로시마에 투하된 원자폭탄의 단위로 비교해놓았다.

지구로 떨어지는 충돌체 목록

빈도	직경 (단위: 미터)	충돌 에너지 (TNT 100만 톤 단위)	충돌 에너지 (원자폭탄 단위)
1개월	3	0.001	0.05
1년	6	0.01	0.5
10년	15	0.2	10
100년	30	2	100
1,000년	100	50	2,500
10,000년	200	1,000	50,000
1,000,000년	2,000	1,000,000	50,000,000
100,000,000년	10,000	100,000,000	5,000,000,000

　세간에 알려진 몇 가지 유명한 충돌 사건의 위력은 위에 제시된 표로부터 산출할 수 있다. 1908년에 시베리아의 퉁구스카 강 근처에서 대폭발이 일어나 충돌 지점을 중심으로 수백 제곱킬로미터 안에 있는 모든 것들이 잿더미로 변하고 수천 제곱킬로미터에 걸친 나무들이 일제히 바깥쪽을 향해 쓰러졌다. 이 초대형 폭발을 일으킨 용의자는 직경 60미터짜리 바위형 운석(20층 건물과 비슷한 크기)으로, 땅에 닿기 전에 폭발했기 때문에 크레이터를 남기지 않았다. 이 정도 규모의 충돌 사고는 거의 200년에 한 번꼴로 일어난다. 멕시코의 유카탄 반도에 나 있는 직경 200킬로미터짜리 칙술루브 크레이터는 6500만 년 전에 직경 10킬로미터짜리 초대형 운석이 남긴 흔적으로, 당시 충돌 에너지는 2차 세계 대전 때 히로시마에 투하된 원자폭탄의 50억 배에 달했다. 표에서 보다시피 이런 충돌은 약 1억 년에 한 번꼴로 일어나는데, 다행히 그날 이후로 지금까지는 무사히 넘어갔다. 그 무렵 지구를 호령

1908년 퉁구스카 대폭발로 쓰러진 나무들. 1929년 촬영.

했던 티라노사우루스를 비롯하여 덩치 큰 동물들은 충돌의 여파로 모
두 멸종했고, 기회를 잡은 작은 포유류가 진화하여 새로운 주인공으
로 등극했다.

혜성이나 소행성이 떨어지면 지구는 어떤 변화를 겪게 될까? 몇 명의
행성학자들이 공동으로 저술한 책 〈혜성과 소행성의 위험성〉에 그 답
이 들어 있다. 이 책에 수록된 다양한 정보들 중 몇 가지 핵심적인 내
용을 추려보면 다음과 같다.

★ 에너지가 TNT 10메가톤 이하인 충돌체는 대기 중에서 폭발하기
  때문에 크레이터를 남기지 않는다. 폭발 후 지표면에 도달하는 조
  각들은 대부분 철Fe로 이루어져 있다.

★ 주성분이 철인 10~100메가톤급 충돌체는 지표면에 크레이터를 만든다. 그러나 비슷한 규모의 바윗덩어리는 대기 중에서 폭발한다. 철로 이루어진 충돌체가 땅에 충돌하면 워싱턴 DC에 해당하는 영역이 잿더미로 변한다.

★ 1,000~10,000메가톤급 충돌체는 크레이터를 만들고 델라웨어 주와 비슷한 면적을 초토화하고, 바다에 떨어지면 엄청난 파도를 일으킨다.

★ 100,000~1,000,000메가톤급 충돌체가 떨어지면 대기의 오존층이 완전히 파괴된다. 이런 물체가 바다에 떨어지면 지구의 절반이 파도에 휩쓸리고, 땅에 떨어지면 성층권까지 상승한 먼지가 태양 빛을 가려서 지구 전체가 얼어붙는다. 프랑스만 한 지역이 충돌에 의해 직접적인 피해를 입는다.

★ 10,000,000~100,000,000메가톤급 충돌체가 떨어지면 지구 전체가 화염에 휩싸이고 영구적인 기후 변화가 초래된다. 땅에 떨어지면 미국 본토만 한 지역이 직접적인 충격을 받는다.

★ 100,000,000~1,000,000,000메가톤급 충돌체가 떨어지면 땅이건 바다건 대량 멸종을 피할 길이 없다. 칙술루브에 떨어진 소행성이 이 정도 규모였는데, 당시 지구 생물 종 4분의 3이 사라졌다.

충돌에 취약한 바위형 행성은 지구뿐만이 아니다. 수성의 표면도 달과 비슷한 것을 보면, 과거에 잦은 충돌에 시달렸을 것으로 추정된다. 온난화를 넘어 '용광로화'를 겪고 있는 금성도 크레이터로 뒤덮여 있고, 과거에 지질학적 현상을 다양하게 겪었던 화성은 비교적 최근에 대형 크레이터가 형성되었다.

질량이 지구의 300배가 넘고 직경이 지구의 10배가 넘는 목성은 충돌체를 끌어들이는 능력도 태양계 행성들 중 단연 챔피언이다. 지난 1994년, 슈메이커-레비 9호 혜성이 목성의 살인적인 중력에 끌려 20여 개의 조각으로 분해되었다가, 아폴로 11호 달 착륙 25주년 기념행사가 한창 진행되던 무렵 시속 20만 킬로미터가 넘는 속도로 목성의 대기에 연달아 충돌했다. 이 장관은 가정용 천체망원경으로도 볼 수 있었는데, 목성의 자전 속도가 매우 빨라서(목성의 하루는 10시간이다) 혜성 조각들이 각기 다른 지점에 흔적을 남겼다.

슈메이커-레비 9호 혜성의 각 조각들은 칙술루브에 떨어진 소행성과 거의 비슷한 에너지를 갖고 있었다. 이런 괴물이 20번 넘게 연달아 충돌했으니, 혹여 목성에 공룡이 살았다 해도 지금은 흔적조차 남지 않았을 것이다.

지구로 다가오는 우주의 방랑자들—이들은 언제라도 우리를 파멸시킬 수 있는 무서운 존재들이다. 다행히도 최근 들어 이런 천체를 찾는 행성과학자들이 점점 많아지고 있다. 그러나 지구의 종말을 불러올 잠재적 킬러의 명단은 아직 완성되지 않았고, 수백만 개에 달하는 이들의 거동을 미리 예측하기도 어렵다. 다만 향후 수십 년, 또는 수백 년 사이에 상황이 어떻게 달라질지 대충 짐작할 수 있을 뿐이다.

가장 시급한 과제는 지구와 궤적이 겹치면서 직경 1킬로미터 이상인 소행성 명단을 작성하는 것이다. 이 정도 크기면 지구 전체에 재앙을 가져올 수 있다. 그다음에는 잠재적 킬러들로부터 인류를 보호하는 조기 경보 및 방어 시스템을 구축해야 하는데, 이것은 그다지 어려운 일이 아니다. 그러나 직경이 1킬로미터 이하인 소행성들(대부분이 이런 것들이다)은 빛을 거의 반사하지 않기 때문에 미리 발견하고 추적하기가 매우 어렵다. 이들은 아무런 경고 없이 지구에 충돌하거나, 미리 발견한다 해도 대책을 강구하기에는 시간이 턱없이 부족할 것이다. 지난 2002년 1월에 축구장만 한 크기의 소행성이 달보다 두 배 먼 거리를 스쳐 지나갔는데, 근일점에 도달하기 12일 전에 발견되었다. 12일이라… 과연 그사이에 무엇을 할 수 있었을까? 생각만 해도 끔찍하다. 그러나 앞으로 10년쯤 후에는 직경이 약 140미터인 소행성들까지 모두 찾아낼 수 있을 것으로 기대된다. 이런 놈들도 지구에 떨어지면 국가 하나를 날려버릴 수 있지만, 인류 전체를 멸종시킬 정도는 아니다.

이런 소행성 중에서 정말 우리가 신경을 써야 할 것이 과연 있을까? 적어도 하나는 있다. 2029년 4월 13일(게다가 금요일!)이 되면 초대형 축구 경기장을 가득 채울 정도로 큰 소행성이 통신 위성보다 가까운 거리를 스쳐 지나갈 예정이다. 아포피스Apophis(이집트 신화에 등장하는 어둠과 죽음의 신)로 명명된 이 소행성이 소위 '중력 구멍keyhole'이라 부르는 고도까지 접근한다면, 그다음 재상봉일인 2036년에는 캘리포니아와 하와이 사이의 태평양에 충돌할 가능성이 높다. 만일 이 끔찍한 시나리오가 그대로 실현된다면 5층 높이의 쓰나미가 북미 대륙 서부 연안을 집어삼키고 하와이의 도시들을 쓸어버릴 것이다. 그러나 2029년에 아포피스가 중력 구멍을 통과하지 않는다면, 2036년이 되어도 크게 걱정할 것은 없다.

일단은 2029년 달력에 표시를 해두는 것이 좋다. 그다음에는 해변가에서 칵테일을 홀짝거리며 어디로 숨을지 궁리하거나, 적극적으로 나서서 재앙 방지책을 강구할 수도 있다.

핵무기에 반대하는 사람들은 "핵폭탄을 하늘 멀리 날려 보내자!"는 구호를 상습적으로 외친다. 아닌 게 아니라 핵폭탄은 인간이 만든 무기들 중 파괴력이 제일 막강하다. 지구로 날아오는 소행성이 대기권으로 진입하기 전에 핵미사일로 폭파하면 작은 잔해로 분해되어 유성우처럼 떨어질 것이다. 단, 이 경우에는 미사일이 정확하게 소행성을 맞혀야 한다. 대기 중에서는 근처에서 대충 터져도 충격파를 통해 에너지가 전달되지만, 대기권 밖에서는 충격파가 발생하지 않기 때문에 소행성을 파괴하려면 정통으로 맞히는 수밖에 없다.

또 다른 방법은 강한 복사 에너지를 방출하는 중성자탄을 사용하는 것이다. (중성자탄은 냉전의 산물로서, 건물은 그대로 두고 사람만 죽이는 폭탄이다.) 이것을 소행성에 발사하면 앞면이 극도로 뜨거워지면서 파편을 앞쪽으로 쏟아내고, 그 반작용에 의해 궤도가 변하여 지구를 피해 가도록 만들 수 있다.

이보다 좀 더 점잖은 방법은 '느리면서 꾸준하게 분사하는 로켓'을 소행성의 한쪽 면에 부착하여 궤도를 이탈시키는 것이다. 낯선 물체에 로켓을 부착시키는 방법은 더 연구해봐야겠지만, 이 문제가 해결되기만 하면 기존의 화학 연료를 사용해도 원하는 결과를 얻을 수 있다. 또는 소행성에 로켓 대신 '태양 돛solar sail'을 부착하여 태양풍에 의해 방향이 바뀌게 만들 수도 있다. 이 방법은 연료가 필요 없다!

그러나 성공 확률이 가장 높은 방법은 중력 견인기gravitational tractor를 이용하는 것이다. 견인체를 소행성 가까이 접근시켜서 인력이 작용하게 만든 후, 역추진 장치를 가동하면 소행성의 궤도를 바꿀 수 있다.

지구를 소행성으로부터 보호하려면 전담 기구가 나서서 지구와 궤도가 겹치는 모든 소행성을 파악하고, 컴퓨터 시뮬레이션을 통해 충돌 시기를 가능한 한 정확하게 계산해야 한다. 또한 이 작업과는 별도로 탐사선을 우주로 보내서 킬러 소행성의 형태와 화학 성분 등 가능한 한 많은 정보를 알아내야 한다. 〈손자병법〉에서도 "지피지기면 백전백승"이라고 했다. 그러나 지난 60여 년 동안 우리는 주로 '경쟁국을 이기기 위해' 우주를 개척해왔으며, 인류 전체를 보호하기 위한 범세계적 우주 프로젝트는 이제 막 발걸음을 뗀 수준이다.

어떤 방법을 택하건, 일단은 지구를 위협하는 소행성 목록부터 완성되어야 한다. 지금 이 분야에 투신하고 있는 과학자는 전 세계를 통틀어 수십 명밖에 안 된다. 이 숫자가 조금만 늘어도 나는 커다란 안도감을 느낄 것 같다. 과연 우리는 지구와 인류를 구하기 위해 가진 것을 기꺼이 내놓을 준비가 되어 있을까? 미래의 어느 날 소행성이 충돌하여 인류가 멸망한다면, 그것은 재앙을 막을 기술이 없어서가 아니라 미래를 예측하는 혜안과 결단력이 부족했기 때문일 것이다. 그날 이후 인간을 대신하여 지구를 지배하게 될 종족은 이런 교훈을 후대에 전할지도 모른다. "그토록 똑똑했다는 인간도 하늘에서 떨어지는 소행성 앞에서는 콩만 한 두뇌를 가진 공룡보다 나을 것이 없었다. 뛰어난 과학기술만으로는 지구를 지킬 수 없다."

6
별로 향하는 길[*]
— 캘빈 심스와의 인터뷰, 〈뉴욕 타임스〉 —

대화

타이슨 관심을 달로 돌려봅시다. 사람들은 묻습니다. "우리는 달에 가 봤다. 임무도 성공적으로 완수했다. 달 말고 어디 가볼 만한 곳은 없는가?"라고 말이죠. 하지만 몇 번 가봤다고 거기서 볼일이 끝났 다고 할 수는 없죠. 달은 기술적으로 중요한 이점을 갖고 있습니다. 화성에 가려면 편도로 꼬박 9개월이 걸립니다. 지난 40년 동안 지구 저궤도 바깥으로 사람을 보낸 적이 없는 지금, 유인 우주선을 화성 에 보내는 것은 꽤나 어려운 일입니다. 거리가 너무 멀기도 하고요. 유인 우주 프로그램은 과거와 완전히 다른 방식으로 전개되어야 할 것입니다. 우주를 향한 1960년대의 열정을 다시 일깨우는 것도 중

---

[*] '닐 타이슨과의 대화The Conversation: Neil Tyson', 〈뉴욕 타임스〉 비디오, 2006년 6월 23일, 캘 빈 심스 진행, 맷 오어 제작, 2006년 7월 20일 http://www.nytimes.com/ref/multimedia/ conversation.html을 통해 온라인 공개.

요하겠죠.

실스 "우주로 나갈 능력이 있으므로 가야 한다."는 말이군요. 그런 능력을 갖고 있으면서도 수십 년 동안 지구 근처에만 머물러 있었으니까요. 우주에 대한 대중의 관심을 환기하는 것도 우주로 나가는 목적 중 하나겠죠?

타이슨 최근에는 지구 저궤도를 벗어난 적이 없습니다. 먼 곳으로 가는 방법, 무사히 가는 방법, 그리고 효율적으로 가는 방법을 신중히 생각해볼 때가 된 것입니다. 또한 우리는 지구 이외의 장소에 베이스캠프를 치고 생명을 유지하는 방법도 알고 있지만, 실제로 실험을 해본 적은 없습니다. 제가 보기에 가장 적절한 실험 장소는 바로 달입니다.

실스 NASA의 발표에 의하면 달에 가는 데 최소 1000억 달러가 들어간다고 합니다. 지금 미국은 이라크와 전쟁 중이고 내수를 진작하기도 벅찬데, 그런 일에 막대한 돈을 쓰는 것이 과연 현명한 생각일까요?

타이슨 방금 1000억 달러라고 하셨는데, 그 많은 돈을 한 번에 지르는 것이 아닙니다. 여러 해에 걸쳐 나눠 쓰는 것이죠. 그리고 1000억 달러는 NASA의 6년 치 예산에 불과합니다.

미국은 부자 나라입니다. 질문을 하나 던져봅시다. "우주는 당신

에게 어떤 가치가 있습니까?" 당신이 낸 세금 중 얼마가 NASA에
쓰이기를 바라십니까? NASA의 1년 예산은 미국인이 납부한 전체
세금의 0.5퍼센트에 불과합니다. 긴축 재정을 위한 예산 삭감 대상
1호에 오를 만큼 돈을 펑펑 쓰는 기관이 아니라는 말이죠. 액수만
놓고 판단할 게 아니라, 전체적인 비율을 따져봐야 합니다. 당신이
NASA에 세금의 1퍼센트를 낼 의향이 있다면, 우리는 그 돈을 아주
유용하게 쓸 것입니다.

별로 향하는 길

타이슨 역사를 돌아보면 어떤 문명이건 우주에서 인간의 위치와 지구
라는 행성의 존재 의미를 이해하려고 노력했던 사람들이 있었습니
다. 우주에 대한 관심은 최근에 생긴 것이 아닙니다. 그것은 우리의
DNA에 깊이 각인되어 있죠. 21세기의 미국인들은 이 의문을 추적
할 수 있다는 점에서 행운아입니다. 옛날 사람들은 하늘을 바라보면
서 머릿속에 떠오르는 의문을 풀기 위해 신화를 만들어냈지만, 지금
우리는 우주선을 만들어서 직접 가볼 수 있게 되었습니다. 이것은
성공적인 경제 정책과 리더십, 그리고 우주를 선점해야 한다는 미래
비전이 가져다준 선물입니다.

심스 우주로 나가는 가장 큰 이유가 '지식 추구'라는 말이군요. 궁금증
을 해소하고 발견의 짜릿함을 즐기는 게 인간의 본성이기도 하고요.

우리는 왜 굳이 위험을 감수하면서 우주로 나가려는 걸까요?

타이슨 모두가 그런 건 아니지만, 새로운 신천지를 발견하면서 자신의 정체성을 확인하고 행복감을 느끼는 사람이 있죠. 국가와 세계를 미래로 이끄는 사람은 바로 이런 사람들입니다.

사람 못지않게 로봇의 역할도 중요합니다. 과학자의 입장에서 말하자면, 저는 사람보다 로봇을 보내는 편이 낫다고 생각합니다. 사람은 지구에 남아서 로봇이 전송해 온 데이터를 분석하면 됩니다. 하지만 우리는 로봇을 위해 가두 행진을 벌인 적도 없고, 아직은 로봇의 이름을 딴 학교도 없죠. 이 시점에서 우리는 사람들이 우주 탐험에 흥미를 느끼는 이유를 다시 한 번 생각해볼 필요가 있습니다. 새로운 천체를 발견하고 멋진 사진을 찍는 게 전부가 아닙니다. 사람들은 우주인들을 통해 탐험에 간접적으로나마 참여하고 있다는 느낌을 갖게 되죠. 그 대리인이 사람이건 로봇이건, 그런 것은 별로 중요하지 않다고 생각합니다.

심스 개인이 우주 여행을 하려면 얼마나 기다려야 할까요? 우주 식민지를 개척하는, 그런 시대 말입니다. 사람들은 오래전부터 그런 날을 기다려왔잖아요. 앞으로 20년? 30년?

타이슨 저는 역사책을 읽을 때마다 "사람들은 항상 서로 싸우고 죽일 구실을 찾는다."는 생각을 지울 수가 없습니다. 정말 안타까운 일이죠. 사람들은 다른 행성을 점령하여 식민지로 삼은 후 평화롭게 다스리는 광경을 상상하겠지만, 제가 보기엔 별로 그럴 것 같지 않습니다. 가만히 보면 사람들은 미래를 과대평가하는 경향이 있어요. 1960년대에 매스컴이 뭐라고 했습니까? "1985년쯤이면 수천 명의 사람들이 우주에서 일하게 될 것"이라고 했잖아요. 하지만 현실은 어떻습니까? 지금은 2006년인데, 우주에서 일하는 사람은 단 세 명뿐입니다. 이런 착오를 범한 이유는 우주로 진출하는 이유를 신중하게 생각해보지 않았기 때문입니다.

심스 당신이 직접 우주로 나가보고 싶진 않으신가요?

타이슨 아뇨, 지금은 그럴 생각이 전혀 없습니다. 보통 '우주'라고 하면 지구 저궤도를 뜻하는데, 거긴 지표면으로부터 고도가 350킬로미터에 불과합니다. 뉴욕과 보스턴 사이의 거리쯤 되죠. 저의 관심은 은하와 블랙홀, 빅뱅 등 스케일이 좀 큽니다. 만일 누군가가 거기까지 가는 방법을 개발했다면 당장 지원하겠지만, 아직은 요원한 얘기죠. 그래서 당분간은 의자에 편히 앉아 좋은 소식이 들려올 때까지 기다리기로 했습니다.

태양이 지구 주변을 돈다?

심스 과학기술에 대한 미국인의 지식은 경쟁국의 국민들보다 떨어집니다. 당신은 미국의 과학 수준이 전반적으로 향상되지 않으면 머지않아 위기에 봉착할 것이라고 했는데, 정말 그 정도로 심각합니까?

타이슨 위기는 이미 시작되었습니다. 그래도 다행인 점은 이해력과 미래 비전을 갖춘 일부 사람들이 정부 요직에 있으면서 사람들을 꾸준히 계몽하고 있다는 것입니다. 예를 들어 1983년에 국가 교육 개선 위원회에서 발표한 보고서 〈위기의 국가〉에는 이렇게 적혀 있습니다. "적국이 나서서 미국의 교육 수준을 저하시킨다면 그것은 전쟁 행위로 간주해야 한다. 미국은 이미 무사고無思考 교육, 편향된 교육을 통해 무장 해제당하고 있다."

심스 일부 연구에 의하면 미국 성인들 중 과학적 교양을 갖춘 사람이 20~25퍼센트에 불과하다고 합니다. 그뿐만 아니라, 미국인 다섯 중 한 명이 태양이 지구 주변을 도는 것으로 알고 있다는 연구 결과도 있습니다. 16세기에 폐기된 우주관을 미국인의 20퍼센트가 수용하고 있다는 겁니다. 정말 놀랍지 않습니까?

타이슨 지금 위기에 처한 게 맞냐고 물어보신 거죠? 예, 맞습니다. 그것 때문에 정말 걱정입니다. 많은 사람들이 아주 기본적인 물리학 법칙도 모르고 있더군요. 화학물질 이름을 많이 외우거나 전자 오븐 작동 원리를 안다고 해서 과학적 소양이 깊은 것은 아닙니다. 단편적인 지식보다는 우주의 작동 원리를 이해하는 것이 중요하죠. 지구보다 100만 배나 큰 태양이 지구 주변을 돈다고 믿는 건 정말 심각한 수준입니다.

심스 정치적 쟁점 중에는 지구 온난화와 줄기세포 연구 등 과학적인 주제들이 꽤 많은데, 대중들이 과학에서 멀어진다면 올바른 결정을 내리기 어렵겠죠. 이 상황을 어떻게 바꿀 수 있을까요?

타이슨 지금 이 자리에서 근본적인 해결책을 제시하긴 어렵고, 그냥 제 접근 방식만 말씀드리겠습니다. 이런 말 하긴 내키지 않지만, 사실 저는 성인들을 계몽하는 건 포기했습니다. 그들은 삶의 방식이 이미 확고하게 굳어져 있어서, 어떤 말을 해도 잘 먹히지 않죠. 그러나 학교에서 공부하는 학생들은 개선의 여지가 있습니다. 저는 과학자로서, 그리고 교육자로서 학생들에게 생각하는 방법과 자신의 생각을 표현하는 법, 분쟁을 조정하는 법, 회의적인 사고의 수위를 조절하는 법 등을 가르치고자 합니다. 물론 회의심 자체는 건강한 사고입니다. 절대 나쁜 것이 아니죠. 그래서 저는 다음 세대를 키우는 데 많은 관심을 갖고 있습니다. 하지만 어른들의 생각은 어떻게 바꿔야 할지 저도 잘 모르겠습니다. 미국 성인의 80퍼센트는 정말 구제 불능입니다.

심스 과학 교육은 어떻게 바뀌어야 한다고 생각하시는지요?

타이슨 학창 시절에 선생님 덕분에 인생이 달라졌다고 생각하는 사람이 과연 몇이나 될까요? 당신과 친분이 있는 모든 사람들에게 물어보세요. 아마 손가락으로 꼽을 정도일 겁니다. 하지만 많은 사람들이 학창 시절 교사의 이름을 기억하고, 얼굴을 기억하고, 교실에서

했던 그들의 행동을 기억하고 있습니다. 왜 그럴까요? 교사들은 자신의 과목에 열정을 갖고 있었기 때문입니다. 그들이 당신의 어린 마음에 빛을 비춰주고, 한 번도 생각해본 적 없는 새로운 분야에 흥미를 느끼게 해주면서, 교사 자신도 흥미로워했기 때문입니다. 여기에 영향을 받은 학생들이 과학자가 되고, 공학자가 되고, 수학자가 되는 겁니다. 그래서 우리는 이런 분위기를 되찾아야 합니다. 모든 학교 수업이 이런 분위기에서 진행된다면 세상이 바뀔 것입니다.

중국 — 2차 스푸트니크 충격

타이슨 인정하긴 싫지만, 1960년대에 우주 프로젝트를 추진하고 관련 기술을 발전시키는 데 가장 큰 공을 세운 일등 공신은 냉전이었습니다. 미국인의 개척 정신이 뛰어나서 우주로 나간 것이 아닙니다. 소련의 스푸트니크 1, 2호가 연이어 발사되었을 때 정치인들이 "이대로는 안 된다. 소련은 우리의 적이며, 우리는 그들을 이겨야만 한다."는 식으로 국가적 위기감을 조성했기 때문에 우주 관련 프로그램이 탄력을 받았던 겁니다.

심스 이제 우리의 경쟁자는 소련에서 중국으로 바뀌었습니다. 그렇다면 지금 미국의 우주 프로그램은 경제 정책과 국방 논리에 따라 추진되고 있는 겁니까? 중국은 이미 2003년에 유인 우주선 발사에 성공했고 이제 곧 달에도 사람을 보낸다고 하는데, 이런 상황이 미국에 위협이 된다고 생각하시나요?

타이슨 중국은 2003년 10월에 유인 위성 발사에 성공했습니다. 그로부터 3개월이 지난 2004년 1월에 미국은 부시 정부의 '우주 탐사 비전'을 포함한 포괄적 우주 개발 계획을 발표했고, 같은 달에 '미국 우주 탐사 정책의 실시에 관한 대통령 자문 위원회'가 발족되었습니다. 그리고 한 달 후에 NASA도 우주 탐사 계획을 발표했죠. 같은 시기에 비슷한 계획이 연이어 발표된 것은 우연이 아니라, 중국의 맹렬한 추격에 위기감을 느꼈기 때문입니다. 서류상으로는 "중국을 의식한 정책이 아니라 사람을 다시 우주로 보내기 위한 것"이라고 적어놓았지만, 내심은 그렇지 않다는 것을 아는 사람은 다 압니다. 저는 미국의 경쟁력을 믿어 의심치 않습니다. 또한 이 보고서는 우주 왕복선 컬럼비아호 참사가 발생한 지 채 1년도 되기 전에 발표되었습니다. 사고가 났을 때 사람들은 질문을 퍼붓기 시작했죠. "NASA는 유인 우주선 프로그램을 대체 어떤 식으로 운영하고 있는가? 수백 번도 더 갔다 온 저궤도에 목숨을 걸고 다시 가는 이유가 대체 무엇인가?" 일리 있는 지적입니다. 아무도 가보지 않은 신천지가 아닌 한, 목숨까지 걸 필요는 없겠죠. 하지만 컬럼비아호의 승무원들이 의미 없게 희생된 것은 아닙니다. 그들은 임무 완수를 위해 최선을 다했고, 소기의 목적을 달성했습니다.

심스 중국의 기술 수준은 어느 정도인가요? 미국이 중국보다 먼저 달에 갈 수 있을까요?

타이슨 미국과 다른 나라를 비교한 여러 통계 자료들 중 제가 가장 좋아하는 것이 있습니다. "미국의 대학원생을 모두 합한 수보다 과학적 기본 소양을 갖춘 중국인의 수가 더 많다."는 통계가 바로 그것입니다. 제가 대통령 자문 기관인 항공우주 위원회에 있던 2002년에 우리와 경쟁 관계에 있는 여러 나라를 순방한 적이 있습니다. 그때 중국에 갔다가 정부 각료와 전문 경영인들을 만났는데, 한결같이 미국 대학 졸업 반지를 끼고 있더군요. 아무튼 그 사람들은 "앞으로 몇 년 안에 사람을 우주에 보낼 것"이라고 장담했는데, 우리 중 그 말을 의심하는 사람은 단 한 명도 없었습니다. 우주 산업에 전력을 다하는 모습을 현장에서 이미 목격했기 때문입니다. 우주로 진출하려는 열망은 중국인들에게 국가적 자부심이었고, 경제를 활성화하는 원동력이었습니다. 하지만 미국인들은 우주 산업을 너무 당연하게 받아들이고 있죠.

심스 다른 국가들이 우주를 군사화하거나 식민지화하는 것은 필연적 결과일까요?

타이슨 우리는 이미 우주에 많은 자산을 심어놓았습니다. 통신 위성과 기상 위성, GPS 위성 등은 고부가가치를 창출하는 값진 자산이기 때문에, 당연히 보호해야 합니다. 하지만 이런 것을 군사적 행위로 간주할 수는 없죠. '우주의 군사화'는 아마도 레이저나 폭탄을 염두에 두고 한 말일 겁니다. 이런 무기가 유행처럼 번지는 것은 물론 막아야겠죠. 군사화는 순수한 우주 개발을 오염시키니까요. 저는 우주 탐사야말로 인간 정신의 가장 순수한 발로라고 생각합니다.

위기에 처한 미국

심스 그동안 미국은 과학기술을 선도하는 최강국의 지위를 유지해왔는
데, 최근 들어 경쟁국들과의 격차가 많이 줄어든 것 같지 않습니까?

타이슨 맞습니다. 하지만 문제는 경쟁국뿐만이 아닙니다. 모두가 미국
을 따라잡고 있다는 게 문제죠. 1950년대부터 70년대까지, 미국은
자타가 공인하는 과학기술 최강국이었습니다. 그 후에도 최고의 자
리를 계속 유지했다면 다른 국가들이 미국을 따라오면서 과학기술
의 수준이 전체적으로 향상되었겠지만, 현실은 그렇지 않았습니다.
미국은 제자리걸음을 했고, 경쟁국들은 미국이 했던 일을 답습해왔
죠. 지금이라도 늦지 않았습니다. 우리는 우리 자신에게 투자해야
합니다. 현재 미국의 경제 규모는 단연 세계 최고이므로, 마음만 먹
는다면 최고의 지위를 언제든지 탈환할 수 있을 겁니다.

심스 과학과 공학을 전공하는 학생 수가 점점 감소하는 추세이고, 과
학기술 인력의 상당수는 외국에서 태어난 사람입니다. 이것도 심각
한 문제 아닙니까?

타이슨 그건 본질적으로 큰 문제가 아니라고 봅니다. 미국에서 과학과

공학을 공부한 외국 학생들이 미국의 인력 시장에 꾸준히 진출하고 있으니까요. 이런 추세는 지난 수십 년 동안 계속되어왔습니다. 외국 학생들이 고향으로 돌아간다면 그때부터 문제가 심각해질 겁니다.

심스 그런 일이 앞으로 일어나지 않을까요?

타이슨 그렇게 될 겁니다. 과거에는 외국인 학생들이 미국에서 공부를 마친 후 눌러앉는 것이 대세였습니다. 그러면 외국인 학생에게 투자한 돈이 산업 현장에서 창조력과 쇄신으로 되돌아왔습니다. 이들이 미국 경제의 든든한 버팀목이었죠.

심스 그런데 왜 고향으로 되돌아간다는 거죠?

타이슨 고국의 사정이 과거보다 많이 좋아졌기 때문이죠. 이제는 미국에서 유학을 마친 후 고국으로 돌아가도 원하는 일을 할 수 있게 되었습니다. 오히려 미국보다 더 좋은 직장을 제공하는 나라도 많이 있을 겁니다.

심스 미국의 선진 과학기술을 전 세계에 전파하는 셈이니, 과학 발전에는 좋은 일 아닙니까?

타이슨 그 평가는 입장에 따라 다르고, 시기에 따라 다릅니다. "미국이 군사적, 경제적 강대국으로 남기를 바란다."는 취지로 말하기는 쉽지만, 과학자라면 첨단 과학에만 관심을 갖게 되죠. 그 첨단이 어떤 방향이건, 그런 것은 상관없습니다. 웬만한 국가들은 모두 첨단에 서고 싶겠지만, 과학과 국제 정세는 떼려야 뗄 수 없는 관계입니다. 가끔은 과학이 정치보다 우선하는 경우도 있습니다. 과학자들은 국적에 상관없이 '수학과 논리'라는 만국 공통어를 사용하니까요. 북미, 남미, 유럽, 중동, 아프리카, 아시아⋯ 어디서도 방정식은 똑같습니다. 그러므로 원리적으로는 과학에 투자하는 나라가 많을수록 좋습니다. 그러나 우주 개발 분야에서 미국이 구경꾼으로 전락한다면 미국인들은 땅을 치며 후회할 것입니다.

7
왜 우주로 가려 하는가?★

인간은 여타 동물과 달리 바닥에 등을 댄 자세로 편하게 잘 수 있다. 그래서 자리에 누우면 잠들기 전까지 하늘을 바라볼 수밖에 없었고, 이런 습성이 오랜 세월 동안 전해지면서 자연스럽게 우주를 동경하게 되었다. 그리고 우주를 상상하면서 "우주에서 나의 위치는 어디인가?"라는 의문도 함께 떠올렸을 것이다.

또는 계곡 너머, 바다 건너, 또는 우주 저편 미지의 세계로 진출하려는 욕구가 우리 유전자 안에 이미 새겨져 있는지도 모른다. 원인이 무엇이건 간에, 인간은 '계획을 세워서 무언가를 발견하고 싶어 하는' 강한 욕구를 갖고 있다. 또한 우리는 새로운 탐사와 그로부터 얻어지는 새로운 전망이 얼마나 값진 보물인지 잘 알고 있다. 이것이 없으면 문화는 정체되고 인간이라는 종은 점차 소멸해가다가 결국에는 얼굴을 땅에 묻은 채 잠들게 될 것이다.

★ '왜 우주로 가려 하는가?Why Explore?', 로니 존스 쇼러(서문: 버즈 올드린), 〈어린이의 우주: 우주 여행자를 위한 가이드〉(Burlington, Ontario: Collector's Guide Publishing, 2006).

8
경외감에 대하여[★]

요즘 우리는 많은 것을 의심하며wonder 살고 있다. 교통 체증 속에서 직장에 늦지 않게 도착할 수 있을까 '의심하고', 인터넷에서 다운로드한 옥수수 머핀의 재료가 맞는지 '의심하고', 다음 주유소에 도착하기 전에 자동차 기름이 떨어지지 않을까 '의심한다'. 여기서 동사 wonder는 문장을 이루는 하나의 단어일 뿐이다. 그러나 wonder가 명사로 사용되면 인간의 감정이 갖고 있는 최상의 능력을 의미한다.

우리는 반복되는 일상 속에서 가끔씩 경외감wonder을 느낄 때가 있다. 어떤 장소에 갔을 때나, 어떤 물건을 접했을 때, 또는 어떤 생각이 떠올랐을 때 문득 느껴지는 경외감은 말로 설명하기 어렵다. 아름다움의 극치, 극도의 장엄함… 이런 것을 접하면 우리는 할 말을 잃은 채 심오한 느낌 속으로 빠져든다. 인간에게 이런 것을 느낄 수 있는 능력이 있다는 사실도 놀랍지만, 이런 느낌을 유발하는 대상이 하나

★ '경외감Wonder', abc.com, 2006년 10월 30일.

가 아니라 여러 개라는 것은 더욱 놀랍기만 하다.

과학자가 우주의 끝에서 새로운 것을 발견했을 때 느끼는 경외감은 종교적 체험과 매우 비슷하다. 그리고 창조력이 넘쳐나는 예술품은 관람객에게 극한의 감정을 불러일으킨다. 이것은 소위 '영적인 느낌'으로, 규모가 너무 커서 한 번에 수용하기도 어렵다. 느낌이 정리되려면 대상의 의미와 상호 관계를 끊임없이 되새겨야 한다.

과학과 종교, 그리고 예술에서 느껴지는 경외감의 원천은 신비神祕, mystery이다. 신비함이 없으면 경외감도 사라진다.

우리는 공학이나 건축 분야의 위대한 작품을 바라보면서 과학과 예술의 절묘한 결합이 낳은 경이로움에 깊이 빠져들곤 한다. 이런 걸작품들은 인간의 가치를 높여주고, 우리가 자연의 힘을 제어하고 있다는 느낌을 갖게 해준다. 단순히 감상하는 것만으로도 음식을 구하고 기거할 곳을 찾는 원초적 행위에서 잠시나마 벗어날 수 있다.

새로운 것을 접할 때마다 과거의 경외감은 새로운 경외감으로 대치된다. 인류의 문화가 시간적, 공간적으로 정체되지 않으려면 이 과정은 영원히 계속되어야 한다. 행성의 운동 법칙이 전혀 알려지지 않았던 2000년 전에 알렉산드리아의 천문학자 클라우디오스 프톨레마이오스는 자신의 저서 〈알마게스트〉에 다음과 같이 적어놓았다. "천체의 운동에 경외감을 느꼈을 때, 내 발은 더 이상 땅을 딛고 서 있지 않았다. 마치 내가 제우스 신 앞에 서서 암브로시아ambrosia(신들이 먹는다는 불사의 음식―옮긴이)를 먹고 있는 듯한 느낌이 들었다."

요즘 사람들은 행성의 움직임에서 시적인 감상을 떠올리지 않는다. 17세기에 아이작 뉴턴은 자신이 발견한 중력 법칙을 이용하여 행성의 운동 궤적을 정확히 계산해냈다. 당시 이 결과는 소수의 전문가들만 알고 있는 첨단 지식이었지만, 지금은 고등학생도 아는 상식이 되었다. 자연과 인간에 대한 경외감이 지난 300여 년 사이에 새로운 버전으로 꾸준히 업그레이드되어왔기 때문이다. 우주에 대한 지식이 아무리 많이 쌓여도 새로운 사실은 계속 발견될 것이고, 그럴 때마다 우리는 극도의 경외감에 빠져들 것이다.

9
NASA의 생일을 축하합니다*

NASA에게,

생일 축하합니다! 잘 모르시겠지만 당신과 저는 나이가 같습니다. 1958년 10월 첫 주에 당신은 미국 항공우주법에 의거한 연구 기관으로 태어났고, 저는 뉴욕의 이스트브롱크스에서 한 어머니의 아들로 태어났지요. 우리가 마흔아홉 살이 된 직후부터 계속되어온 'NASA 탄생 50주년' 행사를 지켜보면서 저는 우리의 과거와 현재, 그리고 미래를 생각하게 되었습니다.

존 글렌이 미국 최초로 궤도 비행에 성공했을 때, 당신과 저는 겨우 세 살이었습니다. 그리고 제가 여덟 살 때 아폴로 1호 캡슐 안에서 화재가 발생하여 우주 비행사 로저 채피와 거스 그리섬, 에드워드 화이트가 세상을 떠났지요. 그 후 제가 열 살 되던 해에 암스트롱과 올드

★ 〈NASA 50주년 잡지: 탐험과 발견의 50년〉(2008)에 발표.

미국 최초로 유인 궤도 비행에 성공한 프렌드십 7호와 조종사 존 글렌의 발사 전 모습. NASA

린이 인류 역사상 최초로 달을 밟았고, 열네 살 때부터 당신은 더 이상 달에 사람을 보내지 않았습니다. 이 시기에 저는 당신을 온 마음으로 응원하면서 애국심이 자라나는 것을 강하게 느꼈습니다. 그러나 저는 우주 비행사가 되기에는 너무 어렸기에, 당신의 업적이 내 일처럼 다가오지는 않았습니다. 그리고 비록 어린 나이였지만, 당신과 함께 일하기에는 제 피부색이 너무 검다는 느낌도 지울 수 없었지요. 유명한 우주 비행사들이 대부분 전투기 파일럿 출신이라는 것도 거리감을 느끼게 하는 원인 중 하나였습니다. 당시에는 '전쟁'이라는 단어가 사람들의 뇌리 속에서 거의 지워져가고 있었으니까요.

1960년대에 저는 당신이 하는 일보다 흑인 인권 운동이 더 중요하다고 생각했습니다. 1963년에 존슨 부통령은 앨라배마 주 헌츠빌에 있는 마셜 우주 비행 센터에 흑인을 고용할 것을 종용했고, 이 시기에 NASA도 비슷한 변화를 겪게 됩니다. 기억하십니까? NASA의 국장이었던 제임스 웹이 독일의 로켓과학 선구자이자 마셜 우주 비행 센터의 소장으로 유인 우주 프로그램을 총괄했던 베르너 폰 브라운에게 편지를 썼지요. "귀 연구소에 흑인의 취업 기회가 제한되어 있으니 시정해달라."고 말입니다. 연구소 외에도 취업, 입학, 대중교통 등 모든 면에서 흑인들은 공평한 대접을 받지 못했습니다.

1964년, 당신과 내가 여섯 살이 되기 직전, 나는 브롱크스의 리버데일에 새로 지어진 아파트 단지에서 시위대가 구호를 외치는 광경을 목격했습니다. 그들은 흑인 가족들의 새 아파트 입주를 금지해줄 것을 요구하고 있었지요. 다행히도 시위대는 목적을 이루지 못했습니다. '스카이뷰Skyview'라는 이름도 딱 어울렸지요. 22층 옥상에 올라가면 망원경으로 별을 관측하기에 안성맞춤이었으니까요.

흑인 인권 운동가였던 제 부친은 뉴욕 시장 존 린지 밑에서 일하면서 흑인 밀집 지역인 게토ghetto의 젊은이들에게 일자리를 구해주기 위해 백방으로 노력하셨습니다. 그러나 해가 갈수록 학교는 가난해지고, 생필품을 구하기가 어려워지고, 인종 차별주의자들의 목소리가 커지는 등, 상황은 더욱 악화되었습니다. 당신이 머큐리와 제미니, 아폴로 프로그램의 성공을 자축하고 있을 때, 저는 인종 차별을 수수방관하는 미국 정부를 원망 어린 눈으로 바라보고 있었습니다.

어린 시절에 저는 당신을 생각하며 꿈과 야망을 키웠지만, 당신은 저 같은 흑인을 위해 존재하는 기관이 아니었습니다. 물론 당신이 미국 사회에 끼친 긍정적인 영향까지 비난할 생각은 없습니다. 당신은 원인 제공자가 아니라 사회적 정서가 투영된 결과물에 불과하니까요. 그 정도는 저도 알고 있습니다. 그러나 당신도 이것만은 알아야 합니다. 저는 당신이 이룬 업적 '덕분에' 천체물리학자가 된 것이 아니라, 그 업적에도 '불구하고' 천체물리학자가 되었다는 사실을 말이죠. 제가 중고등학교에 다닐 때만 해도 흑인 소년이 천문학자를 꿈꾸는 것은 그다지 환영받을 만한 일이 아니었습니다. 그러나 저는 모든 편견과 차별을 극복하고 천체물리학자가 되었습니다.

그 후로 수십 년 동안 당신은 많은 변화를 겪었지요. 특히 최근에는 대통령의 담화문이 의회의 지지를 얻으면서 드디어 저궤도를 벗어나기로 했습니다. 지금은 여러 국가들이 기술력과 경제력에서 미국을 바짝 추격해 오고 있기 때문에, 평소 우주에 무관심했던 미국인들도 탐험 정신의 의미를 다시 한 번 생각해보지 않을 수 없을 겁니다. 1970년대 이후로 고위 관리에서 저명한 우주인에 이르기까지, 당신과 관련된 모든 사람들이 지금처럼 '미국인답게' 보인 적이 없었던 것 같습니다. 축하합니다. 당신은 이제 모든 미국인의 지지를 받는 존재가 되었습니다. 이제 와서 하는 얘기지만, 저는 지난 2004년에 허블 망원경에 대한 대중들의 반응을 접하면서 당신의 건재함을 이미 확인했습니다. 기억하십니까? 허블 망원경은 당신이 가장 애지중지했던 무인 위성 프로그램이었지요. 그때 "허블 망원경의 수명이 10년도 채 남지 않았다."는 사실이 알려지자, 사람들은 "어떤 대가를 치르더라도 허블의 수명을 늘려야 한다."고 목소리를 높였습니다. 허블 망원경이 보내온 선명한 우주 사진을 보면서 그 가치를 깨달았기 때문입니다. 그뿐만 아니라 허블은 우주왕복선을 타고 임무를 수행하는 우주인과 연구실에서 우주의 기원을 연구하는 천문학자들에게 너무나 값진 자료를 제공해주었습니다. 이것만으로도 당신의 존재 가치는 충분히 입증된 셈이지요.

모든 국민에게 꿈과 희망을 심어주는 정부 기관이 과연 몇 개나 있을까요? 이 점에 관한 한, 당신은 정말 독보적인 존재입니다. 저는 당신을 위한 자문 위원회의 일원으로 일하면서 이 사실을 확실히 깨달 았습니다. 당신은 미국이라는 국가의 정체성의 일부이자, 인류의 꿈을 상징하는 존재이기도 합니다.

이제 우리의 50회 생일을 코앞에 둔 지금, 저는 당신의 고통과 기쁨 을 함께하고 싶습니다. 그리고 당신이 달에 사람을 보내는 모습을 다 시 한 번 보고 싶습니다. 물론 거기서 멈추지 않고 화성과 그 너머를 향해 계속 나아가기를 희망합니다.

생일을 다시 한 번 축하합니다. 항상 그렇지는 않았지만, 지금 저는 당신의 건투를 비는 열렬한 지지자임을 알아주시기 바랍니다.

미국 자연사 박물관 천체물리학자

닐 디그래스 타이슨

10
우주 — 향후 50년★
— '우주 시대 50주년' 기념식 연설 —

우주 개발의 향후 50년을 예견하려면, 먼저 지난 50년을 되돌아볼 필요가 있습니다. NASA는 1958년 10월 초에 설립되었는데, 우연히 나도 바로 그해, 그 주에 태어났습니다. 덕분에 나는 우주 개발에 전력을 다했던 1960년대를 순수한 소년의 눈으로 목격하며 자랄 수 있었죠. 또한 1960년대는 국제 정세가 요동치던 시기이기도 했습니다. 당시 미국은 베트남전에 참전 중이었고, 국내적으로는 흑인 인권 운동과 각종 암살 사건, NASA의 아폴로 프로그램 등 굵직한 사건들이 연이어 벌어지고 있었습니다.

당시 제 꿈은 우주 비행사가 되는 것이었으나, 자격 요건이 무엇이건 간에 나는 결코 꿈을 이룰 수 없을 거라고 생각했습니다. NASA에서 활약한 우주인은 단 두 명을 제외하고 모두 군인 출신이었기 때문입니다. 그중 한 사람은 아폴로 11호의 선장이자 인류 최초로 달을

★ 국제 항공 연맹이 주관한 '우주 시대 50주년' 기념식 폐회 연설, 유네스코 본부, 파리, 2007년 3월 21일.

밟았던 닐 암스트롱입니다. 그는 민간 시험 비행사이자 항공공학자 출신이었습니다. 나머지 한 사람은 지질학자인 해리슨 슈미트로, 아폴로 17호를 타고 마지막으로 달을 밟았던 사람입니다.

이 시기에 가장 격동적이었던 해는 아마도 1968년이었을 겁니다. 그해에 발사된 아폴로 8호는 최초로 지구 저궤도를 벗어나 달까지 왕복하는 데 성공했습니다. 아폴로 8호가 달에 접근하여 궤도를 선회하는 동안 승무원들은 사령선 창문을 통해 평생 잊지 못할 장관을 목격하고 급하게 카메라 셔터를 눌렀죠. 이 사진이 바로 그 유명한 〈떠오르는 지구〉입니다. 당시 사람들은 (지금 다시 봐도 마찬가지겠지만) 달의 둥그스름한 지평선을 배경으로 허공에 떠 있는 '지구 증명사진'을 바라보며 복잡한 감정을 느꼈습니다. 우주 공간에 덩그러니 떠 있는 지구는 아름다우면서 오싹했고, 지극히 평범하면서 무섭게 보이기도 했습니다.

사실 '떠오르는 지구'는 잘못 붙여진 이름입니다. 달은 지구의 중력에 의해 '조력적潮力的으로' 잠겨 있기 때문이죠. 즉, 달은 지구를 향해 항상 같은 면만 보여주고 있습니다. 지구에서 볼 때 달은 월출과 월몰을 매일 반복하고 있지만, 달에서 바라본 지구는 뜨거나 지지 않고 항상 같은 자리에 고정되어 있습니다. 우주인들의 눈에 지구가 뜨는 것처럼 보인 이유는 아폴로 8호가 달 궤도를 빠른 속도로 선회하고 있었기 때문입니다. (달의 뒷면에서는 영원히 지구를 볼 수 없습니다.)

사람들은 1960년대를 '도전의 시대'로 기억하고 있지만, 사실은 사람 외에 로봇의 역할이 두드러졌던 시대이기도 합니다. 달 표면을 최초로 탐사했던 우주선은 러시아의 루나 9호와 루나 13호였습니다. 그

1964년 7월 31일 레인저 7호가 촬영한 달 표면. NASA/JPL

리고 1964년에 미국의 레인저 7호는 달에 가까이 접근하여 달 표면을 고화질로 촬영하는 데 성공했죠. 이들은 현대적 로봇의 효시였음에도 불구하고, 더 큰 이벤트에 가려 대중들에게는 별로 알려지지 않았습니다. 로봇보다는 사람이 대중들에게 훨씬 큰 대리 만족감을 안겨주기 때문입니다.

저를 포함한 미국인들은 미래를 상상하는 데 대체로 익숙한 편입니다. 우리는 거의 습관처럼 내일, 내년, 5년 후, 또는 10년 후를 상상하고 있습니다. 당신의 친구들에게 "앞으로 어떤 계획을 세우고 있는가?"라고 물어보세요. 아마 당일 할 일을 말하는 사람은 거의 없을 겁니다. 대부분의 경우 "카리브 해 여행을 위해 돈을 모으고 있다."거나, "더 큰 집으로 이사 가겠다."거나, "아이 둘을 낳을 예정"이라는 등, 자신이 세워놓고 있는 장기 계획을 들려줄 겁니다.

물론 미국인들만 미래를 상상하는 것은 아닙니다. 그런데 내가 방문했던 곳들 중에는 대다수의 국민들이 미래를 아예 생각하지 않는 국가도 있었습니다. 그리고 이런 국가들은 우주 개발에 관심이 없다는 공통점을 갖고 있었습니다. 내가 아는 한, 우주는 모험심을 양성하고 내일의 꿈을 키워주는 무한한 원천입니다. 그리고 신천지로 나아가려는 것은 우리 유전자에 새겨진 본성이기도 하죠.

역사 이래 인류가 쌓아온 모든 문명은 '인간이 존재하게 된 사건'이나 '인간과 우주의 관계'를 설명하는 신화 또는 전설에 뿌리를 두고 있습니다. 인간이라는 존재의 근원은 무엇인가?—이것은 새로 대두된 질문이 아니라, 인류의 역사와 함께해온 고색창연한 화두입니다.

인간은 등을 바닥에 댄 자세로 편안한 수면을 취할 수 있는 몇 안되는 동물들 중 하나입니다. 이 자세로 자다가 문득 깨어나면 하늘의 별들이 맨 먼저 시야에 들어오죠(물론 인간이 수렵 생활을 할 때의 이야기다—옮긴이). 이런 이유로 지구에서 살다 간 수많은 동물들 중 오직 인간만이 하늘을 동경해왔고, 우주에서 자신의 위치를 파악하기 위해 노력해왔습니다.

스페이스 트윗 9   @neiltyson · 2010년 7월 14일 오전 6:08
천문학자는 야행성 인간들이다. 천문학자와 결혼하면 "이 인간이 밤에 어디를 쏘다니는지" 걱정할 필요가 없다. 갈 곳이라곤 천문대밖에 없으니까.

지금 우리는 멀리 떨어진 천체의 거리를 계산하고, 그곳에 다녀올 여행 계획을 세우는 수준까지 발전했습니다. 우리는 이미 달에 갔다 왔고, 다음 여행지로 화성을 논하는 중이죠. 지난 20세기에 우리는 역사상 처음으로 우주를 탐험하는 방법과 거기 필요한 각종 도구를 개발했습니다. 그리하여 신화나 전설에 의존하지 않은 채 "우리는 어디서 왔으며, 어디로 가고 있는가? 우주에서 우리의 위치는 어디인가?"라는 역사 깊은 질문에 나름대로 답을 제시할 수 있었습니다. 달에 가봤기 때문이 아니라, 우주로 진출하는 교두보를 마련한 덕분이었습니다.

우주에서 날아온 메시지의 대부분은 지구에 도달하지 않습니다. 망원경을 우주 공간에 띄우지 않았다면 블랙홀은 아직도 완벽한 미스터리로 남아 있을 겁니다. 그뿐만 아니라 다량의 엑스선과 감마선, 자외선을 내뿜으며 격렬하게 폭발하는 천체에 대해서도 아무것도 알아내지 못했을 겁니다. 우주 망원경과 인공위성, 그리고 우주 탐사선 덕분에 우리는 대기의 방해를 받지 않고 천체물리학을 연구할 수 있게 되었죠. 우리는 대기의 존재를 거의 느끼지 않지만, 사실 이것은 오랜 세월 동안 우주의 메시지를 차단해온 방해물이었습니다(그러나 대기가 없었다면 우주를 탐구할 인간도 존재하지 않았을 것이다—옮긴이).

나는 우주 탐사의 미래를 생각할 때, 고도 2000킬로미터 이하의 저궤도는 고려하지 않습니다. 1960년대에는 이곳도 인간의 손길이 닿지 않은 신천지였으나, 지금은 언제든지 갈 수 있는 앞마당이 되었습니다. 물론 이곳을 다녀오는 것도 결코 만만한 미션은 아니지만, 천문학적 돈을 들일 만한 가치는 없다고 봅니다. 이제 우리는 대문 밖으로 나가 새로운 신천지를 개척해야 합니다.

달도 좋고 화성도 가볼 만합니다. 라그랑주 점Lagrangian point들도 한 번쯤 탐사해볼 가치가 있죠. 라그랑주 점은 태양-지구, 또는 지구-달과 같은 공전계에서 중력과 원심력이 균형을 이루는 지점으로, 이곳에 기지를 건설하는 것도 고려해볼 만합니다. 우주 공간에 어떻게 기지를 건설하느냐고요? 우리는 이미 경험이 있습니다. 지금 건설 중인 국제 우주 정거장은 지구상에 지은 어떤 건물보다 큽니다.

누군가가 나에게 "문화란 무엇인가?"라고 묻는다면, "국가나 집단, 또는 도시 및 지방 거주자의 대부분이 더 이상 관심을 갖지 않는 일을 행하는 것"이라고 답하겠습니다. 다시 말해서 문화란 "누구나 당연하게 생각하는 것"이죠. 예를 들어 뉴욕 시 거주민인 나는 70층짜리 건물에 아무런 시선도 주지 않고 태연하게 산책을 즐기지만, 뉴욕에 처음 와본 관광객들은 시선을 위로 향한 채 걷습니다. 이런 모습을 볼 때마다 나는 스스로 자문해봅니다. "저 사람들은 고국에서 어떤 것을 당연하게 받아들이고 있을까?"

나는 이탈리아를 방문했을 때, 슈퍼마켓에 갔다가 통로 전체가 파스타로 가득 차 있는 광경을 보고 입을 다물지 못했습니다. 종류도 엄청나게 다양해서 생전 처음 보는 국수가 절반 이상이었죠. 나와 동행했던 이탈리아 친구들에게 "세상에… 복도 전체가 파스타로 가득 차 있다니, 정말 장관이네요!"라고 했더니, "그게 뭐 어때서요? 파스타 코너인데 당연하죠."라는 답이 돌아왔습니다. 극동아시아에 갔을 때는 미국에서 볼 수 없는 쌀들이 지천으로 널려 있는 모습을 보고 또 한 번 놀랐습니다. 그때 나와 동행했던 친구(미국인이지만 미국 태생은 아니었음)에게 "미국인들이 당연하게 생각하는 물건은 어떤 게 있을까요?"라고 물었더니, 그녀는 "그야 슈퍼마켓 진열대를 가득 채우고 있는 온갖 종류의 시리얼이죠!"라고 했습니다. 맞는 말이죠. 나에게 그것은 그냥 시리얼 매장일 뿐입니다. 매장의 다른 벽을 가득 메우고 있는 코크와 펩시, 그리고 다양한 소다수들도 나에게는 그저 음료 진열대로 보일 뿐입니다.

무슨 말을 하고 싶은 거냐고요? 조금만 기다려주세요. 미국에는 우주 개발과 관련된 상품들이 사방에 넘쳐납니다. 허블 우주 망원경 모양의 냉장고 자석이라든가, 야광 별, 달, 행성이 장식된 붕대도 살 수 있습니다. 심지어는 별이나 초승달 모양으로 잘라놓은 파인애플 조각도 있죠. 미국산 자동차 이름 중 우주와 관련된 것은 지명 다음으로 많습니다. 미국에서는 이 모든 것들이 하나의 문화로 자리 잡았습니다.

스페이스 트윗 10   @neiltyson • 2010년 7월 10일 오전 11:28
우주는 맛있다.—마스 바 Mars bar, 밀키 웨이 바 Milky Way bar, 문파이 MoonPie,
이클립스 껌 Eclipse gum, 오빗 껌 Orbit gum, 선키스트 Sunkist, 셀레스철 시즈닝
스 Celestial Seasonings 등등…. 그러나 유러너스 Uranus(천왕성)의 이름을 딴 음식
은 아직 나오지 않았다.

몇 년 전에 나는 미국 항공우주 산업의 미래를 분석하는 위원회에 참여한 적이 있습니다. 당시 이 분야는 유럽의 에어버스와 브라질의 엠브라에르의 약진에 밀려 어려운 시기를 보내고 있었습니다. 위원회의

임무는 미국의 산업과 관련된 다른 국가들의 경제 동향을 분석하여, 미국의 주도권 탈환을 위한 전략, 또는 최소한의 경쟁력을 유지하는 전략을 미국 의회와 항공우주 산업계에 보고하는 것이었습니다.

우리 일행은 서유럽 순방을 시작으로 점차 동쪽으로 이동하다가 최종 목적지인 모스크바에 도착했습니다. 모스크바 근교에는 러시아 우주공학의 산실인 스타 시티가 자리 잡고 있는데, 가장 먼저 우리의 눈길을 끈 것은 세계 최초의 우주인 유리 가가린을 기리는 기념상이었습니다. 틀에 박힌 인사말과 보드카 건배를 마친 후, 스타 시티 소장이 넥타이를 느슨하게 풀고 반쯤 누운 자세로 의자에 앉아 우주를 향한 자신의 열정을 풀어놓기 시작했는데, 그 표정과 말투가 어찌나 진지한지 "이 사람이 아까 우리를 안내했던 그 사람 맞아?"라는 의문이 들 정도였습니다. 앞서 영국과 프랑스, 벨기에, 이탈리아 등 여러 나라를 방문했지만 이토록 진지하고 열성적인 관료는 만나본 적이 없었습니다.

러시아와 미국은 과거 한때 사람을 우주에 보내기 위해 모든 국력을 쏟아부었다는 공통점을 갖고 있습니다. 즉, 우주는 두 나라 문화의 한 축을 이루고 있는 것이죠. 나는 스타 시티의 소장에게 막연한 동료 의식을 느끼면서, "그때 모든 국가들이 우주 개발에 참여했다면 지금쯤 어떤 세상이 되었을까?"라는 의문이 들었습니다. 이익 추구, 군사 충돌, 전쟁… 이 모든 것을 초월하여 모든 국가들이 서로 협력했다면 항공우주 산업은 훨씬 빠르게 발전했을 겁니다. 그러나 러시아와 미국은 거의 반세기 동안 서로를 적대시하면서 소중한 자원을 낭비해왔습니다.

우주가 문화의 일부로 녹아든 사례는 또 있습니다. 3년 전, NASA

가 "허블 망원경의 모든 수리 계획을 취소한다."고 선언했다가 한동안 갑론을박을 벌인 후 선언을 철회한 적이 있죠. 이때 허블 망원경을 되살리는 데 가장 중요한 역할을 한 사람이 누구인지 아십니까? 대통령? 의회? 천체물리학자들? 아닙니다. 허블을 구한 장본인은 다름 아닌 미국 국민들이었습니다. 왜냐고요? 대중들은 집 안의 벽지와 컴퓨터 모니터, CD 케이스, 기타, 야외 드레스 등 다양한 일상 용품에 허블 망원경이 보내온 사진을 새기면서 우주 개발에 간접적으로 참여해 왔고, 허블 망원경에 대한 대중들의 주인 의식이 각종 사설과 공개 토론에 반영되어 의회의 예산 책정을 이끌어낸 겁니다. 일반 대중이 과학 도구에 주인 의식을 가진 것은 이때가 아마 역사상 처음이었을 겁니다. 허블 망원경은 단순한 관측 장비가 아니라, 미국의 과학 문화를 상징하는 아이콘이었죠.

스타 시티에서 러시아의 우주과학자들과 담소를 나누며 느꼈던 진한 동료애는 오랫동안 잊지 못할 것 같습니다. 이런 느낌을 전 세계가 공유할 수 있다면, 모든 인류가 미래를 생각하면서 같은 꿈을 꿀 겁니다. 그리고 모든 인류가 미래를 생각한다면, 언젠가는 모두 함께 우주로 진출하게 되겠죠.

스페이스 트윗 11　　　　　　@neiltyson・2011년 3월 16일 오전 8:18
NASA의 리얼리티 쇼 〈루나 쇼어Lunar Shore〉는 과연 〈저지 쇼어Jersey Shore〉* 보다 높은 인기를 누릴 수 있을까? 문명의 미래가 여기에 달려 있다.

★ 20대 남녀의 사랑과 질투를 소재로 한 리얼리티 쇼.—옮긴이

11

우주 옵션★
— 줄리아 갤러프, 마시모 필리우치와 나눈 팟캐스트 인터뷰 —

갤러프 오늘은 천체물리학자이자 헤이든 천문관의 소장이신 닐 디그래스 타이슨 씨를 모시고 얘기를 나눠보겠습니다. 이런 기회가 흔치는 않을 테니, 오늘은 우주 개발 프로그램을 도마 위에 올려봅시다. 타이슨 씨, 요즘 진행되는 우주 개발 계획의 목적은 무엇이며, 그로부터 우리는 어떤 이득을 얻을 수 있을까요? 현실적인 이득이 없다면, 우주 개발에 국민의 세금을 쓰는 것이 과연 합당한 정책일까요?

타이슨 질문에 답을 드리기 전에, 이런 내용을 처음 접하는 시청자들을 위해 오늘의 대화 주제를 다시 한 번 정리해봅시다. 오바마 정부가 NASA에 새로운 예산을 배정하면서 우주 개발의 청사진 자체가 달

★ '닐 디그래스 타이슨과 우주 개발 프로그램의 필요성Neil deGrasse Tyson and the Need for a Space Program', 뉴욕 시티 스켑틱스New York City Skeptics의 줄리아 갤러프, 마시모 필리우치와 나눈 인터뷰, 〈합리적으로 말하자면: 이성과 역측 간의 경계 탐색〉, 2010년 3월 28일 http://www.rationallyspeakingpodcast.org를 통해 공개.

라졌습니다. 개중에는 좋은 것도 있고 그저 그런 것도 있고, 심하게 비난받은 것도 있죠. 저궤도를 벗어나 먼 우주로 진출한다는 것과 우주 개발의 상당 부분을 민간 기업에 이양한다는 계획은 많은 사람들에게 지지를 받았습니다.

과거에도 우리 정부는 새로운 산업을 육성할 때 자본 시장의 평가를 받기 전에 초기 투자를 유도해왔습니다. 별로 안전한 방법은 아니죠. 일반적으로는 획기적인 아이디어가 있어서 발명품을 만들고, 그 발명품으로 특허를 출원하여 돈을 벌어들입니다. 자본 시장은 위험 요소의 관리 체계가 갖춰지고 그 결과를 예측할 수 있는 시점이 되어야 비로소 관심을 갖게 됩니다. 지금 GPS와 위성 방송, 그리고 위성 통신 등 대부분의 우주 산업은 지구 저궤도에서 이루어지고 있습니다. 즉, 저궤도는 우주라기보다 '지구 경제권'에 속하는 영역이죠. 하지만 NASA는 영리를 추구하는 기업이 아니기 때문에, 경제 논리를 떠나 첨단으로 나아갈 필요가 있다고 생각합니다.

필리우치 저궤도라 하셔서 묻는 건데, 우주 정거장은 거기 왜 떠 있는 겁니까?

타이슨 남극 대륙 연구처럼, 국제 우주 정거장, 즉 ISS는 국가 간 협력으로 이루어낸 걸작품입니다. 규모 면에서도 역사상 최대죠. 물론 전쟁 때도 협력을 하긴 했지만 그건 때려 부수는 일이었고, ISS는 생산적인 협력의 상징으로 남을 겁니다.

과거에 여러 나라들이 참여한 국제 연구팀이 남극으로 파견되어 연구를 수행했는데, 이들 중 어느 누구도 토지를 횡령하지 않았습니다. 아마도 거기서 살 생각이 없었기 때문일 겁니다. 사심이 개입될 여지가 없으니 연구도 잘 진행되었죠. 아무것도 없는 나라에서 누가 왕이 되고 싶겠습니까? 남극 대륙은 아름답기도 하지만 천체물리학을 연구하는 데 최적의 장소이기도 합니다. 습도가 낮고 추운 데다가 특히 남극점은 고도까지 높아서, 대기의 방해를 거의 받지 않고 밤하늘을 관측할 수 있습니다.

ISS도 이와 비슷한 조건을 갖추고 있습니다. 또한 ISS는 우주 공간에 거대한 구조물을 세울 수 있다는 확신을 갖게 해주었죠. 과거에는 망원경이나 다른 기계 장치를 설치하려면 반드시 '바닥'이 있어야 한다고 생각했습니다. 바닥이 있는 곳에는 중력이 작용하기 마련이죠. 따라서 구조물의 덩치가 커지면 중력을 버티기 위해 성능과 무관한 지지대가 추가되고, 이것 때문에 덩치가 더욱 커지는 악순환이 반복되었습니다. 그러나 지구 궤도에서는 모든 물체가 무중력 상태에 놓이기 때문에, 거대한 구조물을 레고 블록처럼 마음대로 이어붙일 수 있습니다.

필리우치 하지만 ISS는 우주 산업을 민영화한다는 정부 정책에 상치되지 않습니까? 민영화는 하되, ISS만은 예외라는 건가요?

타이슨 우주 정거장을 당장 민영화할 필요는 없지만, 단계적으로 그렇게 될 겁니다. 관광지로 개발할 수도 있죠. 안 될 이유가 없잖습니까? 우주 산업을 민영화하면 관광 산업이 맨 먼저 발달할 것이고,

대중들은 이런 변화를 반길 것입니다. 오바마 대통령은 달에 다시 가려는 NASA의 계획을 취소했다가 곧바로 곤경에 빠졌죠.

달은 참으로 흥미로운 천체입니다. 무엇보다도 가깝다는 것이 가장 큰 매력이죠. 달에는 이미 여러 차례 갔다 왔기 때문에 성공할 확률이 매우 높습니다. 하지만 화성은 얘기가 다르죠. 아직 경험이 없어서 어떤 위험이 닥칠지 아무도 모릅니다. 사람이 지구 자기장 바깥으로 나갔다가 태양 플레어에서 나오는 이온화 방사선에 노출되면 고에너지 입자가 몸 안으로 침투하여 원자를 이온화할 수도 있습니다.

필리우치 그렇다면 달을 '화성으로 가는 징검다리'로 활용하자는 말인가요?

타이슨 아닙니다. 화성으로 가는 도중에 다른 장소에 들르는 것은 별로 좋은 생각이 아닙니다. 가장 큰 이유는 효율이 떨어지기 때문이죠. 중간 기착점에 다가가면서 속도를 줄이고, 거기 착륙했다가 다시 이륙하는 데 엄청난 연료가 소모되거든요. 달에 대기가 있다면 속도가 자동으로 느려지겠지만, 아쉽게도 달에는 대기가 없습니다. 임무를 마치고 지구로 귀환하는 우주왕복선은 대기와의 마찰을 이용하여 속도를 줄입니다. 그래서 우주왕복선 겉면을 내열성이 강한 특수 타일로 덮어놓는 것이죠. 달에서 이런 식으로 착륙을 시도한다면 운동 에너지가 소진되지 않아서 엄청난 속도로 추락할 겁니다.

이뿐만이 아닙니다. 필요한 장비를 몽땅 싣고 왔다고요? 아니죠, 캘리포니아로 여행 갈 때 슈퍼마켓을 차 뒤에 달고 갑니까? 신선한 야채를 먹겠다고 농장을 통째로 들고 가진 않잖아요? 뉴욕과 캘리포니아 사이에 분명히 마트가 있을 테니, 거기서 음식을 사고 자동차 연료도 보충하면 됩니다.

우주에서도 장기 체류를 할 때는 필요한 자원을 현지 조달할 필요가 있습니다. 오바마 대통령은 새로운 우주 정책을 발표하면서 "화성행 로켓 개발을 계속 추진할 것"이라고 했지만, 그날이 언제일지는 구체적으로 언급하지 않았습니다. 그래서 우주 진출을 열성적으로 지지하는 사람들은 오바마의 연설이 별로 탐탁지 않았을 겁니다.

달이냐, 화성이냐? 둘 중 하나를 골라야 한다면 대부분의 과학자들은 화성을 택할 것입니다. 예외도 있겠지만 대체로 그렇다는 뜻입니다. 여기에는 저 자신도 포함됩니다. 화성의 표면에는 물이 흘렀던 흔적이 뚜렷하게 남아 있고, 절벽의 단면에서는 지금도 메탄가스가 방출되고 있습니다. 하지만 과학자들이 화성을 택하는 이유는 지질학적 특성 때문만은 아닙니다. (지올로지geology의 'geo-'는 지구를 뜻합니다. 그래서 화성의 지질학은 '마솔로지marsology'라고 합니다.) 물이 있는 곳에는 생명체가 존재하기 마련이므로, 과거 화성에 살았을 생명체의 흔적을 찾는 것도 중요한 목적 중 하나입니다.

갤러프 화성에 로봇을 보낼 수도 있을 텐데, 굳이 사람을 보내려는 이유가 궁금하군요. 사람이 가면 어떤 이점이 있습니까?

타이슨 짧게 답한다면, 특별한 이점은 없습니다. 하지만 그 의미를 좀더 깊이 생각해볼 필요가 있습니다. 어떤 천체이건 간에, 사람을 보낼 때 들어가는 비용은 로봇을 보낼 때보다 거의 20~50배가량 많습니다. 당신이 지질학자라면 저는 이렇게 말했을 겁니다. "그래요, 망치랑 몇 가지 측정 장비를 챙겨서 다녀오세요. 하지만 당신을 빼고 탐사용 로봇 30대를 보내도 같은 비용이 듭니다. 물론 각 로봇들은 망치와 기본 장비를 탑재하고 있어요." 당신이라면 어느 쪽을 선택하시겠습니까?

필리우치 하지만 로봇은 두뇌가 없잖아요?

타이슨 그래요, 과학적으로 말하면 뇌가 없습니다. 바로 이 점이 핵심입니다. 사람을 보내느냐, 로봇을 보내느냐 하는 것은 결국 돈에 좌우되는 문제죠. 여기에는 두 가지 선택이 있습니다. 사람을 보내는 데드는 비용을 로봇 수준으로 낮추거나(단, 이 경우에는 무사 귀환을 보장하지 못할 수도 있죠), 큰 비용을 감수하고 사람을 보내는 것입니다. 로봇에게 하루 종일 걸리는 일도 사람이 하면 단 몇 분 안에 끝낼 수 있으니까요. 사람에게는 감정과 직관이라는 것이 있어서, 프로그램대로 움직이는 로봇보다는 확실히 효율적입니다. 물론 프로그램을 정교하게 짜서 사람과 거의 비슷하게 만들 수는 있겠지만 그래도 여전히 로봇은 로봇이죠. 프로그래머들이 컴퓨터를 과연 사람보다 직관적인 존재로 만들 수 있을까요? 만일 그렇다면 로봇도 철학자가 될 수 있을 겁니다.

필리우치 이 토크 쇼를 시작하기 직전에, 우리는 이 주제와 비슷한 이야기를 나누고 있었습니다. 과거에 진행된 엄청난 규모의 프로젝트들이 과연 어떻게 승인을 받았을까 하고 말이죠.

타이슨 옛날에는 왕족의 권위를 높이거나 신을 찬양하는 사업을 벌일 때 세금을 아낌없이 썼습니다. 대규모 프로젝트의 저변에는 깊은 존경과 두려움이 깔려 있기 마련이죠.

필리우치 그럼 교황한테 화성 유인 탐사 비용을 대달라고 부탁해야겠군요.

타이슨 농담으로 하신 말씀이겠지만, 완전히 틀린 말도 아닙니다. 그러나 왕족도 없고 신을 맹목적으로 떠받들지도 않는 요즘 세상에 대규모 프로젝트가 승인되려면 그로부터 얻어지는 경제적 이득이 있거나, 전쟁이 벌어져야 합니다. 다시 말해서, 돈을 왕창 쓰는 두 가지 경우는 '전쟁으로 죽기 싫을 때'와 '가난하게 죽기 싫을 때'라고 할 수 있습니다.

　1961년 5월 25일 상·하 양원 합동 회의 석상에서 케네디 대통령
은 이렇게 선언했습니다. "1960년대가 끝나기 전에 달에 사람을 보
냈다가 무사히 귀환시킬 것이다. 나는 이것이 우리에게 주어진 국가
적 사명이라고 굳게 믿는다." 이 결의에 찬 연설에 전 국민이 감동했
죠. 하지만 그 내막을 들여다보면 시기적으로 그럴 수밖에 없었다
는 생각이 듭니다. 유리 가가린이라는 소련의 우주인이 역사상 최초
로 궤도 비행에 성공한 후 불과 몇 주 만에 케네디 대통령이 그런 연
설을 했으니까요. 사람을 태워 보낼 정도로 안전한 우주선을 아직
만들지 못했다는 것이 커다란 부담으로 작용했을 겁니다. 무인 위성
을 궤도에 올릴 때는 잘못돼봐야 기계 장치를 잃는 것뿐이므로, 무
리를 해가며 비싼 부품을 쓸 필요가 없습니다. 하지만 사람을 태우
고 간다면 이야기가 완전히 달라집니다.

　그날 케네디는 이런 말도 했습니다. "지금 세계적으로 진행되고 있

1961년 5월 25일 상·하원 합동 회의에서 우주 개발을 향한 의지를 천명하는 케네디 대통령. NASA

는 자유와 독재의 싸움에서 승리를 거두려면 1957년의 스푸트니크처럼 우주 개발 분야에서 극적인 성과를 거둬야 한다. 우리가 이룩한 업적은 앞으로 어떤 길을 갈 것인지 고민하는 사람들에게 확실한 지침이 되어줄 것이다." 이것은 공산주의자들을 향해 외치는 민주주의의 슬로건이었습니다.

필리우치 그렇습니까? 제게는 다분히 정치적인 발언으로 들리는데요?

타이슨 시기가 시기였던 만큼, 그런 식으로 말할 수밖에 없었을 겁니다. 만일 케네디가 "달은 정말로 멋진 곳입니다. 거기에 사람을 보냅시다!"라고 외쳤다면, 의회가 예산안을 승인해줬겠습니까?

갤러프 맞습니다. 당시 소련은 언제 터질지 모르는 폭탄이었죠. 요즘은 중국이 그렇고요. 지금 중국은 우주 프로그램에 전력을 다하고 있습니다. 앞으로 10~15년 안에 중국은 미국의 가장 강력한 라이벌로 부상할 것입니다. 그렇게 되면 우리도 우주 개발 프로그램에 돈을 쓰지 않을 수 없겠죠.

타이슨 그래요, '스푸트니크의 재현'이죠.

갤러프 좋은 이름이네요. 그런데 위기의식 때문에 특정 분야의 연구를 장려하는 것은 과학적 관점에서 볼 때 부적절한 것 같습니다만….

타이슨 순전히 과학적인 이유로 대형 프로젝트가 진행된 적은 없습니다. 국가의 재정 규모에 따라 다르겠지만, 어느 수준 이하의 돈은 심각한 토론 없이 과학에 투자할 수 있죠. 예를 들어 허블 우주 망원경을 제작하고 유지하는 데 대충 100억~120억 달러가 들어갔습니다. 1년에 10억 달러가 채 안 되는 돈이죠. 이 정도는 경제적 이득이 없어도, 또는 적국과 전쟁 중이라 해도 눈 딱 감고 쓸 수 있습니다. 그러나 비용이 200억~300억 달러로 늘어났는데 무기 개발과 무관하고 신의 계시도 없었다면, 그리고 유전이 새로 발견되지도 않았다면 예산이 할당되지 않을 것입니다. 초전도 초충돌기SSC가 그 대표적 사례입니다. 미국에서는 1970년대 말에 세계 최대의 입자 가속기 건설이 기획되어 1980년대 중반에 예산이 집행되었습니다. 그런데 1989년에 냉전이 종식되면서 재정 지원이 중단되었죠. 결국 SSC는 거대한 지하 터널만 남기고 역사에서 사라졌습니다.

필리우치 그 일은 생각만 해도 짜증 납니다!

갤러프 맞아요. 어찌 그런 일이….

타이슨 전시에는 돈이 물처럼 흐릅니다. 1945년에 물리학자들은 맨해튼 프로젝트를 성공적으로 완수함으로써 태평양 전쟁을 승리로 이끌었습니다. 그리고 원자폭탄을 만들기 훨씬 전부터 냉전이 끝날 때까지, 미국은 입자물리학 관련 프로젝트를 꾸준히 지원해왔습니다. 그런데 1989년에 베를린 장벽이 무너지고, 그로부터 4년 후인 1993

년에 초전도 초충돌기 프로젝트가 완전히 백지화된 것입니다.

　현재 상황은 어떻습니까? 유럽은 유럽 입자 가속기 센터CERN에 대형 강입자 가속기LHC를 건설하여 전 세계 입자물리학 연구를 선도하고 있습니다. 미국은 건너편 호숫가에 서서 "이봐, 우리도 좀 끼워줄래? 우리가 뭐 도와줄 일 없어?"라고 외치는 신세가 되었죠.

필리우치 타이슨 씨 이야기를 듣다 보니 생각나는 일화가 하나 있습니다. 물리학자 스티븐 와인버그가 청문회에 참석하여 초충돌기의 필요성을 강조한 적이 있는데, 그 자리에 있던 한 상원 의원이 와인버그에게 "안타깝게도 저는 제 지역구 주민들을 설득할 자신이 없습니다. 쿼크quark를 먹고 사는 사람은 없으니까요."라며 약간 빈정대는 투로 말했습니다. 그러자 와인버그는 펜을 꺼내 들고 메모지에 무언가를 계산하더니, 이렇게 대답했다고 합니다. "제 계산에 의하면 의원님께서는 오늘 아침에 10억 × 10억 × 10억 개의 쿼크를 드셨습니다." 어쨌거나 대형 순수 과학 프로젝트에 예산이 할당되려면 앞서 말씀하신 '경제적 이익'이나 '전쟁'과 결부되어야 할 것 같습니다.

타이슨 또는 액수가 적어도 가능합니다. 예산이 어느 임계값을 넘지 않으면 크게 문제 삼는 사람이 없을 테니까요.

필리우치 "돈을 꼭 그런 곳에 써야 돼?"라는 질문도 일리는 있다고 봅니다. 상원 의원이 "내 지역구 주민들을 어떻게 설득해야 하는가?"라고 반문한 데에는 그럴 만한 이유가 있었겠죠.

타이슨 와인버그가 청문회 석상에서 "초전도 초충돌기는 수많은 하위 기술을 양산하여 기술 산업계 전반에 크게 기여할 것"이라고 항변했다 해도, 그 프로젝트는 결국 폐기되었을 겁니다. 차라리 "초충돌기는 국방에 도움이 된다."고 말하는 게 나을 뻔했어요. 청문회에서 한 상원 의원이 "이 프로젝트의 어떤 면이 국방에 도움이 된다고 생각하십니까?"라고 물었을 때, 그 자리에 있던 한 과학자가 이렇게 대답했다고 합니다. "구체적인 답을 드리긴 어렵지만, 적어도 '미국은 방어할 만한 가치가 있는 나라'라는 인식을 심어주기에는 충분하다고 생각합니다."

필리우치 저도 기억납니다. 아주 멋진 대답이었어요.

타이슨 멋진 말이긴 했습니다. 다음 날 각종 신문의 헤드라인을 장식했으니까요. 하지만 예산 확보에는 결국 실패했습니다. 미국인과 미국 문화가 지난 5000년 동안 우리보다 앞섰던 국가들과 근본적으로 다르다는 믿음이 없는 한, 경제적이나 군사적으로 이득이 될 만한 무언가가 있어야 화성 유인 탐사에 대한 승인이 떨어질 겁니다. 그래서 저는 반농담 삼아 이런 말을 자주 합니다. "중국이 화성에 군사 기지를 세우려 한다는 소문을 퍼뜨리는 거야. 그러면 미국은 1년 안에 사람을 화성에 보낼걸?"

갤러프 순전히 학문적 취지에서 시작된 연구가 엄청나게 유용한 결과를 낳은 경우가 있습니까? 만일 그렇다면 굉장한 행운일 텐데, 우주를 탐험하면서 이런 결과가 나올 수 있다고 생각하시나요?

타이슨 아주 좋은 질문입니다. 하지만 답은 아쉽게도 '노'입니다. 최첨단 과학의 산물이 상품화될 때까지 걸리는 시간이 돈을 좌지우지하는 정치인들의 임기보다 훨씬 길기 때문이죠. 그래서 첨단 과학이 아무리 좋은 발명품을 만들어내도 대부분은 상품화되기 전에 사장됩니다. 정치인에게 "지금 기가 막힌 기술이 개발되었으니, 상품화될 때까지 투자해달라."고 애원해봐야, 자신의 임기 내에 상품이 출시될 가능성이 없으면 부탁을 들어주지 않을 겁니다. 이런 이유 때문에 "화성에 가려면 경제적 또는 군사적 이유가 있어야 한다."고 강조하는 것입니다.

그건 그렇고, 저는 1000억 달러짜리 프로젝트를 승인받는 방법을 알고 있는데 시간이 좀 걸린다는 게 문제입니다. 의원들이 우리 얘기를 들을 수밖에 없는 경우가 언제인지 아십니까? 바로 엘리베이터 안에 단 둘이 탔을 때입니다. 그 황금 같은 시간에 의원을 설득하면 되는데, 시간이 30초 남짓밖에 안 되죠. 거기서 3분 동안만 붙잡아놓을 수 있다면 저는 의원을 설득할 수 있습니다.

갤러프 엘리베이터 전원을 끄면 되겠네요.

필리우치 의원을 만날 기회가 없다면 대중 앞에 나서서 이렇게 외칠 수도 있겠죠. "여러분! 우주 탐사와 우주물리학 연구에 여러분의 세금을 써야 할 이유가 있습니다. 저는 개인적인 궁금증을 해소하기 위

해 이 연구를 하는 것도 아니고, 월급을 받기 위해 하는 것은 더더욱
아닙니다!"

타이슨 사실 우주물리학 연구에는 적정한 예산이 배정되어 있습니다.
지금 우리가 문제 삼는 것은 엄청난 돈을 잡아먹는 유인 우주 개발
프로그램이죠. 예산 규모가 허용 범위를 벗어나기 때문에, 문화적
정서에 호소하는 수밖에 없습니다. 기초 과학을 위한 프로젝트는 이
미 진행되고 있습니다. 우리에게는 허블 망원경이 있고, 화성 기지도
몇 년 안에 건설될 것입니다. 또한 1997년에 발사된 카시니호가 지
금 토성 주변을 선회하면서 토성의 고리와 위성들을 탐사하고 있으
며, 명왕성 탐사를 위해 2006년에 발사된 뉴 호라이즌스호가 목적
지를 향해 열심히 날아가는 중입니다. 천체망원경도 꾸준히 개선되
어 다양한 영역의 전자기파를 볼 수 있게 되었죠. 이런 점에서 볼 때
과학 자체는 제 갈 길을 잘 가고 있습니다. 욕심 같아선 좀 더 빠르
게 갔으면 좋겠지만, 아무튼 잘 나아가고 있습니다.

필라우치 대형 강입자 가속기는 예외겠죠. 그건 미국이 아닌 유럽인들
덕분에 잘 돌아가고 있으니까요.

갤러프 우주 탐사와 관련해서 아직 언급되지 않은 사안이 하나 있습니
다. 민간 우주 여행 시대가 오면 달이나 화성을 중간 기착지로 사용
할 수 있다고 말씀하셨는데, 여행 목적 말고 '지구에서 더 이상 살
수 없게 되어' 우주로 나가는 시나리오도 가능하지 않을까요?

타이슨 그런 사태를 걱정하는 사람이 의외로 많습니다. 영국의 스티븐 호킹과 프린스턴 대학교의 J. 리처드 고트가 대표적인 인물이죠. 그런데 한번 생각해보세요. 수십 억 명의 사람을 화성으로 이주시켜 그곳에서 살게 하려면 새로운 이동 수단을 개발해야 하고, 화성의 환경을 지구와 비슷하게 바꿔놓아야 합니다. 이 정도의 기술을 갖고 있다면, 굳이 화성까지 갈 필요 없이 지구의 망가진 환경을 개선하는 쪽이 더 싸게 먹히지 않을까요? 그 정도 기술 수준이면 다가오는 소행성을 처리하는 것도 별일 아닐 겁니다. 그래서 저는 다른 행성으로 이주하는 것이 최선의 방법이라고 생각하지 않습니다.

12
발견으로 가는 길★

새로운 장소 발견에서 새로운 아이디어 발견으로

지금 세상은 1년 전, 100년 전, 1000년 전과 비교할 때 어떤 면에서 얼마나 달라졌을까? 과학과 의학의 발전상을 보면, 우리는 확실히 특별한 시대에 살고 있는 것 같다. 무언가가 달라지면 금방 눈에 띄지만, 변하지 않는 것은 잘 보이지 않는다. 그래서 '달라진 것들의 목록'보다 '달라지지 않은 것들의 목록'을 만들기가 훨씬 어렵다.

지난 수천 년 동안 인류가 이루어낸 과학기술의 수준은 가히 상상을 초월한다. 그러나 과학이 아무리 발전해도 인간은 여전히 인간일 뿐이다. 역사가 처음 기록되던 무렵부터 지금까지, 인간이라는 종 자체는 별로 달라지지 않았다. 특히 사회의 구성 요소와 그것을 유지하는 힘은 변하더라도 아주 느리게 변한다. 예나 지금이나 인간은 산에

★ 19장 '발견으로 가는 길 Paths to Discovery', 리처드 W. 불리트 편, 〈컬럼비아 20세기사〉(New York: Columbia University Press, 1998).

오르고, 전쟁을 수행하고, 더 좋은 짝을 구하고, 놀잇감을 찾고, 부를 축적하고, 정치적 힘(다른 사람에 대한 영향력)을 키우기 위해 노력해왔다. 요즘 기성세대는 자유분방한 젊은 세대를 못마땅하게 생각하며 변해가는 세태를 한탄하고 있는데, 알고 보면 이것도 아주 오래된 전통이다. 기원전 2800년경에 제작된 아시리아의 한 석판에는 다음과 같은 글귀가 새겨져 있다.

요즘 세상은 정말 말세다. (…) 사방에 뇌물이 난무하고, 아이들은 더 이상 부모에게 복종하지 않고, 아는 것도 없으면서 너도나도 책을 쓰겠다고 덤빈다. 이런 식으로 가다간 머지않아 세상의 종말이 찾아올 것이다.

개중에는 등산을 싫어하는 사람도 있지만, 음식 조리법이나 악기 연주법 등 무언가 새로운 발견을 추구하는 성향은 누구에게나 있는 것 같다. 발견은 그 자체로 의미를 갖는 유일한 행위이자, 세월이 아무리 흘러도 가치가 변하지 않는 창조적 행위이기도 하다. 인류는 다양한 발견을 통하여 세상에 대한 이해의 폭을 넓혀왔으며, 앞으로도 그럴 것이다. 우리의 지식이 지구에 한정되어 있건, 또는 은하 저편까지 확대되었건, 그런 것은 중요하지 않다.

우리는 무언가를 발견할 때마다 이미 알고 있던 것과 새롭게 알게 된 것을 비교하곤 한다. 그리고 무언가 대단한 것을 발견하면 후속 발견이 어떤 식으로 진행될지 대충 짐작할 수 있다. 당신이 겪어보지 못한 무언가를 발견하는 것은 개인적 발견이고, 세상에 알려지지 않은 생명체나 물리적 현상을 발견하는 것은 역사적 발견이다.

과거의 발견은 주로 바다를 항해하는 사람들에 의해 이루어졌다. 몇 달, 몇 년을 바다에서 떠돌다가 신천지에 도달하면 새로운 것을 보고, 듣고, 냄새 맡고, 느끼고, 맛보는 등 오직 발견자만이 누릴 수 있는 특권을 마음껏 누렸다. 소위 '탐험의 시대'로 불리는 16세기의 항해사들은 본인이 좋건 싫건 항상 발견의 첨단에 서 있었다. 그러나 신천지가 지도에 표기되고 왕래가 잦아지면서, 사람들은 '지리적 발견'보다 '개념적 발견'에 더 많은 관심을 갖게 된다.

17세기가 막 시작될 무렵, 과학의 미래를 바꿀 두 가지 중요한 도구가 거의 동시에 발명되었다. 멀리 떨어진 물체를 볼 수 있게 해주는 망원경과 아주 작은 세계를 보여주는 현미경이 바로 그것이다. (이것들이 과학 역사상 가장 중요한 발명품이라고 주장하긴 어렵다. 그러나 현재 통용되고 있는 88개 별자리 목록에는 '망원경 자리'와 '현미경 자리'가 포함되어 있다.) 네덜란드의 안경 제조업자 안토니 판 레이우엔훅은 현미경을 발명하여 생물학자들에게 새로운 세상을 열어주었고, 이탈리아의 물리학자 갈릴레오 갈릴레이는 자신이 만든 망원경으로 밤하늘을 관측함으로써 광학 기기를 이용한 근대 천문학을 창시했다. 과거의 발견은 항해나 등산 등 오직 몸으로 때우는 중노동의 산물이었지만, 판 레이우엔훅과 갈릴레오 덕분에 '기술을 이용한 발견의 시대'가 시작된 것이다. 그 후로 인간의 감각 범위는 과거와 비교할 수 없을 정도로 넓어졌고, 새로 발견된 자연은 상상을 초월하다 못해 당대의 정서로는 도저히 용납되지 않는 것도 있었다. 갈릴레오는 망원경으로 태양의 흑점과 목성의 위성을 발견했지만, 지구가 우주의 중심이 아님을 폭로하여 가톨릭 사제들의 분노를 사는 바람에 여생을 가택 연금 상태로 보내야 했다.

망원경과 현미경은 기존의 상식을 철저하게 외면했고, 제아무리 보수적인 사람들도 눈앞에 펼쳐진 명백한 증거를 부인할 수 없었다. 자연을 탐구할 때, 상식은 바람직한 도구가 아니었던 것이다. 이런 변화는 '보이는 것'에 국한되지 않았다. 사람들은 인간의 오감이 무딜 뿐만 아니라 신뢰도가 매우 떨어진다는 사실을 서서히 깨닫게 되었다. 자연을 이해하려면 믿을 만한 도구를 이용하여 주의 깊고 정밀한 측정을 수행해야 한다. 측정 결과가 기존의 상식과 다르게 나왔다면, 이는 곧 상식이 틀렸음을 의미한다. 그리하여 과학은 공정한 검증과 재검증을 거쳐 확고한 진리로 자리 잡았으며, 장비가 부족한 일반인들은 과학적 탐구에 더 이상 동참할 수 없게 되었다.

발견의 동기

기술을 이용한 발견이 존재할 수 없었던 과거에는 주로 여행을 통해 발견이 이루어졌다. 유럽인들은 바다를 항해하다가 낯선 육지가 나타나면 "내가 이 땅을 발견했다."며 의기양양하게 깃발을 꽂았다. 심지어는 다수의 토착민들이 해변가에 나와 그들을 반겼을 때에도, 그 땅은 당연히 자신(또는 여행 비용을 지원해준 스폰서—주로 왕실이었다)의 소유라고 생각했다.

인간은 왜 탐험을 멈추지 않는가? 1969년에 아폴로 11호를 타고 달까지 날아갔던 닐 암스트롱과 버즈 올드린은 달에 착륙한 후 마치 어린아이처럼 마음껏 뛰어다녔다. 인간이 지구 이외의 다른 천체를 밟은 것은 이때가 처음이었다(아폴로 11호의 우주인은 모두 세 명이었다. 그중 암스트롱과 올드린은 달에 착륙하여 유명해졌지만, 이들이 달 표면을 거니는 동안 사령선에 남아 달 궤도를 선회했던 마이클 콜린스는 그들만큼 유명세를 타지 못했다. 그러나 콜린스가 사령선을 능숙하게 조종하지 못했다면 이들은 달에서 여생을 보냈을 것이다. 그리고 또 하나—콜린스는 달의 반대쪽 면을 주의 깊게 관찰한 최초의 지구인이었다—옮긴이). 그런데 두 사람은 달에 착륙한 후 맨 먼저 깃발부터 꽂았다. 그들을 반기는 토착민은 없었지만, 과거 선조들의 제국주의적 행동을 그대로 재현한 것이다. 잠깐, 여기서 한 가지 짚고 넘어갈 것이 있다. 달에는 대기가 없기 때문에 깃발이 펄럭일 수 없다. 그래서 "아폴로 11호는 달에 가지 않았다."고 주장하는 음모론자들은 빳빳하게 펴진 채 조금씩 펄럭이는 깃발을 증거로 제시하고 있다. 그러나 이것은 정보 부족으로 인한 오해일 뿐이다. 깃발을 꽂았는데 축 늘어져 있으면 모양새가 안 나기 때문에, 깃발 위쪽에 가느다란 봉을 심어서 펴진 모양을 인위적으로 만든 것이다. 그리고 깃발이 조금씩 흔들린 이유는 지지대와 봉의 탄성 때문이었다.

유인 달 탐사는 기술이 이루어낸 역사상 최고의 업적으로 평가받고 있다. 그러나 암스트롱이 달에 착륙한 후 처음 했던 말과 처음 취했던 행동에는 약간의 아쉬움이 남는다. 그는 달에 첫발을 내디디면서 "나 자신에게는 작은 한 걸음이지만, 인류에게는 위대한 도약이다."라는 명언을 남겼다. 그리고는 달 표면에 미리 준비해 간 성조기를 꽂았다. 그러나 '인류'라는 말이 무색해지지 않으려면 성조기가 아닌 UN기를 꽂았어야 한다. 그리고 정 성조기를 꽂고 싶었다면 "인류에게는 위대한 도약"이 아니라, "미국에게는 위대한 도약"이라고 말했어야 한다.

미국이 우주 발견 시대를 누릴 수 있었던 것은 납세자들 덕분이었다. 그리고 우주 진출을 서둘렀던 이유는 소련과의 군비 경쟁에서 우위를 점하기 위해서였다. 초대형 프로젝트를 추진하려면 그에 걸맞은 초대형 동기가 있어야 한다. 가장 강력한 동기는 물론 전쟁이다. 중국의 만리장성, 원자폭탄, 소련과 미국의 우주 개발 프로그램은 모두 전쟁 때문에 탄생한 프로젝트였다. 서양 국가들은 두 차례에 걸친 세계 대전과 미-소 냉전을 겪으면서 전례 없이 많은 과학적 발견을 이루어 냈다.

초대형 프로젝트의 두 번째 동기는 '경제적 보상'이다. 그래서 15세기 말에 스페인의 이사벨 여왕은 국고의 상당 부분을 크리스토퍼 콜럼버스에게 선뜻 지불했고, 프랑스와 미국은 막대한 출혈을 감수하면서 파나마 운하를 건설했다. 원래 콜럼버스의 목적은 빠르고 안전한 무역로를 개척하는 것이었으나, 아메리카 대륙에 막혀 더 나아가지 못했다. 그의 목적은 거의 400년이 지난 후 파나마 운하를 통해 이루어진 셈이다.

스페이스 트윗 13   @neiltyson · 2011년 5월 16일 오전 9:30
1492년에 콜럼버스는 대서양을 횡단하는 데 3개월이 걸렸지만, 우주왕복선은 이 거리를 15분 만에 주파할 수 있다.

오직 새로운 것을 발견하려는 목적으로 초대형 프로젝트를 추진한다면 해당 분야는 획기적 발전을 이룰 수 있겠지만, 정부로부터 재정 지원을 받을 가능성은 아주 희박하다. 미국이 야심 차게 추진했던 초 전도 초충돌기SSC도 결국은 거대한 지하 터널만 남기고 도중에 중단 되었다. SSC는 지하에서 작동하는 초대형 입자 가속기로, 자연에 존 재하는 기본 힘과 초기 우주의 물리적 상태를 이해하는 데 큰 기여를 할 것으로 예상되었다. 사실 이것은 그다지 놀라운 일이 아니다. 파생 기술을 최대한 활용한다 해도 200억 달러가 넘는 건설 비용을 회수할 가능성이 거의 없었고, 군사적 이득도 전혀 없었기 때문이다.

자주 있는 일은 아니지만 캘리포니아의 허스트 캐슬과 인도의 타 지 마할, 그리고 프랑스의 베르사유 궁전처럼 개인의 자존심이나 세력 과시를 위해 초대형 프로젝트를 밀어붙이는 경우도 있다. 이런 초호 화판 건축물은 세월이 한참 흐른 후에도 전 세계 관광객을 끌어들이 는 매력을 갖고 있으나, '발견'이라고 부르기에는 적절치 않다.

대부분의 개인들은 피라미드 같은 대형 건축물을 지을 수 없다. 달 표면을 최초로 밟거나 세계 최대의 구조물을 짓는 등, '최초'나 '최대' 라는 수식어를 다는 사람은 극히 일부에 불과하다. 그래도 사람들은 어디든 자신의 흔적을 남기고 싶어 하는 경향이 있다. 동물들은 으르 렁거리며 상대를 겁주거나 자신의 소변 냄새를 남겨서 영역을 확보한 다. 인간은? 국기를 꽂는 게 가장 폼 나겠지만 그런 기회는 아무에게 나 주어지지 않기 때문에, 주로 이름을 새기거나 페인트로 써서 자신 의 흔적을 남긴다. 제아무리 성스럽고 경건한 장소라 해도 흔적을 남 기고 싶은 욕구를 막을 수는 없다. 만일 아폴로 11호에 국기 싣는 것 을 잊어버렸다면, 그들은 착륙지 근처의 바위에 "1969년 7월 20일, 닐 과 버즈가 다녀가다"라고 새겨놓았을 것이다. 실제로 아폴로 11~17

호의 우주인들은 골프공, 월면차, 성조기를 비롯하여 지구로 갖고 올 필요가 없는 각종 쓰레기들을 '발견의 상징'으로 남겨놓았다. (도중에 사고가 나서 달에 착륙하지 못하고 돌아온 아폴로 13호는 예외이다.)

아마추어 천문학자들은 전문 학자들보다 훨씬 긴 시간을 관측에 할애하고 있기 때문에, 무언가를 새로 발견할 확률이 압도적으로 높다. 단, 이들에게는 고성능 천체망원경이 없으므로 태양계 안에서 빠르게 움직이는 혜성이 주로 발견된다. 그런데 이들은 왜 그토록 천체 관측에 집착하는 것일까? 이유는 간단하다. 새로 발견된 혜성에 자신의 이름을 붙이고 싶기 때문이다. 밤하늘을 가로지르는 혜성에 자기 이름을 붙일 수만 있다면, 수면 부족과 운동 부족은 얼마든지 참을 수 있다. 그 대표적 사례가 바로 핼리 혜성이다. 누가 발견했는지는 굳이 말할 필요가 없을 줄 안다. 길고 우아한 꼬리를 가진 이케야-세키 혜성은 20세기의 가장 아름다운 혜성으로 꼽히고, 슈메이커-레비 9호 혜성은 아폴로 11호 달 착륙 25주년 기념행사 주간인 1994년 7월에 목성의 대기층에 연달아 충돌하는 장관을 연출했다. 이 혜성은 우리 세대를 통틀어 가장 유명한 천체였지만, 다행히도 국기가 꽂히거나 이름이 새겨지는 수모를 당하지 않은 채 환상적인 구경거리를 선사하고 장렬하게 산화했다.

발견의 대가로 무엇이 가장 바람직할까? 개인적인 성취감? 명성? 이 질문으로 사람들에게 설문지를 돌린다면 가장 많은 답은 아마 '돈' 일 것이다. 만일 그렇다면 20세기는 시작이 좋은 편이었다. '가장 위대하면서 영향력이 컸던 과학적 발견의 목록'을 만들고 싶다면, 역대 노벨상 수상자 명단을 그대로 복사하면 된다. 스웨덴의 화학자 알프레드 베른하르드 노벨은 다이너마이트를 발명하여 큰 부자가 되었고, 그가 사망한 후 노벨 재단이 그의 유산을 관리하면서 각 분야에 공헌한 사람을 1901년부터 1년에 한 번씩 선발하여 상을 수여해왔다. 상금은 약 150만 달러인데 물리학자와 의학자, 화학자들에게는 결코 작은 액수가 아니다. 신기한 것은 노벨상이 수여되기 시작한 다음부터 각 분야에서 '상을 받을 만한 업적'이 무슨 약속이라도 한 듯 거의 1년에 한 번씩 나왔다는 점이다. 그러나 노벨상 대신 천체물리학을 기준으로 보면 상황이 크게 달라진다. 천체물리학에서 최근 15년 사이에 새로 발견된 내용은 그 전에 발견되었던 모든 내용을 합한 것보다 많다. 아마도 미래에는 노벨상을 매달 수여하게 될지도 모른다.

발견은 인간의 감각 영역을 확장한다

과학기술이 인간의 물리적 힘과 사고력을 추월하면, 우리가 느낄 수 있는 감각 영역도 크게 넓어진다. 예나 지금이나 어떤 대상에 대해 더 많이 알려면 가까이 다가가서 자세히 보는 수밖에 없다. 나무는 다리가 없어서 대상에 가까이 다가갈 수 없지만, 어차피 눈도 없으므로 문제가 되지 않는다. 그러나 인간은 자체 이동이 가능하기 때문에, 많은 것이 '보는 능력'에 좌우된다. 그래서 인간의 눈은 오랜 세월을 거치면서 매우 복잡하고 정교한 장기로 진화해왔다. 다들 알다시피 우리의 눈은 초점 범위가 매우 넓고 다양한 색을 구별할 수 있다. 그러나 눈에 보이지 않는 빛의 파장대까지 고려하면, 인간의 눈은 거의 장님이나 마찬가지다. 아주 가까이 다가가서 눈을 아무리 부릅떠도 볼 수 없는 빛이 너무 많기 때문이다. 귀의 성능은 어떤가? 박쥐는 사람이 들을 수 있는 가청 주파수보다 몇 배 이상 높은 소리까지 들을 수 있다. 만일 인간의 후각이 개만큼 예민했다면, 마약 탐지견과 폭발물 탐지견은 마약 탐지사와 폭발물 탐지사로 대치되었을 것이다.

발견의 역사는 '감각 확장의 역사'와 그 궤를 같이한다. 보이지 않고 들리지 않는 것을 보고 들으려는 욕망이 있었기에, 우리는 우주를 향한 창문을 열 수 있었다. 1960년대부터 미국과 소련은 달과 행성을 탐사할 때 컴퓨터로 제어되는 탐사체(지금의 관점에서 보면 로봇과 다를 것이 없다)를 사용해왔으며, 지금도 로봇은 우주를 탐사할 때 없어서는 안 될 표준 도구이다. 지구와 환경이 다른 곳에서는 사람보다 로봇이 훨씬 유능하고 효율적이기 때문이다. 무엇보다도 로봇은 우주로 보내기 쉽다. 사람을 보내려면 온갖 생명 유지 장치를 줄줄이 달아야 하지만, 로봇은 전원 공급 장치만 있으면 우주 어디든 갈 수 있다. 그리고 특정 임무에 특화된 로봇은 주어진 임무를 사람보다 훨씬 빠르고 정밀하게 수행할 수 있다. 또한 로봇은 생명체가 아니기 때문에, 망가질수는 있어도 불의의 사고로 죽을 수는 없다. 그러나 컴퓨터가 인간의 호기심과 통찰력을 흉내 내지 못하는 한, 그리고 무언가를 우연히 발견하거나 정보를 종합하는 능력을 갖추지 못하는 한, 로봇은 '이미 예측된 발견'을 대행하는 도구에 머물 수밖에 없다.

눈에 보이지 않는 적외선과 자외선(여기에 가시광선까지 합해서 '전자기파'라 부른다)을 감지하는 장비가 개발되면서, 인간의 시각 능력은 가히 혁명적으로 향상되었다. 19세기 말에 독일의 물리학자 하인리히 헤르츠는 그때까지 서로 무관한 복사輻射, radiation로 여겨졌던 라디오파, 적외선, 가시광선, 그리고 자외선을 하나의 개념으로 통합했다. 알고 보니 이들은 모두 한 식구로서, 에너지(진동수)만 다른 형제지간이었다. 빛의 전체 스펙트럼을 에너지가 낮은 것부터 순서대로 배열하면 라디오파 → 마이크로파 → 적외선 → 가시광선(사람의 눈에 보이는 빛. 이것도 에너지가 증가하는 순서로 배열하면 '빨-주-노-초-파-남-보'이다) → 자외선 → 엑스선 → 감마선이 된다.

인간이 슈퍼맨처럼 엑스선을 볼 수 있다면 천문학은 훨씬 빠르게 발전했을 것이다. 천문학자들이 슈퍼맨처럼 힘이 셀 필요는 없지만, 슈퍼맨의 시력은 확실히 부러운 기능이다. 그러나 요즘 천문학자들은 특수 제작된 망원경으로 대부분의 전자기파(빛)를 볼 수 있다. 이렇게 시각 범위가 확장되지 않았다면 천문학자들은 무식한 장님으로 남았을 것이다. 대부분의 우주 현상들은 빛의 특별한 진동수 영역을 통해 그 존재를 드러내기 때문이다.

가시광선 이외의 다른 전자기파를 이용하여 세기적 발견을 이루었던 몇 가지 사례를 살펴보자. 라디오파를 감지하려면 광학망원경과 전혀 다른 원리로 작동하는 새로운 망원경이 있어야 한다.

벨 전화 연구소의 연구원 칼 잰스키는 1931년에 라디오 안테나를 발명하여 지구 밖에서 날아온 라디오 신호를 '목격한' 최초의 인간이 되었다. 이 라디오파는 은하수의 중심에서 날아온 것이었는데 강도가 얼마나 강했는지, 만일 사람의 눈이 라디오파만 볼 수 있었다면 밤하늘에서 가장 밝게 보이는 곳은 은하수의 중심이었을 것이다.

여기에 약간의 전자 회로를 추가하면 라디오파를 소리로 바꿀 수 있다. 이 장치를 세 글자로 줄인 것이 바로 '라디오'다. 무작위로 발생한 라디오파는 소리로 바꿔봐야 불규칙적인 잡음밖에 안 들리지만, 방송국 성우의 목소리를 변형한 라디오파는 수신 장치(라디오)를 통해 다시 원래의 소리로 복원될 수 있다. 인간이 볼 수 있는 스펙트럼 영역을 확장하기 위해 장비를 개발하다가 들을 수 있는 영역까지 더불어 확장된 셈이다. 모든 종류의 라디오파(사실은 모든 종류의 에너지)는 스피커를 통해 소리로 변환될 수 있다. 물론 그 소리에 구체적인 정보가 들어 있는 경우는 '사람의 목소리를 라디오파로 변환한 경우'뿐이다. 그런데 이 사실을 간과하면 오해를 하기 쉽다. 언젠가 한 일간지 기자가 천문학자와 인터뷰를 하다가 "토성에서 날아오는 라디오파를 헤드폰으로 듣고 있다."는 말을 듣고, 신문에 "토성의 생명체가 지구인과 통신을 시도하고 있다."는 기사를 실었다.

칼 잰스키의 라디오파 감지기는 그 후로 꾸준히 크게 개선되어, 지금은 은하수뿐만 아니라 우주 전체를 탐색하는 수준까지 발전했다. 그리고 가시광선 이외의 빛을 이용하여 우주를 관측하는 전파천문學radio astronomy이 새로운 분야로 자리 잡게 되었다. 그러나 초기에는 전파에 대한 신뢰가 부족하여, 전파망원경으로 발견된 천체는 광학망원경을 통해 재확인된 후에야 그 존재를 인정받을 수 있었다. 다행히도 라디오파를 방출하는 천체는 약간의 가시광선을 함께 방출하기 때문에, 눈에 보이지 않는 것을 믿어야 하는 난처한 상황은 벌어지지 않았다. 가장 먼 곳에서 가장 밝은 빛을 발하는 퀘이사quasar(준항성체. 'quasi-stellar radio source'를 대충 줄인 것)를 처음 발견한 것도 광학망원경이 아닌 전파망원경이었다.

다량의 기체를 함유한 은하들은 라디오파를 방출하는데, 그 근원
은 기체의 대부분을 차지하고 있는 수소 원자이다. (우주에 존재하는 원자
들 중 90퍼센트 이상이 수소 원자이다.) 전파망원경 여러 대를 연결해놓으면
은하에 흩어져 있는 다양한 기체의 형상을 고해상도로 촬영할 수 있
다. 은하 지도를 만드는 작업은 여러 면에서 중세의 지도 제작법과 매
우 비슷하다. 15~16세기의 지도 제작자들이 얼마 되지 않는 관측 자
료로부터 눈에 보이지 않는 육지와 바다를 그림으로 표현했던 것처
럼, 현대의 천문학자들은 부족한 데이터로부터 눈에 보이지 않는 은
하의 형상을 표현해내고 있다.

마이크로파는 라디오파보다 파장이 짧으면서 더 많은 에너지를 함
유하고 있다. (일반적으로 파동은 파장이 짧을수록 에너지가 크다.) 만일 사람
이 마이크로파를 볼 수 있다면 고속도로를 달릴 때 스피드 건에서 방
출된 레이더파가 눈에 보이기 때문에, 경찰관이 덤불 속에 숨어서 몰
래 단속을 한다 해도 운전자들은 쉽게 걸리지 않을 것이다. 그리고 전
화 통신 중계탑은 마이크로파를 방출하고 있으므로, 항상 밝게 빛나
고 있을 것이다. 그러나 집에서 쓰는 마이크로파 오븐은 밝게 빛나지
않는다. 문에 장착된 망이 마이크로파를 반사시켜서 밖으로 새나가는
것을 막아주기 때문이다. 그렇지 않다면 당신의 안구에 들어 있는 유
리액은 오븐 속의 음식과 함께 익혀질 것이다.

마이크로파 망원경은 1960년대 말부터 천체 관측용으로 사용되기
시작했다. 천문학자들은 이 도구 덕분에 차갑고 빽빽한 성간 구름이
응축되어 별이나 행성으로 변하는 과정을 생생하게 목격할 수 있었
다. 구름 속에 함유된 무거운 원소들은 복잡한 분자로 변형되면서 마

이크로파를 방출하는데, 지구에 존재하는 동종 분자에서도 동일한 마이크로파가 검출되었으므로 틀렸을 가능성은 거의 없다고 봐도 무방하다. 지금까지 관측된 우주 분자 중에는 NH_3(암모니아)나 H_2O(물)와 같이 인간에게 유용한 것도 있지만, CO(일산화탄소)나 HCN(시안화수소)처럼 치명적인 것도 있다. 그 외에 병원에서나 볼 수 있는 H_2CO(포름알데히드)와 C_2H_5OH(에틸알코올)도 있고, N_2H^+나 HC_4CN처럼 우리와 전혀 무관한 것들도 있다. 흥미로운 것은 성간 먼지 속에 생명의 기본 단위인 글리신과 아미노산이 섞여 있다는 점이다. 별의 먼지 속에서 인간이 탄생했다는 안토니 판 레이우엔훅의 말은 아무래도 사실인 것 같다.

천체물리학 역사상 가장 위대한 발견은 마이크로파 망원경을 통해 이루어졌다. 1964년에 벨 연구소의 물리학자 아노 펜지어스와 로버트 윌슨은 빅뱅 후 남은 에너지의 잔해를 발견하여 노벨상을 받았다. 두 사람은 망원경에 수신되는 잡음의 근원지를 찾다가 우연히 '빅뱅의 메아리'를 발견했고, 이로 인해 빅뱅 이론은 대담한 가설에서 우주 탄생의 정설로 자리 잡게 된다. 펜지어스와 윌슨이 발견한 신호는 마이크로파의 형태로 모든 방향에서 날아오고 있었으며, 온도도 절대 온도 2.7K(섭씨 -270.45도)으로 거의 균일했다. 막연하게 "우주에서 날아오는 전파 신호를 잡아내겠다."는 의도로 시작했다가 빅뱅의 결정적 증거를 발견했으니, 이 정도면 미끼낚시질을 하다가 대왕고래를 잡은 거나 다름없다.

전자기파 스펙트럼에서 파장이 긴 쪽으로 계속 옮겨 가다 보면 적외선에 도달한다. 적외선은 눈에 보이지 않지만 패스트푸드점에서는 매우 친숙한 빛이다. 이곳의 프렌치프라이는 적외선램프로 몇 시간 동안 따뜻하게 보관되었다가 손님에게 팔려 나간다. 적외선램프에서 방출되는 빛을 본 적이 있다고? 그렇다면 그것은 가시광선임이 분명하다. 적외선램프는 약한 가시광선을 방출하기 때문이다. 그러나 거기서 방출되는 대부분의 전자기파는 적외선이며, 거의 모든 음식에 쉽게 흡수된다. 만일 우리가 적외선을 볼 수 있다면, 한밤중에 조명을 모두 끈 상태에서도 난방용 라디에이터와 온수 파이프, 셔츠를 다리고 난 후 끄지 않은 채 내버려둔 다리미, 그리고 근처를 지나가는 가족들의 피부 등에서 방출되는 현란한 빛(적외선)이 시야에 들어올 것이다. 물론 이 영상은 가시광선을 통해서 보는 영상만큼 선명하진 않겠지만, 한겨울에 열이 새 나가는 곳(창문 틈새나 지붕 등)을 눈으로 확인할 수 있으므로 난방비를 크게 줄일 수 있을 것이다.

나는 어린 시절에 침실 벽장 속에 숨어 있는 괴물을 적외선 망원경으로 볼 수 있다고 생각했다. 그러나 다들 알다시피 침실에 숨어 있는 괴물은 파충류를 닮은 냉혈 동물이다. 따라서 괴물이 정말로 존재한다 해도, 체온이 실온보다 낮기 때문에 적외선 망원경으로는 볼 수 없었을 것이다.

적외선 망원경은 우주에 흩어져 있는 먼지구름을 관측할 때 매우 효율적이다. 그 속에서는 갓 태어난 아기별들이 주변 물체들을 빨아들이며 자라나고 있다. 먼지구름은 대부분의 가시광선을 흡수한 후 적외선의 형태로 방출하기 때문에, 광학망원경으로는 아무것도 관측할 수 없다. 우주뿐만 아니라 지구를 관측할 때에도 적외선 망원경이 유리한 경우가 있다. 인공위성에서 적외선 망원경으로 지구 표면을 찍으면 영국 제도의 서쪽 연안을 휘감아 돌아가는 북대서양 해류처럼 따뜻한 바닷물의 이동 경로가 선명하게 드러난다.

그러나 뭐니 뭐니 해도 우리에게 가장 친숙한 빛은 가시광선이다. 태양에서 날아온 빛에는 적외선과 가시광선, 자외선이 모두 포함되어 있는데, 그중 가시광선의 강도가 제일 강하다. (태양의 표면 온도는 약 6000K이다.) 그래서 인간의 눈도 가시광선에 제일 민감한 쪽으로 진화해왔다. 만일 우리의 눈이 다른 파장의 빛에 민감했다면 생존에 훨씬 불리했을 것이다.

가시광선은 대부분의 물질을 통과하지 못하지만 유리와 공기는 큰 방해 없이 통과할 수 있다. 그러나 자외선은 유리에 흡수된다. 만일 우리 눈이 자외선만 볼 수 있다면 유리로 창문을 만들어도 바깥 풍경이 전혀 보이지 않을 것이다. 태양보다 네 배 이상 밝은 별들은 엄청난 양의 자외선을 방출하고 있다. 다행히도 이런 별들은 가시광선도 많이 방출하기 때문에, 굳이 자외선 망원경을 동원하지 않아도 광학망원경으로 충분히 관측할 수 있다. 우주에서 날아온 자외선과 엑스선의 상당 부분은 지구 대기의 오존층에 흡수된다. 그래서 뜨거운 별을 자세히 관측하려면 대기권 밖으로 나가야 하는데, 이런 '외계 관측'이 처음 실현된 것은 1960년대의 일이었다.

20세기가 막 시작되었던 1901년, 독일의 물리학자 빌헬름 뢴트겐은 엑스선을 발견한 공로로 최초의 노벨 물리학상을 수상했다. 우주 어디선가 엑스선과 자외선이 감지되었다면, 그 근처에 블랙홀이 존재할 가능성이 높다. 블랙홀은 주변 물체를 닥치는 대로 먹어치우는 괴물 같은 천체로서, 중력이 너무 강하여 빛조차도 빠져나오지 못한다.

빛을 방출하지 않는데 무슨 수로 그 존재를 알 수 있었을까? 블랙홀 주변에서 소용돌이치고 있는 뜨거운 기체가 고자질을 해준 덕분이다. 이들은 블랙홀로 빨려 들어가기 직전에 강력한 엑스선을 방출한다.

새로운 발견은 사전 지식이 없어도 할 수 있으며, 발견 후에 그 정체를 반드시 규명해야 할 의무가 있는 것도 아니다. 중요한 발견이라면 발 빠른 누군가가 발견자보다 먼저 규명할 수도 있다. 우주 배경 복사와 감마선 폭발gamma-ray burst이 바로 그런 경우였다. 1960년대에 소련의 비밀 핵무기 실험에서 방출되는 방사선을 탐색하던 위성이 우연히도 우주 공간에서 고에너지 감마선이 무작위로 방출되는 현상을 포착했다. 그 뒤 수십 년이 지나서야 각종 우주 망원경과 지상 망원경의 관측을 통해 이것이 먼 우주에서 발생하는 대격변의 신호임이 밝혀졌다.

새로운 발견은 우주뿐만 아니라 극미세 영역에서도 꾸준히 이루어져왔다. 그런데 어떤 감지기를 들이대도 교묘하게 피해 나가는 놈이 하나 있으니, 바로 뉴트리노neutrino(중성미자)라는 입자이다. 중성자가 양성자와 전자로 붕괴되면 한 무리의 뉴트리노가 함께 생성된다. 지금도 태양의 중심부에서는 매초 200 × 1조 × 1조 × 1조 개의 뉴트리노가 생성되어 사방으로 방출되고 있는데, 질량이 워낙 작은 데다가 다른 물질과 상호 작용을 거의 하지 않기 때문에 감지하기가 매우 어렵다. 만일 누군가가 뉴트리노를 관측하는 망원경을 발명한다면 천문학은 커다란 도약을 이룩하게 될 것이다.

우주적 대폭발 사건을 포착하는 또 하나의 방법은 중력파gravitational wave를 감지하는 것이다. 중력파는 아인슈타인이 1916년에 발표한 일반 상대성 이론을 통해 그 존재가 예견되었으나, 직접 관측된 사례는 아직 한 건도 없다. 성능 좋은 중력과 망원경이 발명된다면 서로 상대방 주변을 선회하는 블랙홀 쌍이나, 두 은하가 하나로 합쳐지는 장관을 관측할 수 있다. 미래에는 천체의 충돌과 폭발, 붕괴 등 극적인 사건들이 일상적으로 관측될 것이다. 또는 여기서 한 걸음 더 나아가 마이크로파 우주 배경 복사를 꿰뚫고 빅뱅 자체를 관측하는 날이 올지도 모른다. 페르디난드 마젤란이 배를 타고 지구를 한 바퀴 돈 후 '둥그란 지구'의 한계를 깨달았던 것처럼, 미래의 천문학자들은 첨단 장비의 도움을 받아 '알려진 우주'의 한계를 깨닫게 될 것이다.

새로운 발견이 사회에 미치는 영향

요즘은 '에너지'를 모르는 사람이 거의 없지만, 과거에는 가장 다루기 어려운 개념 중 하나였다. 물리학자들이 에너지를 이해하게 된 것은 18~19세기에 맹렬하게 진행된 산업 혁명 덕분이었다. 이 시기에 공학이 눈부시게 발전하면서 사람의 노동력에 의존하던 일들을 기계가 대신하게 되었는데, 대표적 사례로는 열에너지를 역학적 에너지로 바꾸는 증기 기관과 중력 위치 에너지를 전기 에너지로 바꾸는 수력 발전소, 그리고 화학 에너지를 폭발력으로 바꾸는 다이너마이트를 들 수 있다. 그 후 20세기 들어 정보 기술과 소형화 기술이 장족의 발전을 이룩하면서 컴퓨터 시대가 도래했다. 이 시기에 탐험과 발견은 주로 실리콘 기판 위에서 이루어졌으며, 한 사람이 평생 동안 해도 끝내지 못할 계산을 단 몇 분, 또는 몇 초 만에 수행할 수 있게 되었다. 그런데도 우리는 아직 어둠 속을 헤매고 있다. 지식이 쌓일수록 무지의 영역도 함께 커지기 때문이다.

물론 모든 발전에는 부정적 측면도 있다. 폭탄의 성능이 향상되면서 수십만 명을 한꺼번에 죽일 수 있는 핵폭탄이 등장했고, 우주 관련 기술이 개발되면서 지구 궤도에서 특정 지역에 폭탄을 투하하는 것도 가능해졌다. 그러나 새로운 발견과 발명 덕분에 우리의 삶이 극적으로 달라진 것도 분명한 사실이다. 과거에는 장소를 이동하거나 물건을 나를 때 주로 동물을 이용했지만, 19세기~20세기 초에 자전거와 기차, 자동차, 비행기 등 각종 교통수단이 연이어 발명되면서 행동반경이 엄청나게 커졌다. 또한 20세기는 액체 연료를 사용한 로켓(로버트 고더드에게 감사를!)과 우주선(베르너 폰 브라운에게도 감사!)이 발명된 시기이기도 하다. 교통수단의 발전은 미국과 같이 땅덩어리가 큰 나라에 특히 많은 영향을 미쳤다. 미국인에게 교통수단은 삶의 일부이기 때문에, 대형 교통사고가 발생하면 예외 없이 신문의 헤드라인을 장식한다. 외국에서 발생한 사고도 마찬가지다. 1945년 8월 7일, 일본의 히로시마에 원자폭탄이 투하되어 수만 명이 즉사한 바로 다음 날 〈뉴욕 타임스〉 1면에는 '최초의 원자폭탄, 일본에 투하되다'라는 헤드라인 옆에 '피해 지역 기차 운행 취소―히로시마 교통마비 상태'라는 기사가 실렸다. 원자폭탄 때문에 생지옥이 된 판인데, 기차 운행이 취소되었다는 게 무슨 뉴스거리란 말인가? 그날 일본에서 발행된 신문을 확인해보진 않았지만, 아마 히로시마의 교통 상황에 대해서는 아무런 언급도 하지 않았을 것이다. 미국인에게 교통수단은 그만큼 중요한 의미가 있다.

기술의 발달은 개인의 생활에도 지대한 영향을 미친다. 20세기 초에 전기 에너지가 각 가정에 공급되기 시작하면서 온갖 종류의 가전제품이 개발되어 현대인의 생활 패턴을 크게 바꿔놓았다. 인류학자들 중에는 문명의 수준을 '1인당 에너지 소모량'으로 가늠하는 사람도 있다. 그러나 세상이 아무리 변해도 오래된 전통은 쉽게 사라지지 않는 법이다. 예를 들어 전구가 처음 등장했을 때 사람들은 머지않아 촛불이 사라질 것이라고 예견했지만, 지금 우리는 특별한 저녁 식사를 할 때 여전히 촛불을 켜놓는다. 천장에 걸려 있는 고급 샹들리에 중에는 촛불 모양을 본뜬 것이 의외로 많다. 그리고 자동차의 출력은 지금도 '마력horsepower'이라는 단위로 표현되고 있다.

미국 도시민의 삶은 전기에 절대적으로 의존하고 있다. 뉴욕 시는 1965년 11월과 1977년 7월, 그리고 2003년 8월 등 세 번에 걸쳐 대규모 정전 사태를 겪었는데, 1965년에는 많은 사람들이 "세상의 종말이 왔다."며 패닉 상태에 빠졌고, 1977년에는 대규모 약탈 사건이 발생했다. (정전 사건이 일어나고 10개월 후에 태어난 아이들을 '블랙아웃 베이비blackout baby'라 부르는 유행도 생겨났다. 전기가 안 들어오면 TV와 라디오가 먹통이 되고 극장도 문을 닫는 등, 현대인의 소일거리가 일거에 사라지기 때문이다.) 과거에 발견과 발명을 통해 만들어진 문명의 이기는 단순히 '편리한 수단'에 불과했지만, 지금은 '생존에 반드시 필요한 도구'가 되었다.

발견의 혜택을 누리는 건 행복한 일이지만, 대부분의 경우 발견자 자신은 혹독한 대가를 치러야 했다. 배를 타고 지구를 한 바퀴 돌았던 마젤란과 그의 선원들 대부분은 고향 땅을 밟지 못했다. 항해 중에는 질병과 굶주림에 시달리고, 낯선 땅에 정박한 후에는 토착민들과 수시로 전쟁을 벌여야 했기 때문이다. 마젤란은 1521년 필리핀 제도의 세부 섬에 도착하여 원주민들에게 그리스도교를 전파하려다가 이에 반발한 막탄 섬의 왕 라푸라푸와 전쟁을 치르던 중 전사했다. 현대의 과학자들도 사정은 마찬가지다. 엑스선을 발견한 빌헬름 뢴트겐과 라듐의 방사능을 발견한 마리 퀴리는 과다한 방사능에 노출되어 암으로 세상을 떠났다. 또한 1967년에 아폴로 1호에 탑승했던 세 승무원들은 발사대에 화재가 발생하여 사망했고, 1986년에는 우주왕복선 챌린저호가 발사 직후에 폭발하여 승무원 일곱 명이 전원 사망했다. 그리고 2003년에는 컬럼비아호가 임무를 완수한 후 귀환하던 중 대기권에서 폭발하여 일곱 승무원이 모두 사망하는 참사가 발생하기도 했다.

발견의 부작용이 발견자만 위협하는 것은 아니다. 1905년에 알베르트 아인슈타인이 발견한 $E = mc^2$은 에너지와 질량의 등가 관계를 서술하는 '지극히 학술적인 방정식'처럼 보였지만, 얼마 지나지 않아 이로부터 원자폭탄이 제조되어 수십만 명의 희생자를 낳았다. 또한 아인슈타인이 이 방정식을 발견하기 2년 전에 오빌 라이트와 윌버 라이트의 비행기가 최초로 시험 비행에 성공했는데, 히로시마와 나가사키에 원자폭탄을 투하한 주인공은 그 후손으로 탄생한 B-29 폭격기였다. 사실 비행기의 부작용은 처음부터 이미 예견되어 있었다. 라이트 형제의 비행기가 세상에 알려지자 평론가들은 "비행기가 악당의 손에 넘어가면 허공에서 다이너마이트를 투하하여 무고한 사람들을 죽일 수 있다."고 경고한 바 있다.

원자폭탄에 의한 인명 피해의 책임을 아인슈타인에게 물을 수 없듯이, 전투기와 폭격기 때문에 수많은 사람들이 희생되었다며 라이트 형제를 비난할 수는 없다. 발명품을 어떻게 사용할지는 개인이 아닌 군중의 성향에 따라 좌우되기 때문이다.

발견과 인간관

우주에서 인간의 위치는 어디쯤일까? 우주에 대한 지식이 미천했던 시절, 인간은 자신이 살고 있는 지구가 우주의 중심이라고 생각했다. 그러나 관측 장비가 개선되고 데이터가 많아질수록 인간은 우주의 중심에서 점점 더 멀어져왔다. 인류가 천문 관측을 처음 시작했던 무렵에는 태양과 달, 그리고 별의 움직임을 맨눈으로 추적하여 천체의 운동을 추측할 수밖에 없었기에, 모든 것이 지구를 중심으로 돌아가는 것처럼 보였다. 그러나 지구가 둥글다는 사실이 알려지면서 사람들은 모든 것을 다시 생각하기 시작했다. 다들 알다시피 지구의 표면에는 중심이라는 개념이 없기 때문에, 어떤 나라도 자신이 지구의 중심이라고 주장할 수 없다. 그런데 알고 보니 '우주 속의 지구'도 이와 비슷한 처지였다. 기원전 3세기에 아리스타르코스는 지구가 태양계의 중심이 아닐 수도 있다고 주장했고, 16세기 폴란드의 천문학자 니콜라우스 코페르니쿠스는 지동설에 힘을 실어주었다. 그리고 17세기에 갈릴레오는 망원경을 이용한 천문 관측을 통해 지동설을 확고한 진리로 받아들였다. 이뿐만이 아니다. 태양은 은하수의 중심으로부터 2만 5000

광년 떨어진 '변방의 별'에 불과하고, 은하수 자체도 우주에 1000억 개나 존재하는 다양한 은하들 중 하나일 뿐이다. 찰스 다윈은 자신의 저서 〈종의 기원〉과 〈인간의 유래〉를 통하여 "인류의 기원을 설명하기 위해 굳이 창조주를 도입할 필요가 없다."고 주장했다.

우리의 은하는 유일하지 않으며, 우주의 중심도 아니다. 이것은 인류의 우주관을 통째로 바꾼 위대한 발견이었지만, 번뜩이는 지성으로 한순간에 알아낸 지식은 아니었다. 현대적 우주관은 역사가 100년도 채 되지 않는다. 1920년 봄에 워싱턴에서 개최된 미국 과학 학회에서 과학자들은 근본적인 질문을 제기했다. "별과 성단, 그리고 구름으로 이루어진 우리의 은하, 즉 은하수는 우주에 존재하는 유일한 은하인가? 아니면 은하수와 비슷한 은하들이 방대한 공간에 끝없이 흩어져 있는가?"

정치나 여론과 달리, 과학적 사실은 다수결로 결정되지 않는다. 한 사람의 주장을 99명이 반대한다 해도, 관측이나 실험을 통해 그 주장이 입증되면 99명은 한 명의 주장을 수용할 수밖에 없다. 그러나 워싱턴 학회에 참석한 할로 섀플리는 약간의 관측 자료와 예리한 분석력을 무기 삼아 은하수가 우주의 전부라고 주장했고, 히버 D. 커티스는 자신이 얻은 데이터를 총동원하여 섀플리의 주장을 반박했다.

두 사람은 20세기 초에 천체 현상을 관측하고 분류하는 데 앞장섰던 천문학의 대가였다. 당시 천문학자들은 분광기(별에서 날아온 빛을 단색광으로 분리하는 장치)를 이용하여 별의 외형뿐 아니라 내부 성분까지 자세히 알아낼 수 있었다. 별에서 방출되는 단색광은 원자의 종류에 따라 달라지기 때문에, 천체 현상의 원인을 완전히 이해하지 못해도 분광 데이터로부터 꽤 많은 사실을 유추할 수 있다.

1920년대 천문학계의 중요 이슈는 크게 세 가지였다.—❶ 은하수라는 가느다란 밴드를 따라 별들이 집중되어 있다는 것은 은하가 납작한 평면임을 의미하는가? ❷ 거의 모든 방향에 존재하는 거대한 구형 성단은 어떤 과정을 거쳐 형성되었는가? ❸ 평면 은하의 바깥에 존재하는 나선형 성운의 정체는 무엇인가? 서로 경쟁 관계에 있던 섀플리와 커티스도 이 문제에 관해서는 명쾌한 결론을 내리지 못했다. 관측 자료는 충분치 않았지만, 나선형 성운이 은하수와 분리되어 있는 또 하나의 '섬 우주'라면 인간은 우주의 중심에서 또 한 번 멀어질 운명이었다.

밤하늘을 올려다보면 별들은 은하수를 따라 거의 균일하게 분포되어 있는 것처럼 보인다. 그러나 은하수에는 별과 먼지구름이 섞여 있기 때문에, 그 안에서 전체적인 모습을 파악하기란 불가능하다. 다시 말해서, 은하수 자체가 시야를 가리기 때문에 내가 은하수의 어느 위치에 있는지 알 수 없다는 뜻이다. 사실 이것은 너무도 당연한 이야기다. 울창한 숲 속에서는 나무들이 시야를 가리기 때문에 숲의 전체적인 형태를 파악할 수 없다.

1920년대에는 각 천체들까지의 거리를 알아낼 방법이 없었다. 섀플리는 부족한 관측 데이터에 몇 가지 가정을 추가하여 은하수의 크기를 30만 광년으로 산출했다. 커티스도 데이터가 태부족하여 섀플리의 계산을 논리적으로 반박하지 못했지만, "가정이 지나치게 과감하다."며 끝까지 회의적인 입장을 고수했다.

커티스는 은하수의 크기가 섀플리의 계산보다 훨씬 작다고 생각했다. 그는 자세한 이유를 밝히지 않은 채 "은하수의 폭은 3만~6만 광년쯤 될 것"이라고 주장했다.

최후의 승자는 누구였을까?

과학적으로 무지한 상태에서 새로운 발견이 이루어졌을 때, 올바른 답은 종종 극단적인 예측 사이에서 발견되곤 했다. 은하의 크기도 마찬가지다. 현재 알려진 은하의 크기는 약 10만 광년으로, 커티스가 예측했던 값의 세 배이며 섀플리가 예측했던 값의 3분의 1쯤 된다.

이것으로 끝이 아니었다. 두 사람은 너무 멀어서 거리조차 알 수 없는 곳에 고속도로 회전하는 나선형 성운이 존재하며, 그것이 은하수 평면에 속해 있지 않다는 사실을 인정하지 않을 수 없었다. 그 후로 천문학자들은 은하수에 '회피 영역Zone of Avoidance'이라는 별명을 붙여주었다.

섀플리는 나선형 성운이 은하수 안에서 생성되었다가 어떤 힘에 의해 밖으로 방출되었다고 생각했다. 커티스도 이 점에 동의하면서 "불가사의한 물질이 은하수를 비롯한 다른 나선 은하들을 반지처럼 에워싸고 있기 때문에, 멀리 있는 나선 은하는 망원경에 잘 잡히지 않는다."고 주장했다.

내가 만일 그 시대에 태어나 두 사람의 중재자 역할을 했다면, 커티스의 손을 들어주고 모두 집에 돌려보냈을 것 같다. 그런데 당시에는 아무도 설명하지 못하는 이상한 천체 현상이 하나 있었다. 전혀 예측할 수 없는 곳에서 엄청나게 밝은 천체가 갑자기 나타났다가 금방 사라지곤 했던 것이다. 천문학자들은 그 불가사의한 천체를 '신성nova'이라고 불렀다. 커티스는 문제의 신성이 "50만~1000만 광년 사이에 있는 나선형 은하이며, 크기는 은하수와 비슷할 것"이라고 예측했다.

섀플리는 나선형 성운을 '또 다른 우주'로 간주하지 않았지만, 다른 의견을 수용할 준비가 되어 있었다. 여기서 잠시 그의 말을 들어보자.

나선형 성운이 은하가 아니라고 해도, 은하수와 비슷하거나 더 큰 은하계가 우주 어딘가에 존재할 가능성은 남아 있다. 우리가 아직 보지 못한 이유는 망원경을 비롯한 관측 장비가 충분히 발달하지 못했기 때문이다. 그러나 현대의 천체망원경은 분광기와 증폭기의 도움을 받아 관측 가능한 우주의 영역을 크게 넓혀줄 것이다.

구구절절 맞는 말이다. 한편 커티스는 나선형 성운을 놓고 섀플리와 논쟁을 벌이던 와중에 우리가 팽창하는 우주에 살고 있음을 완곡하게 주장한 적이 있다. "지금까지 관측된 나선형 성운의 대부분이 우리로부터 멀어지고 있다는 것은 반발 이론repulsion theory이 사실임을 말해주는 증거이다."

그로부터 5년 후, 그러니까 1925년에 미국의 천문학자 에드윈 허블은 모든 은하들이 은하수로부터 멀어지고 있으며, 거리가 멀수록 멀어지는 속도가 빠르다는 중요한 사실을 알아냈다. 그렇다면 은하수가 팽창의 중심이라는 말인가? 그렇지 않다고 주장할 만한 근거는 없었다. 허블은 천문학자가 되기 전에 한동안 변호사로 일한 경험이 있었기에 다른 천문학자들과 어떤 논쟁을 벌여도 자신이 있었겠지만, 그가 수집한 데이터는 팽창의 중심이 은하수임을 분명하게 보여주고 있었다. 그러나 아인슈타인의 일반 상대성 이론에 의하면 팽창하는 4

에드윈 허블.

차원 시공간에서는 어떤 은하에서 보더라도 자신이 팽창의 중심에 있는 것처럼 보인다. 팽창이란 천체가 공간을 가로질러 이동하는 현상이 아니라, 시공간 자체가 고무판처럼 늘어나는 현상이기 때문이다. 이번에도 역시 지구는 조금도 특별한 존재가 아니었다.

1920~30년대에 물리학자들은 태양이 수소를 원료 삼아 핵융합 반응을 일으키면서 에너지를 생산하고 있음을 알아냈다. 그리고 1940~50년대에 천체물리학자들은 무거운 별의 내부에서 진행되는 일련의 핵융합 반응을 통해 모든 원소들이 만들어졌고, 이 별들이 수명을 다하여 폭발하면서 우주 곳곳에 원소들이 전달되었다는 사실을 알아냈다. 지금 우주에서 가장 흔한 원소 톱 5는 수소, 헬륨, 산소, 탄소, 질소이며, 이들은 생명체의 주된 원소이기도 하다. (단, 다른 원소와 반응을 하지 않는 헬륨은 예외이다.) 그러므로 별의 잔해에서 태어난 인간은 특별할 것도 없고, 우리의 몸이 지금과 같은 구성 성분으로 이루어진 것도 지극히 당연한 결과였다.

우주적 발견은 이런 식으로 진행되어왔다. 무지했던 시대에는 우주의 조화를 신의 권능으로 생각했지만 지식이 쌓이면서 인간의 영역으로 내려왔고, 결국에는 "인간조차 별 볼일 없는 존재"임을 인정할 수밖에 없었다.

앞으로 이루어질 발견들

인간이 지구의 모든 곳을 발견한 후 최후의 개척지로 우주만 남는다면, 고대의 탐험가들이 그랬던 것처럼 먼저 깃발을 꽂는 사람이 임자가 될 것이며, 각 나라들은 경제적인 이유로 우주 탐험에 동참할 것이다. 예를 들어 100만 톤짜리 소행성에 귀한 광물질이 다량 함유되어 있다면 한 번쯤 욕심을 부릴 만하다. 경제보다 급박한 '생존' 때문에 우주로 나갈 수도 있다. 1억 년에 한 번 일어난다는 소행성 충돌이 임박했다면, 지구를 탈출하는 것만이 유일한 살길이다.

우주 탐험의 전성기는 단연 1960년대였다. 그러나 이 무렵에 우주 개발은 가난과 범죄, 교육 문제 등에 파묻혀 기대만큼 대중의 관심을 끌지 못했다. 그로부터 50년이 지난 지금, 우주 개발은 또다시 가난과 범죄, 그리고 교육 문제에 파묻혀 여전히 대중의 관심을 끌지 못하고 있지만, 한 가지 달라진 점이 있다. 1960년대에는 사람들이 우주적 발견을 '기대'했던 반면, (나를 포함한) 요즘 사람들은 우주적 발견을 '회고'하고 있다.

나는 아폴로 11호의 승무원들이 달 표면을 내딛던 순간을 지금도 생생하게 기억하고 있다. 닐 암스트롱이 달에 첫발을 내디뎠던 1969년 7월 20일은 분명히 20세기의 가장 위대한 날이었다. 그러나 당시 나는 달 착륙에 그다지 큰 관심을 갖지 않았다. 그것이 역사적 사건임을 몰라서가 아니라, 앞으로 달 착륙이 월례 행사처럼 치러질 것 같은 느낌이 들었기 때문이다. 아니나 다를까, 그 후로 달 착륙은 다섯 번 더 이루어졌다. 하지만 대중들의 관심이 사라진 후부터는 수십 년 동안 달에 한 번도 가지 않았다.

인정하긴 싫지만, 우주 개발 프로그램은 대부분 군사적 목적으로 진행되었다. 미지의 세계를 탐험하고 싶어 하는 인간의 본성은 그다지 중요한 요인이 아니었다. 그러나 '국방'이라는 단어는 '군대'나 '무기'를 초월하여 '인류의 생존을 위한 정책'으로 해석될 수도 있다. 1994년 7월, 슈메이커-레비 9호 혜성이 목성 대기에 진입하여 TNT 20만 메가톤에 해당하는 파괴력을 발휘했다. 만일 이런 혜성이 지구를 향해 다가온다면 인간을 비롯한 모든 생명체는 멸종을 피할 길이 없다.

인류 전체의 생존을 위한 군사적 방어책을 반대할 사람은 없다. 이것을 구현하려면 우선 지구의 기후와 환경에 대한 정보를 최대한 수집하여 스스로 자멸하는 비극을 막아야 하고, 다른 행성을 식민지화하여 혜성이나 소행성이 지구에 충돌했을 때 피할 곳을 미리 마련해두어야 한다.

그동안 지구에서 살다가 멸종한 생명체들 중 상당수는 호모 사피엔스보다 훨씬 오랫동안 번성했다. 공룡은 약 6500만 년 전에 지구에 떨어진 소행성 때문에 멸종했는데, 만일 이들이 우주선을 개발했다면 지구를 떠나 다른 행성에서 삶을 유지할 수 있었을 것이다. 공룡이 우주선을 만들지 못한 것은 개발에 필요한 재원을 확보하지 못해서도 아니고, 정치하는 공룡들이 앞날을 내다보지 못했기 때문도 아니다. 그들의 두뇌는 우주선을 설계할 정도로 발달하지 못했고, 손가락의 생김새도 도구를 만들기에는 너무 비효율적이었다.

만일 인류가 멸종한다면, 그것은 우주 생명체 역사를 통틀어 가장 안타까운 사건일 것이다. 멸종을 피하는 방법도 알고 그것을 구현하는 기술도 갖고 있으면서 멸종했다는 것은 앞날을 예견하는 혜안이 부족했다는 뜻이기 때문이다. 그러므로 우리는 더 이상 실수를 범하지 말아야 한다. 이제 우주 탐험과 발견은 선택이 아니라 필수이며, 우리의 선택이 생존 여부를 좌우하게 될 것이다. 이런 문제에 관심이 있건 없건, 소행성은 모든 생명체를 멸종시킨다는 사실을 잊지 말아야 한다.

PART II

How

어떻게 갈 것인가

13
비행★

고대 그리스 신화에 등장하는 다이달로스는 인류 최초의 비행사였다. 자신이 설계한 미로에 갇혔던 그는 깃털로 날개를 만들어 밀랍으로 자신과 아들 이카로스의 몸에 부착하고 과감한 탈출 비행을 시도했다. 그러나 이카로스가 태양에 너무 가까이 다가갔다가 밀랍이 녹는 바람에 날개를 잃고 바다에 추락하고 말았다. 신화에서 다이달로스는 그저 단순한 스턴트맨처럼 서술되어 있지만, 나는 이 이야기를 "설계상의 오류로 인명 피해가 발생한 본보기"로 삼고 싶다. 사고 자체는 불행한 일이지만, 그것을 교훈 삼아 더욱 안전한 기계 장치를 만들 수 있기 때문이다.

아서 에딩턴 경, 〈별과 원자〉(1927)

하늘을 나는 것은 지난 수천 년 동안 모든 인간이 꿈꿔온 판타지였다. 평생 땅 위에 붙어 살 수밖에 없었던 인간들은 자유롭게 날아다니는 새를 바라보며 자연스럽게 날개를 동경해왔고, 일부 문화권에서는 날개를 숭배하는 전통까지 생겨났다.

먼 옛날까지 갈 필요도 없다. 미국 TV에서 하루 방송을 끝낼 때 미남 미녀가 등장하여 "시청해주셔서 감사합니다."라고 인사하는 장면

★ '비행To Fly', 〈내추럴 히스토리〉, 1998년 4월.

을 본 적이 있는가? 내가 알기로 그런 장면은 없었다. 엔딩 화면은 으레 미국 국가가 연주되면서 새가 날아가거나 제트기가 다이내믹하게 비행하는 장면으로 마무리되곤 했다. 그리고 미국을 상징하는 동물은 사자나 호랑이가 아니라 하늘의 제왕인 흰머리독수리이다. 미국에서 발행한 각종 화폐에는 흰머리독수리 문장이 새겨져 있으며, 백악관의 대통령 집무실 바닥에도 독수리가 자리 잡고 있다. 또한 만인의 영웅 슈퍼맨은 파란 타이츠에 붉은 망토를 걸친 채 하늘을 날아다니고, 말 중에서 가장 우아한 말은 날개가 달린 페가수스이다. 날개 하면 큐피드를 빼놓을 수 없다. 공기역학적으로 매우 불합리하지만, 아무튼 큐피드는 등에 달린 날개를 퍼덕이며 자유롭게 날아다닌다. 영원한 소년 피터 팬과 그의 귀여운 조수 팅커 벨도 마찬가지다.

'날 수 없는 인간'의 답답한 운명은 각종 문헌에 은유적으로 표현되어 있다. 포식자가 없는 지역에 오랜 세월 동안 서식하면서 날개가 퇴화되어 결국 멸종에 이른 도도 같은 새를 언급할 때면, '날지 못한다'는 말은 곧 '불행하다'의 동의어로 취급되기도 한다. 그러나 인간은 뛰어난 두뇌를 십분 활용하여 기어이 비행 기술을 개발하는 데 성공했다. 새들도 날 수는 있지만 그들은 여전히 새 대가… 아니, 새 머리일 뿐이다. 말해놓고 보니 인간으로서 자만심이 다소 과한 것 같다. 인간이 하늘을 날 수 있게 된 것은 불과 100년 전 일이고, 지난 수천 년 동안은 새들을 동경하며 살아왔으니까!

나는 중학생 시절에 영국의 물리학자 켈빈 경(본명은 윌리엄 톰슨—옮긴이)

이 20세기 초에 쓴 책을 읽은 적이 있다. 이 책에서 그는 "모든 재료는 공기보다 무겁기 때문에(엄밀히 말하면 공기보다 밀도가 크기 때문에) 자체 추진력으로 하늘을 나는 것은 불가능하다."고 주장했다. 물론 틀린 주장이지만, 그것을 증명하기 위해 비행기가 발명될 때까지 기다릴 필요는 없었다. 하늘을 자유롭게 나는 새들도 공기보다 무겁지 않은가?

스페이스 트윗 14　　　@neiltyson・2010년 9월 30일 오후 1:01
미국 공군을 상징하는 마크는 새의 날개이다. 그러나 지금 우리는 새와 비교가 안 될 정도로 빠르게 날 수 있고, 심지어는 날개가 무용지물인 우주 공간에서도 날아다닐 수 있다.

어떤 기술이건 물리 법칙에 위배되지만 않는다면 언젠가는 실현되기 마련이다. 기술적으로 구현하기가 아무리 어렵다 해도, 원리적으로는 불가능할 이유가 없다. 공기 중에서 소리의 속도, 즉 음속은 시속 1100~1300킬로미터로, 온도에 따라 조금씩 달라진다. 물리학 법칙에는 "음속보다 빠르게 움직일 수 없다."는 조항이 없다. 음속의 한계는 1947년에 찰스 E. '척' 예거가 조종했던 벨 X-1기(미 공군의 로켓 추진 비행기)에 의해 극복되었다. 그러나 이 역사적 사건이 일어나기 전까지만 해도, 많은 사람들은 음속보다 빠른 비행이 불가능하다고 주장했다. 그러나 지금으로부터 100년도 더 전에 총알은 이미 음속을 돌파했고, 채찍을 휘두르거나 라커 룸에서 젖은 수건으로 친구 엉덩이를 때릴 때에도 작은 소닉 붐이 생성된다. 채찍과 수건의 끝부분이 음속보다 빠르게 움직이기 때문이다. 음속 돌파에 장벽이 되는 것은 심리적 두려움이나 기술적 한계뿐이다.

지금까지 제작된 '날개 달린 이동 수단' 중에서 가장 빠른 것은 우주왕복선이었다. 이 비행체가 외부에 부착된 로켓 엔진과 연료 탱크의 도움을 받아 궤도에 진입하면 마하 20(음속의 20배)이 넘는 속도로 비행할 수 있다. 지구로 귀환할 때는 아무런 추진 장치 없이 오직 활공 비행만으로 지상 활주로에 착륙한다. 그 외에도 음속보다 빠른 제트기는 도처에 널려 있다. 심지어 콩코드 여객기(영국과 프랑스가 공동 제작한 초음속 여객기. 2003년에 퇴역했다—옮긴이)는 100명이 넘는 승객을 태우고 마하 2의 속도로 날아갈 수 있었다. 그러나 공학이 아무리 발달해도 빛보다 빠른 비행체는 만들 수 없다. 물리 법칙 자체가 그것을 금지하고 있기 때문이다. 이 법칙은 지구뿐만 아니라 우주 전역에 똑같이 적용된다. 아폴로 로켓을 타고 달에 갔던 승무원들은 지구를 떠날 때 '탈출 속도 escape velocity'라는 것을 경험했는데, 이것은 지구의 중력권을 탈출하기 위해 요구되는 최소한의 속도로서 약 초속 11.2킬로미터이다. 음속으로 환산하면 마하 33 정도이니, 지금까지 인간이 경험한 최고 속도일 것이다. 그러나 이 무시무시한 속도도 광속의 2만 5000분의 1에 불과하다. 지금의 기술로 도달할 수 있는 속도와 광속의 차이가 크기도 하지만, 광속을 초과할 수 없는 진짜 이유는 기술적인 문제 때문이 아니라 물리학의 법칙 때문이다. 아인슈타인의 특수 상대성 이론에 의하면 어떤 물체나 신호도 빛보다 빠르게 이동할 수 없다.

윌버 라이트와 오빌 라이트는 노스캐롤라이나 주의 키티호크에서 최초의 비행에 성공했다. 이 사건은 너무도 유명하여 초등학생도 알고 있다. 그러나 여기서 말하는 '비행'의 의미를 정확하게 아는 사람은 그리 많지 않은 것 같다. 라이트 형제가 유명한 이유는 "공기보다 무

인류 최초의 비행. 아랫날개 위에 엎드린 오빌 라이트가 비행기를 조종하고 있다.

거운 비행기에 추진용 엔진을 달고, 사람도 태우고(오빌 라이트가 탔다), 이륙한 지점보다 고도가 높거나 같은 곳에 착륙하는 데 최초로 성공" 했기 때문이다. 이전에도 풍선 곤돌라나 글라이더를 타고 절벽 꼭대기에서 이륙하여 바닥에 착륙한 사례가 많이 있었지만, 이것은 비행이 아니라 활공이었다(좀 더 정확히 말하면 '천천히 추락하기'였다—옮긴이). 1903년 12월 17일, 동부 시간으로 오전 10시 35분에 라이트 형제의 비행기는 시속 45킬로미터로 부는 맞바람을 맞으며 시속 10.8킬로미터의 속도로 12초 동안 36미터를 날아갔다. 이것은 그들의 네 차례에 걸친 비행 중 첫 번째 시도였다. 물론 역사에 길이 남을 위대한 업적이었지만, 사실 이 거리는 보잉 747 점보 제트기의 날개 한쪽보다 짧다.

라이트 형제는 최초 비행에 성공하여 유명해졌지만, 언론은 처음에만 잠깐 관심을 보였을 뿐 비행 자체를 별로 대수롭게 생각하지 않았다. 그 후 1927년에 찰스 린드버그가 스피릿 오브 세인트루이스호 비행기를 몰고 대서양 횡단에 성공하여 다시 한 번 언론의 관심을 끌었는데, 그로부터 6년 후인 1933년에 H. 고든 가비디언은 〈과학의 주요 미스터리〉라는 저서에 다음과 같은 글을 남겼다.

현대인의 일상은 과학으로 가득 차 있다. 전화기를 들고 몇 분만 기다리면 파리에 있는 친구와 대화를 나눌 수 있다. 잠수함을 타면 바다 밑 세계를 볼 수 있고, 비행선을 타면 하늘에서 지구를 한 바퀴 돌 수 있다. 또한 라디오는 당신의 목소리를 지구 전역에 빛의 속도로 전달해주며, 이제 곧 텔레비전이 상용화되면 세계 각지에서 벌어지는 멋진 광경을 거실에 편히 앉아서 관람할 수 있게 될 것이다.

과학이 일상에 미치는 영향을 잘 서술하긴 했는데, 비행기에 대해서는 일언반구도 없다. 그러나 일부 기자들은 비행기의 가능성을 어렴풋이나마 인지하고 있었다. 1909년 7월 25일에 프랑스의 루이 블레리오가 칼레(프랑스 북부의 항구 도시—옮긴이)에서 이륙하여 도버 해협 횡단에 성공했을 때, 〈뉴욕 타임스〉는 '프랑스인, 비행기가 장난감이 아님을 증명하다'라는 제하의 기사에서 영국 측의 반응을 소개했다.

영국 신문의 논설가들은 대영제국이 더 이상 안전지대가 아니라며 대책을 세워야 한다고 입을 모았다. 그동안 장난감쯤으로 취급해왔던 비행기가 끔찍한 무기로 사용될 수 있음을 깨달았기 때문이

다. 군인과 정치인은 말할 것도 없고, 일반인들도 항공과학의 중요
성을 인식할 때가 온 것이다.

맞는 말이었다. 그로부터 35년 후, 비행기는 이미 전투기와 폭격기
로 진화해 있었고, 독일은 V-2 로켓을 개발하여 영국 본토를 공격했
다. V-2는 비행기가 아닌 초대형 미사일로서, 수백 킬로미터나 떨어진
표적에 정확하게 투하될 수 있었다. 현대의 로켓 기술은 여기서 시작
되었다. 또한 V-2는 발사된 후 오직 중력의 영향만 받으면서 날아가
는 일종의 탄도 미사일이었다. 이것은 표적에 폭탄을 실어 나르는 가
장 빠른 방법으로, 2차 대전이 끝난 후 냉전이 극에 달했을 때 미국과
소련은 지구 반대편을 폭격할 수 있는 대륙간 탄도탄ICBM을 다량 보
유하고 있었다. 게다가 이 폭탄은 발사 단추를 누른 후 지구 반대편
에 도달할 때까지 45분밖에 걸리지 않았기 때문에, 적국이 ICBM을
발사했다는 사실을 미리
알아도 사람들을 대피시
킬 시간이 없었다.

탄도 미사일은 지구 저
궤도를 따라가다가 표적
에 떨어진다. 이것으로 미
사일이 '비행'한다고 말할
수 있을까? 지구 궤도를
도는 것과 떨어지는 것은
완전히 다른 운동인가? 태

1943년 여름, 독일 페네뮌데에 설치된 시험대에서 발사되는
V-2 로켓. Bundesarchiv, Bild 141-1880 / CC-BY-SA 3.0

양 주변을 공전하고 있는 지구는 우주 공간을 비행하고 있는 것일까?
아니면 태양의 중력에 이끌려 떨어지고 있는 것일까? 라이트 형제에게
적용되었던 규칙을 따르자면, 비행이란 사람이 탑승한 비행체가 자체
동력으로 움직이는 것이다. 그러나 이 세상에 바꿀 수 없는 규칙이란
존재하지 않는다.

V-2 로켓을 통해 궤도 비행술이 알려지면서 사람들의 마음이 조급해
지기 시작했다. 1951년 콜럼버스의 날(콜럼버스가 아메리카 대륙에 도착한
날. 10월 12일―옮긴이)에 공학자와 과학자, 그리고 미래학자들이 뉴욕
시 헤이든 천문관에서 개최된 우주 여행 심포지엄에 참석하기 위해 모
여들었다. 이 자리에는 대중 잡지 〈콜리어스〉의 기자 두 명이 파견되
었는데, 그로부터 5개월이 지난 1952년 3월 22일 〈콜리어스〉지에는
'무엇을 더 기다리는가?'라는 제목하에 우주 정거장의 필요성을 강조
하는 기사가 실렸다.

대기권 위에 영구적으로 떠 있는 우주 정거장은 세계 평화를 유
지하는 강력한 수단이 될 수 있다. 하늘에서 자신을 바라보는 눈이
있는데도 전쟁 준비에 열을 올릴 국가는 없기 때문이다. 우주 정거
장이 건설되면 세계를 양분하고 있는 철의 장막도 걷힐 것이다.

미국은 우주 정거장 대신 달을 선택했다. 달에는 대기가 없기 때문
에 달 착륙선에는 날개가 없었다. 아니, 날개가 없는 정도가 아니라,

일반적인 비행체와는 전혀 딴판으로 생겼다. 오빌 라이트가 최초 비행에 성공한 지 65년 7개월 3일 5시간 43분 후에, 닐 암스트롱은 달 표면에서 최초의 메시지를 보내왔다. "휴스턴, 여기는 고요의 기지. 이글호가 착륙했다."

아폴로 11호~17호 중 유일하게 달에 착륙하지 못한 아폴로 13호는 '지구에서 가장 먼 곳에 갔다 온 유인 우주선'이라는 기록을 갖고 있다. 달로 향하던 도중 산소 탱크가 폭발하는 바람에 달 착륙은 물 건너갔고, 역추진 로켓을 점화하여 속도를 줄였다가 멈춘 후 지구로 되돌아오기에도 연료가 부족했기 때문에, 아폴로 13호는 어쩔 수 없이 달 주위를 선회하는 8자형 궤적을 따라갈 수밖에 없었다. 그런데 달의 반대편을 지나갈 때 아폴로 13호와 지구 사이의 거리는 39만 2000킬로미터로, 승무원들은 본의 아니게 '지구에서 가장 먼 곳까지 갔다 온 인간'이라는 기록을 세웠다. (나는 당시 선장이었던 짐 러벌을 만난 자리에서 "아폴로 13호가 지구에서 가장 먼 거리에 도달했을 때, 우주선 안에서 가장 바깥쪽에 있던 사람이 누구였습니까? 그런 기록은 한 사람이 가져야 하는 것 아닌가요?"라고 물었다. 그러나 짐은 피식 웃으며 대답을 회피했다.)

비행 역사상 최고의 업적을 남긴 주인공은 최초 비행에 성공한 라이트 형제도 아니고, 음속 장벽

달을 선회하던 아폴로 13호의 승무원이 촬영한 달. 기능이 정지된 사령선이 보인다. NASA

을 돌파한 척 예거도 아니며, 달에 착륙한 아폴로 11호도 아니다. 내가 보기에 이 분야 최고의 업적은 태양계 밖으로 진출한 보이저 2호인 것 같다. 1977년에 발사된 이 탐사선은 목성과 토성의 슬링샷 효과slingshot effect를 이용하여 태양계를 탈출하도록 설계되었다. 1979년에 목성을 통과할 때 보이저 2호는 시속 6만 4000킬로미터에 도달했는데, 이 정도면 태양의 중력을 탈출하기에 충분한 속도다. 그 후 1993년에는 명왕성의 궤도를 통과했고, 지금은 태양계를 벗어나 성간 공간을 비행하고 있다. 보이저 2호는 무인 탐사선이지만, 선체 옆면에 사람의 심장 박동 소리가 기록된 골든 레코드가 탑재되어 있다. 우리의 몸은 지구에 남아 있지만, 적어도 우리의 마음만은 우주를 향해 나아가고 있는 셈이다.

14
탄도 비행★

야구, 크리켓, 축구, 골프, 미식축구, 테니스, 수구 등 모든 구기 스포
츠에서 공은 일정한 탄도를 그리며 날아간다. 경기 중에 공은 수시로
던져지고, 얻어맞고, 발에 차이면서 허공을 날아가다가 다시 땅으로
떨어진다.

물론 모든 공에는 공기 저항이 작용한다. 그러나 누가 공을 던졌건,
도착 지점이 어디건 간에, 공의 기본 궤적은 아이작 뉴턴의 운동 방정
식을 통해 서술된다. 뉴턴은 1687년에 〈프린키피아〉라는 명저를 통해
물체의 운동과 중력 법칙을 완벽하게 정리해놓았다. 그리고 몇 년 후
에 그가 라틴어로 쓴 〈우주의 체계〉에는 허공에 던져진 돌멩이의 궤적
이 속도에 따라 분류되어 있다. 뉴턴의 설명은 당연한 사실에서 출발
한다.─돌멩이는 초속도(처음 출발할 때의 속도)가 빠를수록 더 멀리 날
아간다. 즉, 초속도가 빠를수록 출발점과 도착점 사이의 거리가 멀어

★ '탄도 비행Going Ballistic', 〈내추럴 히스토리〉, 2002년 11월.

진다. 따라서 초속도가 충분히 빠르면 돌멩이가 지구를 한 바퀴 돌아 던진 사람의 뒷머리를 때릴 수도 있다. 만일 이 순간에 재빨리 피한다면, 돌멩이는 땅에 닿지 않은 채 계속해서 지구를 돌게 된다. 이것이 바로 '궤도 운동'이다(물론 지표면 근처에서는 이 속도에 도달해도 공기 저항 때문에 서서히 속도가 느려지다가 결국 지표면에 추락한다—옮긴이).

지구 저궤도에서 운동이 지속되려면 대략 시속 2만 7000킬로미터로 날아가야 한다. 이 속도면 1시간 30분 만에 지구를 한 바퀴 돌 수 있다. 최초의 인공위성 스푸트니크 1호와 유리 가가린이 탑승했던 최초의 유인 위성은 이 정도로 빠르지 않았기 때문에, 나선 궤적을 그리며 서서히 지구로 떨어졌다.

구형 물체가 발휘하는 중력은 모든 질량이 구의 중심에 뭉쳐진 하나의 점이 발휘하는 중력과 같다. 그래서 지표면에 서 있는 두 사람이 서로 던지며 주고받는 임의의 물체도 궤도 운동을 하는 셈이다. (단, 물체의 궤적이 지표면과 만나지 않아야 한다.) 1961년에 앨런 B. 셰퍼드를 태운 머큐리 우주선 프리덤 7호가 최초의 유인 탄도 비행에 성공할 수 있었던 것도 바로 이러한 사실 덕분이었다. 이 현상은 타이거 우즈가 날린 골프공과 알렉스 로드리게스가 날린 홈런 볼, 그리고 어린아이가 던진 조그만 공에서도 찾아볼 수 있다. 이것들은 소위 '탄도 궤적suborbital trajectory'을 따라가는데, 비행 도중에 지표면과 만나지 않는다면 지구를 중심으로 길게 늘어난 타원 궤적을 그리게 된다. 중력 법칙은 이런 모든 궤적들을 차별하지 않으나, NASA의 눈에는 똑같지 않다. 셰퍼드를 태운 프리덤 7호는 대기권 위를 날았기 때문에 공기 저항을 거의 받지 않았다. 이 이유 하나만으로 당시 언론은 그를 '미국 최초의 우주 여행자'라고 불렀다.

탄도 미사일도 골프공과 마찬가지로 탄도 궤적을 따라간다. 손으로 던진 수류탄처럼, 한번 발사된 탄도 미사일은 오직 중력의 영향만을 받으며 날아간다. 이 대량 살상 무기는 음속보다 빠르게 날아서 45분이면 지구 반대편에 도달할 수 있으며, 시속 수천 킬로미터의 속도로 지면에 떨어진다. 탄도 미사일이 충분히 무거우면 굳이 내부에 폭탄을 탑재하지 않아도 엄청난 파괴력을 발휘할 수 있다.

세계 최초의 탄도 미사일이었던 V-2 로켓은 독일의 과학자 베르너 폰 브라운의 지휘하에 만들어졌다. 지구 대기권 위로 발사된 최초의 물체로서, 총알 모양에 꼬리 날개를 장착한 V-2는 이후 모든 우주선의 설계에 영향을 주었다. (V라는 이름은 '보복 무기'를 뜻하는 독일어 Vergeltungswaffen에서 따온 것이다.) 나치 독일이 연합군에게 항복한 후 폰 브라운은 미국에 스카우트되어 1958년 미국 최초의 인공위성 발사를 진두지휘했고, NASA가 창설된 후로는 그곳에서 훗날 달에 사람을 보내게 될 우주선을 개발했다.

❧

수백 대의 인공위성들이 지구 주변을 도는 것처럼, 지구 자신도 태양 주변을 공전하고 있다. 니콜라우스 코페르니쿠스는 1543년에 출간한 〈천구의 회전에 관하여〉에서 태양을 우주의 중심에 갖다 놓고 수성, 금성, 화성, 목성, 토성이 완벽한 원을 그리며 태양 주변을 공전하는 새로운 우주 모형을 제안했다. 코페르니쿠스는 잘 몰랐겠지만, 사실 태양계의 행성들은 완벽한 원을 그리지 않는다. 모항성의 주변에

서 행성이 완벽한 원 궤
적을 그리는 것은 이론
적으로 가능하지만, 실
제로는 극히 드문 현상
이다. 코페르니쿠스 이
후 독일의 천문학자 요
하네스 케플러는 1609
년에 발표한 책을 통해,
태양 주변을 공전하는
행성들이 원이 아닌 타

코페르니쿠스가 〈천구의 회전에 관하여〉에서 제시한 태양 중심 모형.

원 궤도를 그린다는 것을 밝혔다.

간단히 말해서 타원은 '특정 방향으로 잡아당겨서 길게 늘여놓은 원'이다. 타원의 일그러진 정도는 이심률eccentricity e로 나타내는데, e 가 0인 타원은 완벽한 원이며, e가 클수록 가늘고 긴 타원이 된다(타원 의 이심률 e는 1보다 클 수 없다. 1보다 커지면 타원이 아닌 다른 도형이 된다—옮긴 이). 따라서 행성 궤도의 이심률이 클수록 다른 행성의 궤도와 만날 가 능성이 높다. 태양계 밖에서 생성되어 수시로 태양계 안으로 진입하는 혜성은 이심률이 큰 타원 궤적을 그리는 반면, 지구와 금성의 궤적은 거의 원에 가깝다. 태양계에서 궤도 이심률이 가장 큰 행성은 명왕성 이다. (지금은 정규 행성이 아닌 왜소 행성으로 분류되어 있다.) 명왕성은 매 주기 마다 마치 혜성처럼 해왕성의 궤도에 아주 가까이 접근한다.

스페이스 트윗 15   @neiltyson · 2010년 5월 14일 오전 3:23

"행성의 궤도는 왜 하필 타원인가? 다른 길을 따라가면 왜 안 되는 가?"—뉴턴은 이 의문을 풀기 위해 미적분학을 개발했다.

　일그러진 궤도의 극단적 사례는 '지구를 관통하는 터널'이다. 미국 대륙 중심의 대척점은 남인도양인데, 애써 터널을 통과한 후 물벼락을 맞는 불상사를 방지하려면 몬태나 주 셸비에서 땅을 파는 것이 좋다. 여기서 시작하여 지구를 수직으로 파 들어가면 케르겔렌 제도로 나오게 된다.

　기술적인 문제는 따지지 말고, 일단 터널이 완공되었다고 가정해보자. 케르겔렌 제도에 급한 볼일이 생긴 당신은 심호흡을 크게 한 후 터널 안으로 뛰어들었다. 자, 어떤 일이 벌어질 것인가?

　당신의 몸은 지구 중력에 끌려 중심에 도달할 때까지 자유 낙하를 하면서 속도가 점점 빨라진다. 지구의 중심은 엄청나게 뜨겁기 때문에, 그 근처로 가면 몸 전체가 증발해버릴 것이다. 이런 복잡한 속사정을 모두 무시한다면, 중심에 도달했을 때 당신의 몸에 작용하는 중력은 순간적으로 0이 되고, 중심을 통과한 후부터는 속도가 점점 느려져서 반대쪽 지표면에 도달했을 때 순간적으로 정지 상태(속도 = 0)가 된다. 여기서 끝일까? 아니다. 케르겔렌 제도의 거주민이 당신의 손을 잡아주지 않는 한, 당신은 다시 터널 속으로 추락하면서 이전과 같은 운동을 영원히 반복하게 된다. 터널을 한 번 왕복하는 데 걸리는 시간은 약 1시간 30분이다. 다시 말해서, 당신은 주기가 1시간 30분인 궤도 운동을 경험한 셈이다. 우주 공간에 떠 있는 국제 우주 정거장도 지구를 한 바퀴 도는 데 이와 비슷한 시간이 소요된다.

개중에는 일그러진 정도가 너무 심해서, 한 번 스쳐 지나가면 두 번 다시 되돌아오지 않는 궤도도 있다. 이심률 e가 정확히 1이면 포물선이고, e가 1보다 크면 쌍곡선이 된다. 이 도형의 생김새를 눈으로 확인하고 싶다면, 거실의 조명을 끄고 손전등을 켜서 벽을 비춰보라. 바닥과 수평 방향으로 비추면 벽에는 밝고 동그란 영상이 생긴다. 수학적으로 말하면 '원'이다. 여기서 손전등의 방향을 위로 조금 기울이면 원에서 조금 일그러진 타원이 되고(많이 기울일수록 이심률이 큰 타원이 만들어진다), 손전등을 벽으로 가져간 후 벽과 평행한 방향으로 비추면 포물선이 나타난다. 그리고 여기서 각도를 더 키웠을 때 벽에 드리워진 영상이 바로 쌍곡선이다. (캠핑 갔을 때 친구들 앞에서 랜턴으로 시범 보이기에 좋은 소재다. 단, 타이밍을 맞추지 못하면 왕따 되기 십상이니 주의하기 바란다.) 포물선이나 쌍곡선 궤도를 따라가는 천체는 속도가 매우 빨라서 한 번 지나가면 두 번 다시 되돌아오지 않는다. 태양계 안에서 이런 혜성이 발견된다면 두 번 다시 관측될 일이 없으므로, 이름을 붙여봐야 별 의미가 없다.

우주에 존재하는 모든 물체들은 장소와 구성 성분, 그리고 크기에 상관없이 무조건 뉴턴의 중력 법칙을 따른다. 이 법칙을 이용하면 지구와 달의 과거와 미래를 정확하게 알아낼 수 있다. 그러나 여기에 제3의 천체가 끼어들면 문제가 엄청나게 복잡해진다. 물리학자들은 이것을 3체 문제three-body problem라 하는데, 컴퓨터의 도움 없이는 물체의 궤적을 계산하기가 거의 불가능하다.

그러나 특별한 경우에는 컴퓨터 없이도 3체 문제의 답을 구할 수 있다. 그중 하나는 '제한된 3체 문제'로서, 새로 개입된 물체의 질량이 기존의 두 물체에 비해 아주 작은 경우이다. 이런 경우에는 세 번째 물체의 질량을 무시한 채 방정식을 풀어서 세 물체의 궤적을 모두 구할 수 있다. 언뜻 보기에는 무슨 속임수 같지만, 우주에는 이런 시스템이 꽤 많이 존재한다. 태양과 목성, 그리고 목성의 조그만 위성 하나가 이런 경우에 속하며, 목성과 같은 공전 궤도를 목성 앞뒤로 8억 킬로미터쯤 떨어진 채 도는 소행성들도 마찬가지다. 흔히 '트로이 소행성군'으로 알려져 있는 이 작은 바위들은 태양과 목성의 중력에 의해 안정된 궤도를 돌고 있다.

최근 들어 3체 문제 중 쉽게 풀 수 있는 또 다른 경우가 발견되었다. 질량이 같은 세 개의 물체가 서로 상대방에게 중력을 행사하면 8자형 궤도를 따라 움직이게 된다. 8자형 레이스트랙에서는 자동차들이 교차로에서 격렬하게 부딪치며 볼거리를 제공하지만, 우주 공간의 8자형 레이스는 이보다 훨씬 정교하게 진행된다. 궤도의 교차점은 중력에 의해 '균형'이 잡힌 상태이며, 일반적인 3체 문제와 달리 모든 운동은 하나의 평면 위에서 진행된다. 그러나 이것은 너무 희귀한 시스템이어서 수천억 개의 별들로 이루어진 우리 은하에 하나도 없을 가능성이 높고, 우주 전체를 통틀어도 단 몇 개밖에 없을 것이다.

세 개 이상의 천체들이 중력을 주고받는 시스템에서 몇 가지 특별한 경우를 제외하고, 각 천체들이 그리는 궤적은 그야말로 중구난방이다. 이 상황을 컴퓨터로 가시화하려면 천체들을 특정 위치에 배치한 후 중력 법칙에 따라 움직이게 하고, 매 위치마다 중력을 새로 계산해야 한다. 이런 짓을 과연 할 필요가 있을까? 태양계는 소행성과 위성, 행성, 그리고 태양이 서로 중력을 행사하고 있는 복잡한 시스템이다. 중력 이론의 창시자였던 뉴턴도 펜과 종이만으로는 이 문제를 풀 수 없었다. 그는 태양계가 불안정해져서 행성들이 태양으로 추락하거나 태양계 바깥으로 이탈하는 것을 방지하기 위해, "매 순간 신의 손길이 태양계를 안전하게 보호하고 있다."고 생각했다.

18세기 프랑스의 수학자이자 천문학자 피에르시몽 드 라플라스는 〈천체역학〉이라는 저서에서 건드림 이론perturbation theory이라는 수학 기법을 적용하여 다체 문제many-body problem의 해를 구해냈다. 건드림 이론이란 간단히 말해서 중력을 행사하는 주된 천체가 하나뿐이라 가정하고, 다른 것들을 부수적인 효과로 취급하는 것이다. 라플라스는 체계적 분석을 거친 후 "태양계는 안정적인 시스템이며, 이를 증명하기 위해 새로운 물리 법칙을 도입할 필요는 없다."고 결론지었다.

다른 곳도 아니고 우리가 사는 동네이니, 좀 더 많이 알고 싶을 것이다. 태양계가 안정적이라는데, 대체 얼마나 안정하다는 말인가? 현대 천문학자들의 분석에 의하면 태양계의 행성들은 수억 년에 한 번씩 혼돈 상태를 겪게 된다. (라플라스는 이 정도로 긴 시간까지 예견하지 않았다.) 이때가 되면 수성이 태양으로 빨려 들어갈 수도 있고, 명왕성이 태양계를 완전히 이탈할 수도 있다. 애초에 태양계에 수십 개의 행성이 있었는데, 수억 년에 한 번씩 대형 사고를 겪으면서 지금과 같은 상태가 되었는지도 모를 일이다.

〈떠오르는 지구〉. 지구 저궤도를 벗어나 달로 향한 최초의 유인 우주선 아폴로 8호가 달 궤도를 선회하던 중, 승무원 빌 앤더스가 지평선 위에 떠 있는 지구를 촬영했다. 1968년 12월 24일.(119쪽) NASA

〈블루 마블Blue Marble〉, 1972년 12월 7일, 달을 향해 날아가던 아폴로 17호의 승무원이 2만 9000킬로미터 거리에서 지구를 카메라에 담았다. 아라비아 반도와 아프리카, 남극이 보인다.(312쪽) NASA

보이저 1호가 1990년 2월 14일 60억 킬로미터 거리에서 촬영한 지구(원 안). 칼 세이건은 이 사진 속에서 광활
한 우주 속 보잘것없어 보이는 지구를 '창백하고 푸른 점'이라고 불렀다.(49쪽) NASA/JPL-Caltech

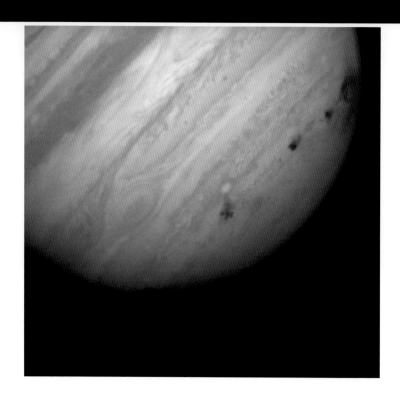

↑ 허블 우주 망원경이 1994년 5월 17일 포착한 슈메이커-레비 9호 혜성. 목성의 중력 때문에 부서진 조각 21
개가 110만 킬로미터에 걸쳐 늘어서 있다. NASA, ESA, and H. Weaver and E. Smith (STScI)

↓ 1994년 7월 22일의 목성. 아래쪽의 갈색 점들이 슈메이커-레비 9호 혜성 조각들이 충돌한 지점이다.(91쪽)

Hubble Space Telescope Comet Team and NASA

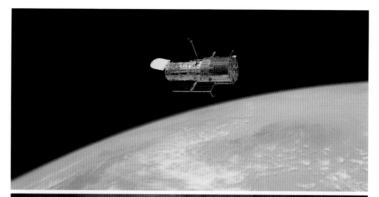

↑ 허블 우주 망원경. NASA
↓ 허블 우주 망원경으로 촬영한 '창조의 기둥'. 7000광년 거리의 독수리 성운에 있는 성간 가스와 먼지 덩어리에서 별이 탄생하는 중이다.(240쪽) NASA, ESA, and the Hubble Heritage Team (STScI/AURA)

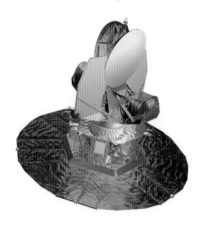

↑ 9년간의 WMAP 데이터를 취합하여 만든 초기 우주의 마이크로파 배경 복사 지도. 137.7억 년 전의 온도 요
동을 보여주는 이 이미지에서 은하의 씨앗들을 확인할 수 있다. NASA/WMAP Science Team
↓ 윌킨슨 마이크로파 비등방 탐색기(WMAP),(295쪽) NASA/WMAP Science Team

국제 우주 정거장.(128쪽) NASA

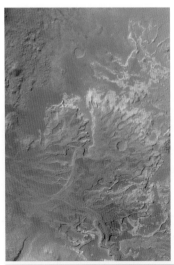

←화성 전역 조사선이 촬영한 부채꼴 삼각주. 과거 화성에서 물이 흐르면서 퇴적 작용이 일어났음을 보여주는 증거이다.(238쪽) NASA/JPL/Malin Space Science Systems

↓화성 탐사 로봇 스피릿이 파노라마 카메라로 찍은 첫 컬러 사진. 2004년 1월 6일.(228쪽) NASA/JPL/Cornell

→ 명왕성과 그 가장 큰 위성인 카론에
 다가가는 뉴 호라이즌스호의 상상
 도. NASA/JHUAPL/SwRI/Steve Gribben
↓ 뉴 호라이즌스호가 2015년 7월 14
 일경에 포착한 명왕성의 모습.(140쪽)
 NASA/JHUAPL/SwRI

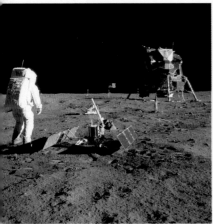

←달에 착륙한 최초의 유인 우주선 아폴로 11호의 버즈 올드린이 선외 활동을 펼치고 있다. 1969년 7월 20일, 닐 암스트롱 촬영.(145쪽) NASA

→아폴로 17호가 달에 착륙한 뒤 월면차를 점검하고 있는 선장 유진 서넌. 1972년 12월 11일.(30쪽) NASA

찬드라 엑스선 관측선이 촬영한 백조 자리 X-1. 블랙홀로 추정되고 있다.(239쪽) NASA/CXC

↑ 보이저 2호가 토성과의 최근
접 지점을 지나는 순간을 담
은 상상도.(184쪽) Don Davis

– 보이저 2호가 보내온 천왕
성의 모습.(267쪽) NASA/
JPL–Caltech

↓ 2011년 3월 29일, 메신저호
가 포착한 수성 표면. 태양
계 맨 안쪽에 자리한 행성의
궤도상에서 얻은 최초의 사
진이다.(238쪽) NASA/Johns
Hopkins University Applied
Physics Laboratory/Carnegie
Institution of Washington

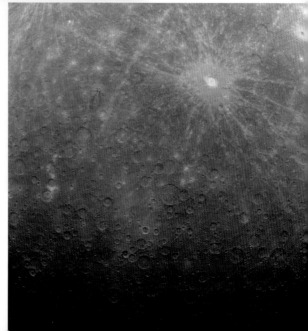

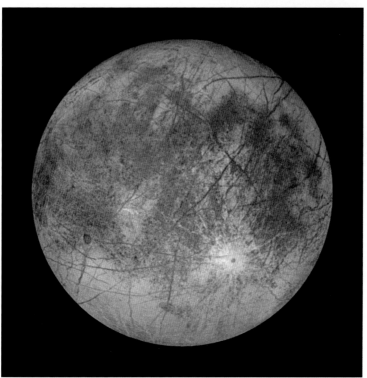

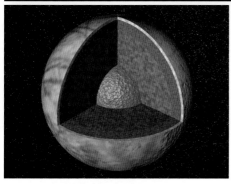

↑ 갈릴레오 탐사선이 촬영한 목성의 위성 유로파. 표면이 얼음으로 덮여 있다. NASA/ JPL/DLR

↓ 갈릴레오호가 측정한 중력 장과 자기장으로 추정한 유로파의 내부 구조. 20~30 킬로미터 두께의 얼음 표면 아래에 액체 바다가 있다.(71 쪽) NASA/JPL

↑ 지구에서 250만 광년 떨어진 안드로메다 은하를 갈렉스 자외선 우주 망원경이 촬영했다. 밝은 청백석 고리들은 뜨겁고 거대한 어린 별들이 자리한 구역이며, 차가운 먼지로 이루어진 암청회색 띠는 밀집된 구름에서 별이 형성되고 있는 지역이다. 중심부의 황백색 공은 오래전 형성된, 더 차갑고 늙은 별들의 집단이다.
NASA/JPL–Caltech

↓ 스피처 적외선 우주 망원경으로 포착한 안드로메다 은하. 외곽의 밝은 고리가 비대칭형인데, 두 부분으로 갈라지면서 오른쪽 아래에 구멍이 생기는 것처럼 보인다. 주변의 위성 은하가 원반 속으로 침투하면서 일으키는 상호 작용 때문인 듯하다.(209쪽) NASA/JPL–Caltech/K, Gordon (University of Arizona)

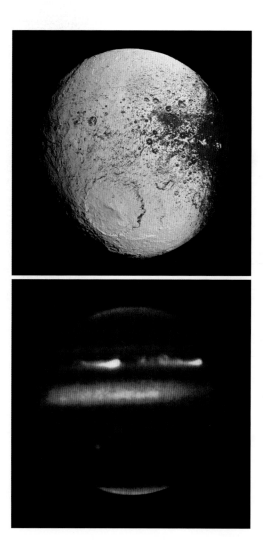

↑ 카시니호가 촬영한 토성의 위성 이아페투스의 모자이크 사진.(140쪽) NASA/JPL/Space Science Institute
↓ 하와이 마우나케아 천문대의 적외선 망원경으로 촬영한 목성. 물방울 모양의 두 밝은 점은 대기에서 분출된
거대 폭풍이다. NASA/JPL/IRTF

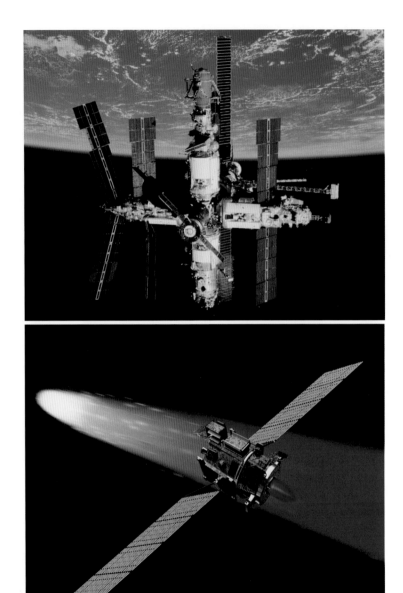

↑ 1986년부터 2001년까지 지구 궤도에서 활약한 러시아(소련)의 우주 정거장 미르.(17쪽) NASA
↓ 이온 추진체를 이용하여 보렐리 혜성에 다가가고 있는 딥 스페이스 1호의 예측도.(278쪽) NASA

스페이스 트윗 16   @neiltyson · 2010년 7월 14일 오전 6:03
연성계두 개의 별로 이루어진 계의 궤도는 불안정하다. 이들은 서로 멀리 떨어진 채 각자 상대방을 중심으로 공전하고 있다. 여기에 행성이 존재하고, 그 행성에 별로 똑똑하지 않은 생명체가 살고 있다면, 자신이 하나의 별을 중심으로 공전하고 있다고 생각할 것이다.

당신이 은하수 평면을 이탈하여 바깥에서 은하수를 바라본다면, 태양 주변에 있는 별들이 초속 10~20킬로미터의 속도로 오락가락하는 장면을 보게 될 것이다. 그리고 이 별들은 은하 속에서 초속 200킬로미터가 넘는 속도로 거대한 원운동을 하고 있다. 은하수에 포함된 수천억 개의 별들은 대부분 평평한 원반 안에 들어 있으며, 먼지, 구름, 별 등 모든 구성 물질들이 일제히 원운동을 하고 있다. 이것은 다른 나선 은하들도 마찬가지다.

은하수에서 좀 더 멀어지면 250만 광년 거리에 있는 안드로메다 은하가 시야에 들어올 것이다. 이 은하는 은하수에서 가장 가까운 은하이자, 은하수와 비슷한 나선 은하이다. 그런데 지금까지 얻어진 관측 자료에 의하면 은하수와 안드로메다는 점점 가까워지고 있다. 미래의 어느 날, 두 은하는 우주적 충돌을 일으키며 격렬하게 상대방을 끌어안을 것이다. 앞으로 70억 년만 기다리면 이 장관을 볼 수 있다. 천문학자들은 두 은하가 충돌을 겪은 후 각자의 개성을 완전히 잃고 거대한 타원 은하가 태어날 것으로 예측하고 있다.

탄도 비행을 하는 모든 물체는 자유 낙하를 겪고 있다. 지표면에서 허공으로 던져진 돌멩이는 뉴턴의 법칙에 따라 포물선 궤적을 그리지만 돌멩이에 작용하는 힘은 중력뿐이기 때문에, 사실은 자유 낙하를 겪는 중이다. 국제 우주 정거장이나 인공위성도 사정은 마찬가지다. 이들은 지구의 중력에 끌려 추락하고 있는데 지구의 표면이 거기에 맞게 휘어져 있기 때문에(지구는 동그랗다. 잊지 말자!) 안정된 궤도를 도는 것이다. 지구의 위성인 달도 지구를 향해 추락하고 있다. 달도 인공위성처럼 고유의 속도를 갖고 있으므로 사과와 같이 수직으로 낙하하지 않고 휘어진 궤적을 그리며 서서히 낙하한다. 그런데 이 궤적의 곡률(휘어진 정도)이 지표면의 곡률과 일치하기 때문에 안정된 궤도를 유지하고 있는 것이다. 만일 달의 속도가 지금보다 조금 느렸다면 이미 옛날에 지구로 떨어졌을 것이고, 지금보다 빨랐다면 지구의 중력권을 탈출하여 우주 공간으로 날아갔을 것이다.

자유 낙하하는 물체는 무중력 상태에 있다. 당신을 태운 캡슐이 자유 낙하하면 그 안에 있는 모든 물체들은 무중력 상태를 겪게 된다. 이때 캡슐의 바닥에 저울을 놓고 당신이 그 위에 올라선다면 어떻게 될까? 당신과 저울은 똑같이 자유 낙하하고 있으므로, 저울의 표면을 누르는 힘이 전혀 존재하지 않는다. 따라서 당신의 체지방이 아무리 심각한 수준이라 해도 저울의 눈금은 정확하게 0이다. 당신을 태운 캡슐이 자유 낙하한다고 상상하니 끔찍하다고? 걱정할 것 없다. 당신은 지금 인공위성에 타고 있으니까. 그 안에 탑승한 우주인과 모든 장비들은 무중력 상태에서 허공을 둥둥 떠다닌다. 왜냐하면… 지구로 자유 낙하하는 중이니까!

그러나 인공위성이 자체 추진으로 갑자기 속도를 높이거나 지구 대기권에 진입하여 공기 저항으로 인해 속도가 줄어든다면, 우주인은 자유 낙하 상태에서 벗어나 자신의 체중을 느끼기 시작한다. SF 애호가들은 잘 알고 있겠지만, 우주선을 적절한 속도로 회전시키거나 지표면의 중력 가속도($9.8m/s^2$)와 동일한 가속도가 발휘되도록 엔진을 가동하면, 우주인은 집에서 쟀던 것과 똑같은 체중을 느끼게 된다. 이런 우주선에서 저울 위에 올라서면 눈금은 정확하게 자신의 체중을 가리킬 것이다. 따라서 장거리 우주 여행을 떠났을 때 이런 가속도를 유지한다면 지구의 중력과 똑같은 중력이 생성되어 편안한 상태를 유지할 수 있다. 적어도 원리적으로는 그렇다.

뉴턴의 탄도역학을 적용한 또 다른 사례로 '슬링샷 효과slingshot effect'라는 것이 있다. 우주 탐사선을 태양계 끝까지 보내려면 지구에서 얼마나 빠른 속도로 발사해야 할까? 모르긴 몰라도, 처음 발사할 때의 속도로는 어림도 없을 것 같다. 물론 로켓 엔진이 계속 가동되므로 지구의 중력권을 탈출하는 데 필요한 속도까지는 도달할 수 있지만, 연료가 떨어진 후에는 더 이상 우주선을 가속할 방법이 없다. 그런데도 느려터진 탐사선을 계속 발사하는 이유는 여행 도중에 속도를 얻는 비법이 있기 때문이다. NASA의 연구원들은 각 행성의 궤도와 현 위치를 주도면밀하게 분석하여, 우주선이 목성과 같은 거대 행성을 지나갈 때 중력 에너지를 우주선의 운동 에너지로 전환시킨다. 공전 궤도를 따라 움직이는 목성을 뒤에서 따라가다가 가까이 접근하면 마치 뒤로 당겼다가 발사되는 고무줄 새총처럼 우주선의 속도가 증가하게 된다. 이것이 바로 슬링샷 효과이다. 목성의 중력이 '당겨진 고무줄'의 역할을 하는 것이다. 위치와 타이밍이 적절하다면, 우주선은 그 후에도 토성, 천왕성, 해왕성을 만날 때마다 같은 방법으로 속도를 증가시킬 수 있다. 목성의 슬링샷 효과만 이용해도 우주선의 속도는 거의 두 배로 빨라진다.

중력을 이용하여 혼자 노는 방법도 있다. 앞에서도 말했지만, 충분히 빠른 속도로 공을 던지면 지구를 한 바퀴 돌아 다시 나에게 돌아온다. 그렇게 빠른 속도로는 던질 수 없다고? 걱정할 것 없다. 태양계를 배회하는 수많은 천체들 중에는 당신의 구속에 딱 맞는 소행성이 있지 않겠는가? 이런 소행성에 올라타서 야구공을 던지면 표면에 닿지 않은 채 한 바퀴 돌아 당신에게 돌아올 것이다. 이런 소행성을 찾기만 하면 친구 없이도 혼자서 캐치볼을 할 수 있다. 단, 한 가지 사실만은 기억해둘 것—공을 너무 빠르게 던지면 궤도 이심률이 1보다 커져서 야구공을 영영 잃어버릴 수도 있다.

15
우주 레이스[*]

1957년 10월 초의 어느 새벽에 카자흐스탄 공화국의 시르다리야 강 근처에서 하늘을 가로지르는 섬광이 번쩍였다. 그것은 알루미늄으로 뒤덮인 60센티미터짜리 스푸트니크 1호가 발사되는 광경이었다. 뉴욕 직장인들이 오후 휴식을 취할 무렵 발사된 이 위성은 뉴요커들이 한가한 마음으로 저녁 식사를 즐기고 있을 때 벌써 궤도를 두 바퀴나 돌았고, 소련 당국은 워싱턴을 향해 승리를 선언했다. 소련의 과학자들이 세계 최초의 인공위성을 궤도에 진입시키는 데 성공한 것이다. 스푸트니크 1호는 낮게는 227킬로미터, 높게는 945킬로미터의 타원 궤도를 돌면서 자신의 위치를 알리는 신호를 전 세계에 송출했다. 속도는 자그마치 시속 2만 9000킬로미터―96분 만에 지구를 한 바퀴 돌 수 있는 어마어마한 속도였다. (스푸트니크Sputnik는 러시아어로 '여행객' 또는 '여행자'라는 뜻이다.)

[*] '여행객Fellow Traveler', 〈내추럴 히스토리〉, 2007년 10월.

다음 날인 10월 5일 아침, 소련 공산당의 중앙 기관지 〈프라우다〉에는 다음과 같은 논설 기사가 실렸다.

세계 최초로 인공위성 발사에 성공한 것은 인류 문화와 과학의 역사를 통틀어 가장 위대한 업적임이 분명하다. (…) 인공위성은 다른 행성으로 나아가는 길을 밝혀줄 것이며, 우주를 향한 전 세계인의 꿈을 실현시켜줄 것이다. 이 모든 것을 위대한 소비에트 연방의 과학자들이 이루어냈다.

이로써 미국과 소련의 우주 경쟁 1라운드는 소련의 KO 승으로 끝났다. 스푸트니크 1호는 20.005메가사이클짜리 신호를 송출하면서 전 세계 햄HAM (아마추어 무선 통신) 사용자들에게 자신의 건재함을 과시했다. 천문 관측자는 물론이고, 심지어는 새를 관측하는 사람들도 망원경을 통해 스푸트니크 1호를 확인할 수 있었다.

이것은 시작에 불과했다. 소련은 1회전에 이어 연달아 KO 펀치를 날렸고, 미국은 속수무책으로 당할 수밖에 없었다. 1969년에 미국인이 달을 정복했으니 결국은 이긴 셈이라고? 아폴로 11호가 위대한 업적임은 분명하지만, 흥분을 가라앉히고 우주 시대의 처음 30년 역사를 찬찬히 훑어보면 생각이 달라진다.

소련은 최초의 인공위성을 발사하고 불과 한 달 뒤, 생명체를 태운 최초의 인공위성 스푸트니크 2호 발사에 성공했고(여기 탑승한 개가 그 유명한 '라이카'였다), 최초의 유인 인공위성과 최초의 우주인(유리 가가린), 최초의 여성 우주인(발렌티나 테레시코바. 스카이다이버), 최초의 흑인 우주

소련 국민에게 유리 가가린의 우주 비행 소식을 전하는 1961년 4월 13일 자 〈콤소몰스카야 프라우다〉지.
FedotovAnatoly / Shutterstock.com

인(아르날도 타마요 멘데스. 쿠바의 전투기 조종사) 타이틀도 모두 소련이 차지했다. 한 번에 여러 명의 승무원을 우주에 보내고, 국적이 다른 여러 승무원들을 최초로 궤도에 올린 것도 소련이었다. 또한 소련은 최초의 우주 유영에 성공했고 최초의 우주 정거장을 건설했으며, 유인 우주 정거장을 장주기 궤도에 최초로 올려놓았다.

스페이스 트윗 17 & 18   @neiltyson · 2011년 4월 12일 오전 10:04
50년 전 오늘, 소련의 우주 비행사 유리 가가린을 태운 인공위성이 궤도 진입에 성공했다. 그는 지구 궤도 비행에 성공한 최초의 인간이자 네 번째 포유류였다.

@neiltyson · 2011년 4월 12일 오전 10:20
토막 상식: 지구 궤도 비행에 성공한 포유류를 순서대로 나열하면 개, 기니피그, 쥐, 러시아인, 침팬지, 미국인 순이다.

최초로 달 궤도 비행에 성공한 것도, 달에 최초의 캡슐을 착륙시킨 것도 소련이었다. (물론 무인 캡슐이었지만!) 말이 나온 김에 계속 나열하자면, 달 지평선에서 지구가 떠오르는 최초의 사진, 달의 반대쪽 면 최초 촬영, 최초의 달 탐사 차량도 모두 소련 차지였다. 또한 소련의 과학자들은 최초로 화성과 금성에 탐사선을 착륙시키는 데 성공했다. 스푸트니크 1호는 80킬로그램이 조금 넘었고 스푸트니크 2호는 500킬로그램 남짓한 소형 위성이었는데, 미국이 처음으로 설계한 인공위성은 고작 1킬로그램 남짓이었다. 이래도 자랑하고 싶은가? 스푸트니크호가 발사된 직후인 1957년 12월에 미국은 최초의 우주선 발사를 시도했는데, 내로라하는 과학자들이 몇 년 동안 심혈을 기울여 만든 로켓은 지상에서 1미터쯤 떠오른 후 그 자리에 주저앉고 말았다. 이쯤 되면 미국과 소련 중 누가 선두 주자였는지 짐작이 갈 것이다.

❧

1955년 7월, 아이젠하워 대통령의 언론 보좌관이 백악관 연단에 서서 "국제 지구 관측년(1957년 7월 1일부터 1958년 12월 31일까지, 세계적인 규모로 지구물리학 관측이 실행되었던 기간—옮긴이)에 소형 인공위성을 쏘아 올릴 것"이라고 발표했다. 그로부터 며칠 후, 소련 우주국의 국장은 이와 비슷한 발표를 하면서 "최초의 인공위성은 굳이 작을 필요가 없으며, 소련은 '가까운 미래'에 몇 대의 위성을 발사할 것"이라고 선언했다.

그로부터 2년 후, 그의 선언은 현실로 나타났다.

1957년 1월, 소련의 미사일 전문가이자 로켓 설계국 국장인 세르게이 코롤료프는 소련 당국자들에게 다음과 같은 경고 메시지를 날렸

다. "미국은 지금까지 만들어진 그 어떤 로켓보다 높고 멀리 날아갈
수 있는 신개념 우주 로켓을 개발했다. 그들은 몇 달 안에 인공위성을
발사할 계획까지 세워놓고 있으며, 이를 위해 천문학적 예산을 쏟아
붓고 있다." 소련이 1957년 봄부터 궤도 위성 실험에 착수한 것을 보
면, 코롤료프의 경고가 제대로 먹힌 것 같다. (소련 당국은 코롤료프의 신상
을 철저한 비밀에 부쳤다.) 소련은 이 프로젝트를 계기로 90킬로그램의 탄
두를 실어 나를 수 있는 대륙간 탄도탄ICBM을 개발했다.

그 후 소련은 ICBM 발사에 세 번 연달아 실패했으나, 1957년 8월
21일에 실행된 네 번째 발사에서 기어이 성공을 거두었다. 카자흐스
탄에서 발사된 미사일과 탄두가 6400킬로미터 떨어진 캄차카의 표적
을 정확히 맞힌 것이다. 당시 소련 공산당의 공식 언론 기관이었던 타
스는 이 사건을 다음과 같이 덤덤한 말투로 보도했다.

며칠 전, 초장거리 대륙간 다단계 탄도 미사일이 발사되어 사상
최고 높이에 도달한 후 미리 설정해놓은 표적에 정확히 도달했다.
짧은 시간 안에 장거리 공격이 가능해진 것이다. 이제 지구상의 모
든 지역이 미사일 사정권 안으로 들어오게 되었다.

독자들은 실감이 안 나겠지만, 당시에는 정말 온몸에 소름이 끼칠
정도로 섬뜩한 기사였다. 지구상의 어떤 표적도 미사일로 맞힐 수 있
다니, 이보다 더한 협박이 또 어디 있겠는가? 미국은 말할 것도 없고,
자유 진영의 모든 국가들은 이 덤덤한 기사를 접하면서 모골이 송연
해졌다.

그해 7월 중순에 영국의 주간지 〈뉴 사이언티스트〉는 우주 경쟁에서 소련이 독주하고 있음을 지적하면서 곧 발사될 소련 인공위성의 궤도를 그림까지 곁들여가며 소개했다. 그러나 미국 정부와 과학자들은 아무런 반응도 보이지 않았다.

9월 중순에는 코롤료프가 과학 학회에 참석하여 곧 발사될 인공위성의 중요성을 강조했으나, 이번에도 미국은 별다른 관심을 보이지 않았다.

그리고 운명의 날, 10월 4일이 다가왔다.

스푸트니크 1호는 전 세계 사람들에게 충격을 주었다. 어떤 정치인들은 분통을 터뜨렸다. 당시 미국의 상원 다수당 원내 대표였던 린든 B. 존슨은 "이제 소련은 고가 도로 위에서 어린아이가 지나가는 자동차에 돌멩이를 던지듯이 우주 공간에서 폭탄을 투하할 것"이라고 경고했다. 그런가 하면 인공위성의 지정학적 의미와 소련의 능력을 애써 폄하하는 사람들도 있었다. 미국 국무 장관 존 포스터 덜레스는 다음과 같은 글을 남겼다. "스푸트니크 1호의 의미를 과대평가하지 말라. 독재 국가에서는 노동력과 자원을 하나의 목적에 집중시키기가 쉽기 때문에, 그 정도는 마음만 먹으면 언제든지 할 수 있다. 소련이 우주선을 먼저 쏘아 올린 것은 사실이지만, 그들이 아무리 기를 써도 독재는 결코 자유보다 우월할 수 없다."

스푸트니크 1호가 발사된 다음 날인 10월 5일, 〈뉴욕 타임스〉 1면에는 다음과 같은 기사가 실렸다.

군사 전문가들의 증언에 의하면, 인공위성은 군사적 활용 가치가
별로 없다고 한다. 가까운 미래에 인공위성이 무기로 돌변할 가능
성은 거의 없다는 이야기다. (…) 인공위성은 태양에 관한 정보를 수
집하고 우주 배경 복사와 태양풍을 관측하는 등 과학 분야에서 중
요한 역할을 수행할 것이다.

이 기사에 의하면 인공위성은 군사적 활용 가치가 없는 태양 관측
용 도구일 뿐이다. 그러나 막후에서 대응책을 모색하던 전략가들은
완전히 다른 생각을 하고 있었다. 10월 10일에 아이젠하워 대통령은
미국 국가 안전 보장 회의에 참석하여 "미국은 냉전 시대에 최초의 인
공위성이 갖는 의미를 항상 인식해왔다. 우리의 혈맹 국가들도 미국이
과학적, 군사적으로 소련에게 뒤처지지 않았다는 증거를 보고 싶어
한다."고 했다.

아이젠하워의 걱정거리는 미국 대중들의 민심이 아니었다. 실제로
대부분의 미국인들은 소련의 인공위성 발사에 별다른 관심을 보이지
않았으며, 아마추어 햄 통신자들도 스푸트니크 1호에서 날아오는 신
호를 그냥 무시해버렸다. 또한 미국의 유력 일간지들은 인공위성 관
련 기사를 1면이 아닌 3~4면에 배치했고, 한 통계 조사에서는 "워싱
턴과 시카고 시민의 60퍼센트는 조만간 미국이 우주 개발 분야에서
크게 한 방 터뜨릴 것으로 기대하고 있다."는 결과가 나왔다.

미국 정부는 스푸트니크 1호를 계기로 우주 개발의 군사적 중요성과

전후 미국의 위상이 심각하게 위협받고 있다는 사실을 확실히 깨달았다. 그로부터 1년이 채 지나기 전, 미국은 청소년 과학 교육을 개선하고, 교사를 양성하고, 군사 관련 연구를 촉진하는 데 엄청난 예산을 쏟아붓기 시작했다.

일찍이 1947년에 대통령 직속 기관인 미국 고등 교육 위원회는 "미국 청소년의 3분의 1에게 4년제 대학 교육을 실시해야 한다."는 안을 제시한 바 있다. 1958년의 국가 방위 교육법도 이 제안을 지지하는 쪽으로 제정되었다. 여기에는 대학생에게 저금리로 학자금을 융자해 주고 수천 명의 대학원생들에게 장학금을 지급하는 프로그램이 포함되었다. 또한 스푸트니크 쇼크가 불어닥친 직후에 미국 과학 재단의 예산은 거의 세 배로 늘어났으며, 1968년에는 '0' 하나가 더 붙었다. 현재 우주 개발의 주무 기관인 NASA도 1958년에 제정된 미국 항공 우주법의 산물이었고, 미국 방위 고등 연구 계획국DARPA도 같은 해에 창설되었다.

과학 관련 부서가 연이어 창설되면서 우수한 학생들이 과학, 수학, 공학 분야로 모여들기 시작했고, 결과는 기대 이상이었다. 대학원생들은 징병을 연기하면서까지 학업에 열중했고, 미국의 과학기술은 단기간에 장족의 발전을 이룩할 수 있었다.

그러나 국방과 무관한 인공위성도 가능한 한 빨리 궤도에 올려놓아야 했다. 다행히도 2차 세계 대전 종전을 전후한 몇 주 동안, 미국은 유럽에서 우수한 두뇌를 수소문하여 세르게이 코롤료프에 대적할 만한 전문가를 데려올 수 있었다. 바로 V-2 미사일 개발을 진두지휘했던 베르너 폰 브라운이다. 이 무렵에 폰 브라운뿐만 아니라 그가 이끌던 100여 명의 독일 연구원들까지 미국으로 건너왔다. 그러니까 따지고 보면 미국의 우주 개발 계획은 독일인들의 작품이었던 셈이다.

미국의 외교 덕분에 폰 브라운은 뉘른베르크 전범 재판에 회부되지 않고 우주 개발 프로그램에 전념할 수 있었다. 그에게 주어진 첫 번째 임무는 미국 최초의 인공위성을 궤도에 올려놓는 것이었는데, 역시 로켓과학의 대부답게 스푸트니크 1호가 발사된 지 4개월이 채 지나지 않은 1958년 1월 31일에 약 14킬로그램짜리 익스플로러 1호를 성공적으로 발사시켰다.

스페이스 트윗 19 @neiltyson · 2010년 5월 14일 오전 11:56
궤도 운동 중인 인공위성은 실제로 지구를 향해 떨어지고 있다. 그러나 지구의 표면이 위성의 하강률에 딱 맞도록 휘어져 있기 때문에 지금의 궤도가 유지되는 것이다.*

익스플로러 1호의 성공 여부를 좌우하는 가장 중요한 요인은 무게였다. 시속 2만 7000킬로미터가 넘는 궤도 속도에 도달하려면 가능한 한 우주선의 무게를 줄여야 한다. 엔진은 원래 무겁고, 연료 탱크도 무겁고, 연료 자체도 무겁다. 게다가 화물이 1킬로그램 증가할 때마다 수천 킬로그램의 연료가 추가되어야 한다. 이 문제를 해결하기 위해 등장한 것이 바로 다단계 로켓이다. 1단계 연료 탱크가 소진되면 던져버리고, 2단계 연료 탱크가 소진되면 또 버리면서 가는 식이다.

★ 지구의 곡률이 우연히 맞아떨어진 것이 아니라, 지구의 곡률에 맞게 떨어지도록 위성의 속도를 맞춰놓은 것이다.─옮긴이

익스플로러 1호를 실어 날랐던 주피터-C 로켓은 이륙 하중이 29톤이었고, 연료 탱크가 모두 분리된 후 최종 하중은 약 36킬로그램이었다.

스푸트니크 1호를 운반했던 R-7 로켓처럼, 주피터-C는 무기를 개량한 로켓이었다. 냉전 시대에는 국방이 모든 것에 우선했고, 과학은 제2 또는 제3의 부산물에 불과했다. 이 무렵 미국과 소련의 최대 현안은 핵폭탄을 탑재한 장거리 탄도 미사일을 개발하는 것이었다.

국방의 최종 목표는 '군사적 우위'를 점유하는 것이다. 그렇다면 지구상의 어떤 표적이건 45분 안에 타격할 수 있는 인공위성이야말로 최상의 무기라 할 수 있다. 소련은 스푸트니크 1, 2호를 비롯한 후속 로켓들 덕분에 한동안 군사적 우위를 지킬 수 있었다. 그러나 1969년에 폰 브라운과 그의 동료들이 새턴 5호 로켓을 개발하여 사람을 달에 보낸 후로는 일방적인 우세를 주장할 수 없게 되었다.

대부분의 미국인들은 잘 모르겠지만, 우주 경쟁은 지금도 치열하게 전개되고 있다. 게다가 지금 미국은 러시아뿐만 아니라 중국, 유럽 연합, 인도 등 신흥 우주 강국과도 경쟁을 벌여야 한다. 과거와 달라진 것은 잠재적 적국을 상대하는 대신 장거리 우주 여행객을 탄생시키는 데 주력하고 있다는 점이다. 지구 저궤도를 놓고 싸울 때는 군사력이 모든 것을 좌우했지만, 지금은 과학기술의 혁신이 가장 중요한 현안으로 떠오르고 있다. 이제 상대방을 위협하는 것은 아무런 의미가 없다. 경쟁에서 이기려면 자체 혁신을 통해 스스로 발전해야 한다.

16
2001년─사실과 허구★

오랫동안 기다려왔던 해가 드디어 밝았다. 영화감독 스탠리 큐브릭이 1968년 〈2001: 스페이스 오디세이〉를 통해 예견했던 2001년이 현실로 다가온 것이다. 영화에 등장한 2001년과 현실 세계의 2001년은 다른 점이 많다. 우리는 아직 달에 기지를 건설하지 못했고, 동면 상태에 빠진 승무원을 초대형 우주선에 태워 목성으로 보내는 기술도 개발하지 못했다. 그러나 우주로 진출하기 위해 먼 길을 걸어온 것만은 분명한 사실이다.

정치적 이슈와 돈 문제를 고려하지 않는다면, 우주 탐험의 가장 큰 도전 과제는 척박한 환경에서 살아남는 것이다. 극단적인 온도와 고에너지 복사, 공기 부족 등을 견뎌내려면 인간의 육체보다 훨씬 업그레이드된 도플갱어를 보내야 한다. 물론 아직은 요원한 이야기다.

지금의 기술 수준에서 이 임무를 수행할 수 있는 가장 그럴듯한 후

★ '2001년의 진실2001, for Real', 〈뉴욕 타임스〉 칼럼, 2001년 1월 1일.

보로는 우주 로봇을 들 수 있다. 이들은 겉모습이 사람과 너무 달라서 '이들'이라고 부르기가 좀 뭣하지만, 행성 간 여행에 필요한 기능을 거의 대부분 수행할 수 있도록 설계되었다. 게다가 이들은 먹일 필요가 없고, 복잡하고 값비싼 생명 유지 장치도 필요 없으며, 타 행성에서 임무를 마치고 귀환할 때 자기도 데려가달라고 매달리지도 않는다. 태양을 근거리에서 관측하고, 혜성을 추적하고, 토성의 테를 분석하고, 기타 행성들을 탐사할 때는 사람보다 우주 로봇이 제격이다.

초기에 발사된 네 대의 우주 탐사선은 태양계 바깥으로 진출할 수 있도록 충분한 에너지와 자세한 궤도 정보를 갖고 출발했다. 그리고 이 탐사선들은 혹여 지능을 가진 외계인에게 발견되는 경우를 고려하여 지구인에 관한 정보까지 갖고 갔다.

우리는 아직 목성의 위성인 유로파와 화성에 발자국을 남기지 못했지만, 이곳에 파견된 우주 로봇들은 물이 존재한다는 강력한 증거를 발견함으로써 행성 탐사의 새로운 장을 열었다. 지능이 뛰어난 로봇을 보낸다면 외계 생명체에 관한 좀 더 구체적인 증거를 찾을 수 있을 것이다.

지금은 수백 대의 통신 위성과 수십 대의 우주 망원경이 지구 궤도를 돌고 있다. 우주 망원경은 적외선과 감마선 등 광학망원경으로 볼 수 없는 빛을 분석하여 우주의 비밀을 밝히는 중이다. 특히 마이크로파 영역의 빛에는 우주 초창기의 비밀이 고스란히 담겨 있으므로, 빅뱅이 실제로 일어났음을 입증하려면 마이크로파를 집중적으로 분석할 필요가 있다.

또한 우리는 다른 행성을 식민지로 삼거나 꿈같은 신천지를 아직 개

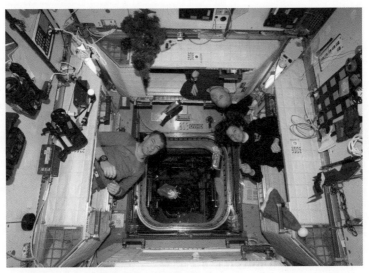

2010년 크리스마스를 맞이하는 국제 우주 정거장 승무원들. NASA

발하지 못했지만, 우주에서 인간의 존재감은 엄청나게 커졌다. 어떤 면에서 보면 현실 세계의 2001년 우주 개발 프로그램은 큐브릭의 영화와 매우 비슷하다. 일군의 로봇 탐사선들 외에도 엄청난 양의 하드웨어들이 우주 공간을 누비고 있기 때문이다. 그리고 영화에 등장하는 우주 정거장도 한창 건설되는 중이다. 건설에 필요한 자재는 우주왕복선이 수시로 실어 나르고 있다. (영화와 달리 우주왕복선의 옆면에는 'Pan Am' 대신 'NASA'라고 적혀 있다.) 그리고 영화에서 봤던 것처럼 우주 정거장에는 무중력 상태에서 작동하는 수세식 변기가 있고, 우주인들은 플라스틱 봉투에 포장된 우주식을 먹고 있다. 이 정도면 꽤 비슷하지 않은가?

큐브릭의 영화와 현실의 다른 점은 우주 공간에서 요한 슈트라우스의 왈츠곡 〈푸른 다뉴브 강〉이 들려오지 않고, 살인광 컴퓨터 할HAL이 존재하지 않는다는 것뿐이다. 적어도 내가 보기엔 그렇다.

17
사람과 로봇—누구를 보낼 것인가?*

지난 2003년, 우주왕복선 컬럼비아호가 임무를 마치고 귀환하던 중 대기권에서 공중 분해되어 텍사스 주 한가운데 추락하는 대형 참사가 발생했다. 그로부터 1년 후, 조지 W. 부시 대통령은 사람을 달과 화성에 보내는 장기 우주 프로그램을 발표했다. 그사이 쌍둥이 탐사선 스피릿호와 오퍼튜니티호가 화성을 향해 발사되었다. 이들이 화성에 착륙했을 때, 탐사선을 제작한 NASA 부설 제트 추진 연구소의 과학자와 공학자들은 일제히 환호성을 지르며 성공을 자축했다.

무인 화성 탐사선이 성공을 거두자, 해묵은 논쟁에 또다시 불이 붙었다. 우주왕복선은 처음 발사된 후로 지금까지 135번의 임무를 수행하면서 두 차례 사고를 겪었다. 그리고 이 프로그램에는 사람이 포함되어 있기 때문에 비용이 상상을 초월하고, 한번 사고가 났다 하면 인명 피해를 피할 길이 없다. 그런데도 굳이 우주에 사람을 보내야 하는

★ '누구를 보낼 것인가?Launching the Right Stuff', 〈내추럴 히스토리〉, 2004년 4월.

가? 화성 탐사선에서 보았듯이, 사람 대신 로봇을 보내도 웬만한 임무는 수행할 수 있지 않은가? 아니면 정치적, 사회적 반감을 존중하여 우주 탐사를 아예 포기해야 하는가? 나는 천체물리학자이자 교육자로서, 그리고 한 사람의 시민으로서 이 문제에 대한 나의 의견을 피력하고자 한다.

우주에 로봇을 처음으로 보낸 것은 1957년, 사람을 최초로 보낸 것은 1961년의 일이었다. 한 가지 분명한 사실은 로봇을 보내는 쪽이 훨씬 싸게 먹힌다는 것이다. 대부분의 경우, 로봇의 우주 왕복 경비는 사람의 50분의 1에 불과하다. 온도가 뜨겁거나 차가워도 로봇은 개의치 않는다. 윤활유만 충분히 휴대하고 있으면 온도에 구애받지 않고 임무를 수행할 수 있다. 또한 로봇에게는 번거로운 생명 유지 장치도 필요 없다. 로봇은 살인적인 복사 에너지가 쏟아지는 곳에서 장시간 머무를 수 있고, 몸속에 뼈가 없기 때문에 무중력 상태에 아무리 오랫동안 노출돼도 골밀도가 줄어들지 않는다. 또한 로봇은 위생 상태의 영향을 받지 않으며, 끼니때마다 먹을 필요도 없다. 가장 좋은 점은 임무를 완수한 후 지구로 귀환할 필요가 없다는 것이다.

그러므로 오직 과학의 발전을 위해 우주로 진출하는 것이라면, 굳이 사람을 보낼 이유가 없다. 사람 한 명을 보내는 대신 로봇 50대를 보내는 것이 낫다.

그러나 이 논리에는 맹점이 있다. 로봇의 주된 업무는 미리 예측된 사실을 확인하는 것이지만, 인간은 오랜 경험을 토대로 전혀 예상치 않은 곳에서 의외의 발견을 할 수 있다. 생체물리학이 극도로 발달하여 사람의 뇌를 컴퓨터에 통째로 다운로드하는 날이 오지 않는 한, 로봇은 미리 프로그램된 임무만 수행할 수 있다. 어쨌거나 로봇은 사람이 예측한 내용을 하드웨어와 소프트웨어로 구현한 기계일 뿐이므로, 혁명적 발견을 이루어낼 가능성은 거의 없다. 이것을 포기하면서까지 로봇을 보내야 할까? 글쎄… 조금 망설여진다.

과거에는 로봇이라고 하면 흔히 큰 몸통에 머리와 사지가 달린 기계 장치를 떠올렸다. 개중에는 다리 대신 바퀴가 달린 것도 있었다. 이들은 사람의 이야기를 알아듣고 일부는 어색한 발음으로 대답도 할 수 있으며, 외형은 대부분 사람을 닮아 있었다. 영화 〈스타 워즈〉에 등장하는 수다쟁이 로봇 C3PO가 대표적 사례이다.

로봇이 사람을 닮지 않은 경우에도, 그것을 조종하는 사람은 대중 앞에 로봇을 소개할 때 '살아 있는 그 무엇'임을 강조하곤 한다. NASA에서 제작한 쌍둥이 화성 탐사 로봇 '오퍼튜니티'와 '스피릿'이 공개되었을 때, 제트 추진 연구소에서 발행한 홍보 자료에는 다음과 같이 적혀 있었다. "몸체와 두뇌, 목과 머리가 있고 눈을 비롯한 감각 센서가 탑재되어 있으며 팔과 다리도 달려 있다. 그리고 안테나를 통해 사람과 대화도 나눌 수 있다." 이들 중 스피릿은 2003년 6월에 발사되어 2004년 1월 4일 화성에 착륙했는데, 그해 2월 5일 제트 추진 연구소에서는 "오늘 스피릿은 '메모리 수술'을 위해 평소보다 일찍 일어났다."고 발표했다. 그리고 2월 19일에는 보너빌Bonneville로 명명된 분화구의 테두리와 주변 토양을 원격으로 조사하고, "모든 작업을 마친 후 1시간 남짓 낮잠을 잤다."고 했다.

NASA와 언론은 스피릿을 거의 사람처럼 취급했지만, 정작 실물은 사람과 전혀 딴판이다. 엄밀히 말해서 스피릿과 오퍼튜니티는 특정 임무에 특화된 자동화 기계에 불과하다. 이들은 특정 동작을 사람보다 빠르게 반복하거나 정확하게 수행할 수 있고, 감각 센서의 성능이 사람보다 우수하여 정밀한 실험도 실행할 수 있다. 자동차 조립 공장에서 차체에 페인트를 칠하는 로봇도 사람과 완전히 다르게 생기지 않았던가? 화성 탐사 로봇은 장난감 트럭처럼 생겼지만, 바위에 작고 정교한 구멍을 뚫을 수 있고, 몸에 탑재된 현미경을 이용하여 바위의 화학 성분을 분석할 수 있다. 지구에서 지질학자가 하는 일과 아주 비슷하다.

그런데 인간 지질학자는 혼자서 아무것도 할 수 없다. 도구가 없으면 바위에 구멍조차 뚫을 수 없다. 그래서 지질학자들은 항상 망치를 들고 다닌다. 여기서 한 걸음 더 나아가 바위의 화학 성분을 분석하려면 더 크고 복잡한 장비가 필요하다. 즉, 지질학자를 다른 행성에 보내서 지표면의 성분을 분석하려면 온갖 장비를 함께 보내야 한다. 이 모든 작업을 로봇 혼자 수행할 수 있다면, 굳이 사람을 보낼 이유가 있을까?

지질학자가 로봇보다 우수한 면 중 하나는 바로 '상식'이다. 화성 탐사 로봇은 10초 동안 이동한 후 멈춰서 20초 동안 주변 환경을 분석하고, 다시 10초 동안 이동하도록 프로그램되었다. 탐사 로봇이 조금 빠르게 이동하거나 멈추지 않고 계속 이동하면 돌멩이에 걸려 넘어질 가능성이 크고, 이런 사고가 한 번이라도 발생하면 뒤로 엎어진 갈라파고스거북처럼 원래 자세로 돌아올 수 없다. 사람이라면 결코 있을 수 없는 일이다.

사람을 달에 보내는 아폴로 프로그램이 한창 진행되던 1960년대 말~70년대 초에는 로봇의 성능이 초보 단계여서 어떤 월석을 지구로 가져와야 할지 스스로 결정할 수 없었다. 그러나 달 표면을 밟은 유일한 지질학자인 아폴로 17호의 해리슨 슈미트는 착륙 지점 근처를 둘러보다가 오렌지색 토양을 발견하고 한 치의 망설임도 없이 샘플을 채취했고, 결국 그것은 화산 유리 조각으로 밝혀졌다. 요즘 제작된 로

달에서 샘플을 채취하는 해리슨 슈미트, NASA Eugene Cernan

봇은 혼자 화학 성분을 분석할 수 있고 정밀한 사진을 찍어서 전송할 수도 있지만, 슈미트처럼 스스로 결정을 내릴 수는 없다. 달에 지질학자를 보내면 걷고, 파고, 보고, 통신하고, 해석하고, 임기응변으로 즉석에서 새로운 도구를 만들 수도 있다.

사람과 로봇이 동행한다면 더없이 좋은 파트너가 될 수 있다. 사람에게 스패너와 망치, 그리고 약간의 테이프만 있으면 대부분의 고장은 수리 가능하다. 스피릿호가 화성에 착륙했을 때, 곧바로 임무에 착수했을까? 아니다. 착륙하면서 퍼진 에어백이 길을 막는 바람에 무려 12일 동안 꼼짝 못하고 갇혀 있었다. 만일 그 옆에 사람이 있었다면 단 몇 초 만에 에어백을 치우고 스피릿을 살짝 밀어서 곧바로 임무에 돌입하도록 만들 수 있었을 것이다.

인간은 예상 밖의 상황에 어느 정도 대처할 수 있고, 의외의 문제를 창의적인 방법으로 해결할 수도 있다. 로봇은 우주 여행 비용이 적게 들지만 사전에 프로그램된 임무만 수행할 수 있다. 그러나 우주 탐사는 과학적 결과와 비용만이 전부가 아니다.

오랜 세월 동안 동굴에 거주해왔던 원시인이 어느 날 동굴 밖으로 나와 계곡을 건너거나 산을 오른 것은 과학적 발견을 이루기 위해서가 아니라, 지평선 너머에 무엇이 있는지 궁금했기 때문이다. 식량이 더 필요했거나, 더 좋은 거주지가 필요했거나, 또는 더 다채로운 삶을 원했을지도 모른다. 어떤 이유였건 간에, 그들은 누가 시키거나 강요하지 않았는데도 탐험의 길로 접어들었다. 아마도 이것은 인간이라는 종의 고유한 행동 양식일지도 모른다. 그렇지 않고서야 아프리카에서 잘 살던 인간이 수많은 고난과 싸우면서 유럽과 아시아, 남·북아메리카 대륙으로 진출했을 리가 없지 않은가? 화성에 사람을 보내서 바위 밑과 계곡 바닥을 뒤지는 것은 인류가 오랜 세월 동안 해왔던 일을 그저 확장하는 셈이다.

내 동료들 중에는 "사람을 굳이 우주에 보내지 않아도 대부분의 과학은 잘 돌아간다."고 주장하는 사람이 꽤 많다. 그러나 이들이 어린 학생이었던 1960년대로 되돌아가서 "장차 어떤 사람이 되고 싶으냐?"는 질문을 받는다면 당연히 "과학자가 되겠다."고 대답할 것이고, "어떤 계기로 그런 생각을 하게 되었느냐?"는 물음에는 (적어도 내가 아는 사람들은) 한결같이 아폴로 우주선을 언급할 것이다. 그 시절에 아폴로는 모든 아이들의 꿈이자 미국의 꿈이었기 때문이다… 가만, 개중에는 스푸트니크 1호나 그 후에 발사된 각종 인공위성을 언급하는 사람이 있을지도 모르겠다. 아무튼 그들이 "과학자가 되겠다."는 꿈을 갖게 된 것은 단연 우주 개발 프로그램 덕분이었다.

이 시기에 우주로 향하는 로켓을 경이로운 눈으로 바라보며 과학자의 꿈을 키웠던 사람들이 이제 와서 "우주에 사람을 보낼 필요가 없다."고 주장하는 것은 무책임한 행동이라고 생각한다. 이들이 유인 우주 프로그램을 반대하는 것은 다음 세대를 이어갈 학생들이 자신의 길을 따라오기를 원치 않는다는 뜻이며, 그들이 장차 탐험의 첨병이 되어 우주를 개척하기를 원치 않는다는 뜻이다.

헤이든 천문관에서는 다양한 분야의 과학자들을 수시로 초청하여 강연회를 개최해왔다. 그런데 강연자가 우주인이라고 하면 청중의 수가 몇 배로 많아진다. 설사 대중들에게 별로 알려지지 않은 우주인인 경우에도 사람들이 구름처럼 모여든다. 그런 사람을 직접 만나서 대화를 나누면 추상적이었던 우주가 마음에 와 닿기 때문일 것이다. 강연이 진행되는 동안에는 은퇴한 과학 교사와 터프한 버스 운전기사, 초등학생, 학부모들이 모두 하나가 된다.

몰론 사람들은 로봇도 좋아한다. 2004년 1월 3일부터 5일까지, NASA 웹사이트에 올라온 화성 탐사선의 현황 보고서는 무려 5억 회가 넘는 조회 수를 기록했다. 정확히 5억 662만 1916회였는데, 이것은 같은 기간 동안 전 세계 포르노 조회 수를 능가하는 기록이다.

사람이냐? 로봇이냐? 내가 보기에 답은 명쾌하게 나와 있다.—사람과 로봇을 함께 보내면 된다. 로봇과 사람은 각기 다른 장점을 갖고 있기 때문이다. 우주 탐험은 굳이 양자택일을 강요하지 않는다.

앞으로 10년쯤 지나면 미국의 과학자와 공학자 수요가 크게 증가할 것이며, 우주인 훈련 프로그램도 크게 강화될 것이다. 예를 들어 과거 한때 화성에 생명체가 살았음을 입증하려면 최고의 생물학자를 보낼 수밖에 없다. 그런데 생물학자가 화성의 환경에 대해 과연 얼마나 알고 있을까? 이 점을 보완하려면 지질학자와 지구물리학자가 함께 가야 한다. 대기와 토양의 화학 성분을 분석하는 화학자도 필요하다. 그리고 과거 화성에 생명체가 살았다면 지금은 화석으로 남아 있을 것이므로, 고생물학자의 도움이 필요할 수도 있다. 게다가 화성의 물은 지하에 숨어 있을 가능성이 높기 때문에, 굴착 전문가가 필요할지도 모른다.

이 모든 과학자와 기술자들을 어디서 구할 것이며, 누가 선발해야 하는가? 내가 가르치는 학생들은 자신의 미래를 그릴 수 있을 만큼 장성했지만, 솟구치는 호르몬을 억제할 만큼 성숙하지는 않았다. 나는 그들의 과학적 성취동기를 북돋기 위해 종종 우주인을 초청하여 대화의 장을 마련해주곤 한다. 우주인의 생생한 경험담만큼 맛있는 당근도 없기 때문이다. 학생들의 성취동기를 자극하지 못한다면, 나는 사람들을 즐겁게 해주는 광대에 불과할 것이다. 예나 지금이나 사람들에게는 영웅이 필요하다.

20세기 미국의 안보와 경제는 과학기술 덕분에 유지되었다고 해도 과언이 아니다. 지난 수십 년 사이에 등장한 혁명적인 (그리고 상업적으로도 성공한) 기술의 상당수는 미국의 우주 개발 과정에서 탄생했다. 신장 투석기, 인공 심장 박동기, 라식 수술, GPS, 교량과 기념물에 사용되는 부식 방지 코팅(자유의 여신상도 이 덕을 보았다), 수경 재배법, 항공기의 충돌 방지 장치, 디지털 영상 처리법, 휴대용 적외선 카메라, 무선 전동 공구, 기능성 운동화, 긁힘 방지 선글라스, 가상 현실 등이 대표적 사례이다. 분말주스로 유명한 탱Tang 가루도 원래 우주인의 음료로 개발되었다.

한 문제의 깔끔한 해결책이 발견되면 즉시 투자로 이어져서 경제적 이득을 창출할 수 있다. 그러나 한 시대를 대표하는 '혁명적' 해결책은 둘 이상의 분야가 결합되어 탄생한 경우가 많다. 의사들이 엑스선의 존재를 알아냈을까? 아니다. 엑스선을 처음 발견한 사람은 독일의 물리학자 빌헬름 뢴트겐이었다. 물론 뢴트겐도 처음에는 이 신비한 빛이 의학계에 혁명을 가져오리라고는 꿈에도 생각하지 못했다.

둘 이상의 분야가 결합된 또 하나의 사례로 허블 망원경을 들 수 있다. 1990년에 허블 망원경을 궤도에 올린 직후에 NASA의 공학자들은 망원경의 가장 중요한 부품인 반사 거울이 제작 단계에서 잘못 가공되었다는 충격적인 사실을 깨달았다. 간단히 말해서, 20억 달러짜리 망원경이 제값을 못하게 된 것이다. 허블 프로젝트에 참여했던 과학자들은 한동안 패닉 상태에 빠졌다.

이 문제를 해결한 사람은 컴퓨터 전문가들이었다. 메릴랜드 주 볼티모어에 있는 우주 망원경 연구소의 과학자들이 허블 망원경이 촬영한 영상을 보정하는 영상 처리 기법을 개발하여, 흐릿한 영상에서 최대한의 정보를 추출할 수 있게 되었다. 이때 개발된 영상 처리 알고리즘은 유방 조영상에서 암세포를 찾는 데도 사용되기에 이르렀다.

이것이 전부가 아니다.

1997년, 허블 망원경의 두 번째 수리팀이 우주왕복선을 타고 궤도에 올라가 디지털 감지기를 새것으로 교체했다. (첫 번째 수리팀은 1993년에 파견되어 광학 기기의 오류를 수정하고 돌아왔다.) 이것은 작고 어두운 사진을 크고 선명하게 바꿔주는 장치이다. 지금 이 기술은 유방암의 조기 진단을 위한 조영상의 다음 단계인 유방 생검 기법에 활용되면서, 검사할 때 절개를 최소화하고 비용도 절감하게 되었다.

요즘은 과학과 사회를 융합한 초대형 프로젝트가 곳곳에서 진행되고 있다. 1960년대 초에 케네디 대통령이 달에 사람을 보내겠다고 공언한 후로 변호사나 은행가가 될 사람들이 과학 분야로 대거 모여들었고, 그 덕분에 분야 간 융합이 활발하게 이루어지기 시작했다. 이 세대는 최초로 개인용 컴퓨터를 만든 정보화 1세대로서, 마이크로소프트 사를 설립한 빌 게이츠와 애플 컴퓨터 사의 스티브 잡스가 그 대표적 인물이다. 아폴로 11호가 달에 착륙했을 때 게이츠는 열세 살, 잡스는 열네 살이었다. 컴퓨터 시대를 선도한 사람은 은행가나 예술가, 또는 운동선수가 아니라 탄탄한 기술력을 갖춘 히피 세대였다.

물론 이 세상에는 은행가가 있어야 하고, 예술가와 운동선수도 필요하다. 이들이 있어야 사회와 문화가 균형을 유지하면서 다양하게 발전할 수 있다. 그러나 새로운 경제 분야가 계속해서 탄생하려면, 미래 기술을 창조하는 과학자들이 반드시 있어야 한다. 내 꿈은 앞으로 사람과 로봇이 힘을 합쳐 태양계를 개척해나가는 것이다.

18
아직은 잘 진행되고 있다[★]

2004년 9월 8일, NASA의 샘플 채취 탐사선 제너시스호의 캡슐이 귀환 도중에 낙하산이 펴지지 않아 시속 320킬로미터로 유타 사막에 추락했다. 이 우주선은 지구로부터 약 150만 킬로미터 떨어진 거리에서 거의 2년 반 동안 태양 주변을 선회하며 태양에서 방출된 입자를 수집해왔다. NASA의 과학자들은 추락 잔해 속에서 일부 데이터를 복구하여 "2억 6000만 달러를 날렸다."는 비난만은 간신히 피해 갈 수 있었다.

하지만 아무것도 복구하지 못했다 해도 비난만 할 일은 아니라고 생각한다. 제너시스는 그 자체만으로 우리의 우주 탐험 프로젝트가 잘 진행되고 있음을 보여주는 상징이기 때문이다. NASA에서 제작한 두 지질 탐사 로봇 스피릿과 오퍼튜니티는 화성에 도착한 후 원래 기대했던 수명보다 훨씬 오래 버티면서 선명한 사진을 여러 장 보내왔

★ 닐 디그래스 타이슨과 도널드 골드스미스의 미발표 칼럼, 2004년 9월.

고, 지구의 과학자들은 이 사진들을 분석하여 과거 화성에 강과 호수, 바다가 존재했음을 확인할 수 있었다. 또한 1996년 11월에 발사된 '화성 전역 조사선'도 예상 수명보다 훨씬 긴 시간 동안 화성 궤도를 돌면서 화성 표면의 고해상도 사진을 전송해 왔으며, 2003년 6월에 유럽 우주국이 발사한 마스 익스프레스 오비터Mars Express Orbiter는 화성 대기에서 메탄을 발견하여 지하에 박테리아가 존재할 수도 있음을 보여주었다. 그리고 1997년 10월 15일에 발사된 토성 탐사선 카시니호는 토성의 가장 큰 위성인 타이탄에 우주선 호이겐스호를 착륙시켜 메탄으로 이루어진 호수의 존재를 확인했다. 타이탄에는 생명체가 존재할지도 모른다. 그 밖에 수성의 궤도에 최초로 진입한 탐사선 메

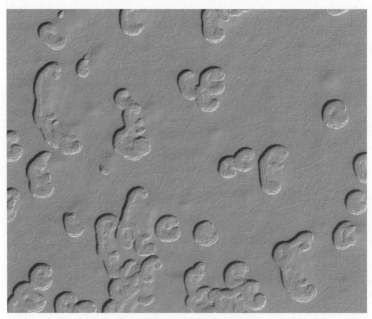

화성 전역 조사선이 1999년 11월에 촬영한 화성 남극의 '스위스 치즈' 지형. NASA/JPL/Malin Space Science Systems

신저호도 있다.

개중에는 태양계 바깥을 관측하는 탐사선도 있다. NASA의 '찬드라 엑스선 관측선'은 블랙홀 주변에서 방출되는 강한 엑스선을 관측하는 데 성공했고, 스피처 우주 망원경은 갓 태어난 별과 탄생 중인 별의 위치가 상세하게 기록된 우주 지도를 작성 중이다. 또한 유럽 우주국에서 발사한 인테그럴 위성은 폭발하는 별에서 방출되는 감마선을, NASA의 '스위프트 감마선 폭발 탐사선'은 우주 먼 곳에서 날아온 감마선을 관측하고 있으며, 허블 우주 망원경은 지구 궤도를 돌면서 별과 은하의 생성 과정 등 우주의 비밀을 사진으로 풀어내고 있다.

나는 우주에서 찍은 지구 사진을 볼 때마다 국경이라는 것이 무의미함을 다시 한 번 느끼곤 한다. 여기서 한 걸음 더 나아가 우주 공간 사진을 접하면 누구나 겸손해질 수밖에 없다. 이 광활한 우주 안에서 인간이라는 존재가 작아도 너무 작기 때문이다.

19

허블에게 사랑을 보내며★

인간이 만든 관측 도구 중 우리에게 가장 많은 정보를 제공했던 허블 우주 망원경이 2009년 봄에 다섯 번째이자 마지막 수리를 받았다. 케네디 우주 센터에서 발사된 우주왕복선을 타고 허블 망원경까지 날아간 수리팀은 부품을 교체하거나 업그레이드하고 고장 난 부분을 즉석에서 수리했다.

고속버스 크기만 한 허블 망원경은 1990년에 우주왕복선 디스커버리호에 실려 궤도에 진입한 후 예상 수명 10년을 훌쩍 넘기면서 묵묵히 임무를 수행해왔다. 과거의 학생들은 주로 '상상화'를 보며 우주에 관해 배웠지만, 요즘 중고등학생들이 배우는 교과서에는 허블 망원경이 찍은 생생한 우주 사진이 여러 장 실려 있다. 간단히 말해서, 요즘 학생들은 허블을 통해 우주를 배우고 있는 셈이다. 마지막 수리를 받은 후 허블의 수명은 몇 년 더 길어졌다. 가장 중요한 부분은 첨단 관

★ '허블에게 사랑을 보내며For the Love of Hubble', 〈퍼레이드〉, 2008년 6월 22일.

1990년 4월 25일, 디스커버리호에서 궤도에 놓이고 있는 허블 우주 망원경. NASA

측 카메라Advanced Camera for Surveys의 회로를 교체한 것인데, 2002년에 이 카메라가 장착된 후로 허블은 그야말로 기념비적인 사진들을 찍을 수 있었다.

허블 망원경을 수리하려면 손재주가 매우 뛰어나야 한다. 최근에 나는 메릴랜드에 있는 NASA의 고더드 우주 비행 센터를 방문했다가 아주 희귀한 경험을 했다. 실제 허블 망원경과 크기가 똑같은 모조품의 수리 과정을 체험해본 것이다. 소감이 어땠냐고? 겪어보지 않은 사람은 정말 모른다. 우주 헬멧과 뭉툭한 장갑을 착용한 채 전용 스크루드라이버를 들고 조그만 회로 기판을 새것으로 교체한다고 상상해 보라. 게다가 우주에서는 중력도 작용하지 않는다. 그날 나는 우주복을 제대로 착용하지도 않았고 중력도 정상적으로 작용하고 있었지만, 임무 수행은커녕 드라이버를 손에 쥐고 있기조차 어려웠다. 그런 차림으로 조그만 나사를 돌리는 것은 거의 불가능해 보였다.

흔히 '우주인'이라고 하면 매우 용감하면서 고결한 성품의 소유자를 떠올리곤 한다. 그러나 모의 훈련을 잠깐 겪고 나니, 우주인은 "능란한 손재주와 적절한 도구를 갖춘 고급 수리공"이라는 느낌이 들었다.

우주로 발사된 망원경은 허블뿐만이 아니다. 그동안 다양한 용도의 우주 망원경들이 지구와 달의 궤도를 향해 발사되었다. 이들은 대기의 방해를 받지 않기 때문에, 지상에 있는 망원경보다 렌즈 구경이 작음에도 불구하고 훨씬 선명한 사진을 찍을 수 있다. 그러나 이들 중 대부분은 향후 수리 계획이 전혀 없는 상태에서 발사되었기 때문에, 부품이 마모되거나 자이로스코프가 망가지거나 냉각수가 모두 증발하거나 배터리가 다 닳으면 망원경의 수명도 끝난다.

모든 우주 망원경은 과학 발전을 앞당기는 선구자 역할을 한다. 그러나 일부 망원경을 제외하고, 대부분은 발사 후 애프터서비스는 물론 대중들의 관심도 받지 못한 채 조용히 임무를 수행해왔다. 이들의 주된 임무는 가시광선 영역을 벗어나 있으면서 지구의 대기권을 절대 통과하지 못하는 빛을 관측하는 것이다. 우주의 천체와 그곳에서 벌어지는 각종 사건들은 한 개, 또는 몇 개의 단색광을 통해 그 존재를 드러낸다. 예를 들어 블랙홀은 빛을 직접 방출하지 않지만 그 주변을 에워싸고 있는 기체들이 블랙홀에 빨려 들어가면서 엑스선을 방출한다. 즉, 블랙홀은 엑스선이라는 2차 징후를 통해 자신의 존재를 간접적으로 드러내고 있다. 또한 우주 망원경은 빅뱅의 증거인 우주 배경 복사도 관측해냈다.

반면에 허블 망원경은 가시광선을 이용하는 최초이자 유일한 우주 망원경으로, 역사상 가장 선명하고 상세한 총천연색 영상을 꾸준히 전송해왔다. 허블은 인터넷이 막 기지개를 켜던 1990년에 발사되어, 디지털 영상을 처음으로 인터넷에 공개한 주인공이기도 하다. 다들 알다시피 재미있고 데이터 사용료를 물지 않으면서 전달하기 쉬운 자료는 인터넷에서 급속하게 퍼져 나간다. 허블이 보내온 영상은 네티즌들 사이에 빠르게 전파되어, 전 세계 PC의 화면 보호기나 배경 화면용 이미지로 사용되었다.

허블 망원경은 우주를 가정집 뒷마당으로 옮겨놓았다. 또는 뒷마당을 우주로 바꿔놓았다고 말해도 좋다. 허블이 보내온 사진은 부가 설명이 필요 없을 정도로 너무나 선명하고 생생하다. 살아 있는 듯한 행성들, 빽빽하게 늘어선 별들, 오색찬란한 성운, 죽음을 부르는 블랙홀, 웅장하다 못해 아름답기까지 한 두 은하의 충돌, 거대한 스케일의 우주… 이런 사진들을 보며 우리는 우주에 대한 추억을 쌓는다.

스페이스 트윗 20   @neiltyson • 2011년 2월 20일 오후 6:56

허블 망원경을 비롯한 우주 탐사선이 연이어 발사되면서 밤하늘에 찍힌 작은 점들은 접근 가능한 세계가 되었고, 그 세계는 우리 집 뒷마당으로 옮겨왔다.

지금까지 허블 망원경은 사상 유례없는 업적을 이루어냈다. 아무리 부정적인 사람이라도 여기에 이의를 달지는 않을 것이다. 허블은 다른 어떤 과학 장비보다 많은 수의 논문을 양산했으며, 우주와 관련된 해묵은 논쟁에 명쾌한 답을 제시해주었다. 그중에서 가장 유명한 사례는 아마도 우주의 나이에 관한 논쟁일 것이다. 과거에는 관측 데이터가 태부족하여, 천문학자들의 주장이 100억 년에서 200억 년까지 거의 두 배나 차이가 났다. 전문가들의 의견이 이렇게 다른 것은 확실히 불편한 상황이다. 그러나 허블 망원경은 어떤 특정한 별의 밝기가 거리에 따라 어떻게 변하는지 확실하게 보여주었으며, 천문학자들은 이 정보를 방정식에 대입하여 별까지의 거리를 산출할 수 있었다. 여기에 우주의 팽창 속도를 고려하여 시계를 거꾸로 되돌리면 우주 탄생 후 흐른 시간이 얻어진다. 정답은 137억 년이었다.

허블이 알아낸 또 하나의 사실은 대형 은하의 중심에 블랙홀이 존재한다는 것이었다. 과거에도 이런 주장이 종종 제기되었지만, 관측 자료가 부족하여 오랫동안 가설로 남아 있었다. 은하수를 비롯한 대형 은하의 중심에는 주변의 별과 물질을 집어삼키는 초대질량 블랙홀이 자리 잡고 있다. 일반적으로 은하의 중심은 밀도가 너무 높아서, 지구에 있는 천체망원경으로 촬영하면 희미한 빛밖에 나타나지 않는다. 그러나 허블 망원경은 은하의 중심 근처에 있는 별을 단계적으로 추적한 끝에, 이들이 엄청난 속도로 이동하고 있음을 알아냈다. 작은 공간에서 그토록 강한 중력을 행사할 수 있는 천체는 블랙홀밖에 없으므로, 천문학자들은 그곳에 블랙홀이 있다고 결론지었다.

우주왕복선 컬럼비아호 참사가 일어난 뒤 이듬해인 2004년에 NASA는 허블 망원경을 더 이상 수리하지 않겠다고 발표했다. 그런데 이때 NASA의 결정을 가장 강하게 반대한 단체는 정부 기관이나 연구소가 아닌 일반 대중들이었다. 이들은 마치 횃불 시위를 하듯이 반박 기사와 탄원서 등 온갖 수단을 동원하여 반대 목소리를 냈고, 여론에 부담을 느낀 미국 의회는 결국 NASA의 결정을 뒤집을 수밖에 없었다. 천문학자나 공학자가 아닌 대중들이 허블 망원경을 구한 것이다.

물론 이 세상 그 어떤 것도 영원할 수는 없다. 천체물리학 이론에 의하면 우주 자체도 영원하지 않다. 허블 망원경도 언젠가는 수명을 다할 것이며, 그 후에는 제임스 웹 우주 망원경이 허블의 역할을 대신해줄 것이다. 이 망원경은 2018년 10월에 발사될 예정인데, 일단 궤도에 오르기만 하면 은하수의 먼지구름 속에서 갓 형성되고 있는 어린 별과 은하 자체의 형성 과정을 세밀하게 촬영하는 등, 우주의 기원을 밝히는 데 크게 기여하게 될 것이다.

NASA는 2011년에 모든 우주왕복선을 퇴역시켰다. 전후 사정을 모르는 사람들에게는 소극적인 조치처럼 보이겠지만, 정치인들이 의지를 보여준다면 이 일을 계기로 우주왕복선보다 뛰어난 우주선이 탄생할 수도 있다. 그리고 새로운 우주선은 지구 저궤도를 벗어나 머나먼 신천지로 우리를 안내할 것이다.

20
아폴로 11호의 기념일을 축하하며★
─ 달 착륙 40주년 기념식 축사 ─

미국 항공우주 박물관은 매우 특이한 곳입니다. 미국을 방문한 외국인 친구에게 미국의 모든 것을 한눈에 보여주고 싶다면, 항공우주 박물관에 데려갈 것을 강력히 추천합니다. 이곳에는 1903년에 제작된 라이트 형제의 비행기에서 시작하여 1927년에 대서양을 최초로 단독 횡단한 린드버그의 스피릿 오브 세인트루이스, 1926년에 시험 발사되었던 고더드 로켓, 그리고 아폴로 11호의 사령선에 이르기까지, 하늘을 날기 위해 목숨을 걸어온 미국인의 역사가 일목요연하게 전시되어 있습니다. 이들의 선구적인 노력이 없었다면 우리는 지금도 새를 부러워하며 땅에 붙은 채 살아가고 있을 겁니다.

오늘 우리는 아폴로 11호의 달 착륙을 기념하기 위해 이 자리에 모였습니다. 그날이 1969년 7월 20일이었으니, 오늘로 정확히 40년이 되었습니다. 40─꽤 의미심장한 숫자입니다. 과거 지구 전역에 홍수

★ 아폴로 11호 달 착륙 40주년 기념식 축사, 스미스소니언 항공우주 박물관, 워싱턴 DC, 2009년 7월 20일.

가 났을 때 노아가 40일 동안 방주를 타고 표류했으며, 모세는 40년 동안 광야를 돌아다녔습니다.

아폴로 우주선은 모든 이의 야망에 불을 댕겼습니다. 우리가 이 자리에 모인 것도 그 야망 때문이죠. 그러나 야망을 이루기 위한 노력은 아직 끝나지 않았습니다. 물론 모든 사람들이 우리처럼 느끼지는 않을 겁니다. 40년 전에도 아폴로 우주선에 모든 사람들이 똑같은 감동을 느끼지는 않았습니다. 그것은 전적으로 우리 책임입니다. 1969년에 살았던 사람들은 인류가 달에 첫발을 내딛는 역사적인 장면을 생생하게 목격했지만, 지금 살고 있는 사람들 중 3분의 2는 1969년 이후에 태어났습니다. 결코 적은 수가 아니죠.

얼마 전, 제이 레노가 진행하는 토크 쇼 〈투나이트 쇼〉에서 놀라운 장면이 방송을 탔습니다. 레노가 길거리에 나가 지나가는 사람들에게 질문을 던졌는데, 학부 과정을 갓 졸업한 한 대학원생에게 "지구의 위성이 몇 개인지 아십니까?"라고 물었더니, 그 여학생은 "천문학 강의를 들은 지 1년도 넘었는데, 그걸 어떻게 일일이 기억해요?"라고 대답했습니다.

어찌 이런 일이….

미국에는 우주 시대를 풍미했던 우주인이 많이 있습니다. 이들은 역사의 일부이자 한 세대를 대표하는 영웅들이죠. 개중에는 우주에 갔다 오지 않은 영웅도 있습니다. 지난 주 금요일에 언론인 월터 크롱카이트가 92세를 일기로 세상을 떠났습니다. 그의 부음을 접하고 처음에는 매우 슬펐지만, 훗날 우리가 그 나이가 되면 죽음은 슬퍼할 일이 아니라 축하할 일이 될지도 모릅니다. 크롱카이트는 가장 존경받는 미국인의 한 사람으로, 뛰어난 지성과 성실한 자세로 오랜 세월 동안 〈CBS 저녁 뉴스〉를 진행해왔습니다.

어린 시절, 크롱카이트라는 이름을 처음 접했던 날이 아직도 기억에 생생합니다. 여러분이 아는 사람 중에 월터가 아닌 다른 '크롱카이트' 가 있습니까? 아마 한 명도 없을 겁니다. 매우 특이한 이름이죠. 마치 주기율표에 나오는 원소 이름 같습니다. 알루미늄, 니켈, 실리콘은 실제로 존재하는 원소이고 영화 〈슈퍼맨〉에 등장하는 가상의 크립토나이트kryptonite도 유명한데, '크롱카이트'도 왠지 그런 느낌이 납니다.

1968년 12월 21일 오전 7시 51분, 케네디 우주 센터에서 아폴로 8호가 발사되었습니다. 이것은 지구 저궤도를 벗어난 최초의 장거리 미션이었으며, 지구가 아닌 다른 천체를 목적지로 삼은 것도 처음이었습니다. 그런데 월터 크롱카이트는 발사 장면을 생중계하다가 어느 순간에 "아폴로 8호의 사령선이 지구의 중력을 벗어났다."고 외쳤습니다. 당시 열 살이었던 나는 이 말을 듣고 깜짝 놀랐습니다. "중력을 벗어났다고? 어떻게 그럴 수가 있지? 아직 달에 도착하지도 않았고, 달에 도착해도 지구의 중력은 여전히 작용할 텐데 어떻게 중력을 벗어난다는 거야?" 나중에 안 사실이지만, 그것은 지구와 달 사이에 있는 라그랑주 점Lagrangian point(지구와 달의 중력이 균형을 이루는 점)을 통과했다는 뜻이었습니다. 어떤 물체건 지구를 떠나 이 점을 지나치면, 그다음부터는 지구가 아닌 달을 향해 떨어집니다. 그러니까 나는 월터 크롱카이트에게 물리학을 배운 셈입니다. 아폴로 11호 40주년 기념일

즈음에 세상을 떠난 미국의 웅변가에게 신의 가호가 함께하길 기원합
니다.

❧

참으로 바쁜 한 주였습니다. 우리는 월터 크롱카이트를 잃었지만, 그
와 동시에 새로운 일꾼을 얻었습니다. 미국 상원에서 신임 NASA 국
장 찰스 F. 볼든 주니어를, 부국장 로리 B. 가버를 인준한 것입니다.
로리 가버―그녀는 한평생을 우주와 함께해온 전문가로서, 1983년부
터 존 글렌과 함께 이 분야에서 경력을 쌓기 시작하여 전미 우주학회
이사를 지낸 인물입니다. 나는 로리 가버와 15년 동안 친구로 지내왔
고, 찰스 볼든을 안 지는 15분쯤 됩니다. 조금 전에 접견실에서 그를
처음 만났는데, 외모와 경력이 너무 화려하여 할리우드 배우인 줄 알
았습니다. 그는 전투기 조종사로 해군에 복무했고, 14년 동안 NASA
의 우주인으로 활동하는 등 40여 년간 공직에 종사해왔습니다. 그의
NASA 국장직을 인준하기 위해 열린 청문회에서 의원들은 "맞아, 찰
리가 정답이지!"라며 입을 모았습니다. 청문회가 아니라 무슨 축제 현
장을 보는 것 같았습니다.

　여러분도 잘 알다시피, NASA가 무언가를 결정할 때는 그럴 만한
이유가 있습니다. 나는 지금까지 두 번에 걸쳐 NASA와 관련된 위
원회에 참석해왔는데, 하나는 '미국 항공우주 산업의 미래에 관한 자
문 위원회'(2002년에 공개된 최종 보고서의 제목은 〈누구나, 무엇이나, 어디나, 언
제나〉)이고, 또 하나는 '미국 우주 탐사 정책의 실시에 관한 자문 위원
회'(2004년에 공개된 최종 보고서의 제목은 〈발견과 혁신을 위한 여행: 달과 화성, 그

리고 그 너머〉〉였습니다. 당시 위원회의 임무는 '가능한 일'과 '불가능한 일'을 구분하는 것이었는데, 나는 이 위원회의 일원이 되었다가 우주 여행을 옹호하는 일반 대중들에게 엄청난 비난을 들어야 했습니다. 그들도 나름대로 NASA의 미래를 생각하고 있었던 겁니다. 그중에는 새로운 로켓을 설계한 사람, 새로운 목적지를 주장한 사람, 심지어는 새로운 추진체를 제안한 사람도 있었습니다. 처음에 나는 대중들이 일을 방해한다고 생각했지만, 한 걸음 물러나 상황을 조망해보니 대중들이 NASA에 관심을 갖는 것은 확실히 좋은 징조였습니다.

NASA는 전문가의 의견에 귀를 기울였습니다. 놈 오거스틴이 이끌던 한 위원회는 NASA의 유인 우주 프로그램의 가능성을 검토한 후, 2009년에 〈유인 우주 프로그램의 가치〉라는 제목의 최종 보고서를 제출했습니다. 지금도 여러분은 hsf.nasa.gov('hsf'는 human spaceflight의 약자)에 접속하여 각자의 의견을 피력할 수 있습니다. 국가의 중요 사안에 일반 대중의 의견을 이런 식으로 수렴하는 나라가 과연 몇이나 될까요?

나는 천체물리학자입니다. 우주인이라기보다는 과학자죠. 나의 주된 관심사는 폭발하는 별과 블랙홀, 은하수의 미래 등입니다. 우주 정거장을 건설하는 것이 우주 개발의 전부가 아닙니다.

최근에 진행된 우주 프로그램 중 개인적으로 가장 관심 있게 본 것은 우주왕복선 애틀랜티스호의 허블 우주 망원경 수리였습니다. 2009년 5월에 애틀랜티스호의 승무원들은 허블 망원경을 수리하고, 일부 부품을 교체했습니다. 제가 보기에 그들은 우주인astronaut이라기보다 '우주 의사astrosurgeon'에 가깝습니다. 이들은 우주 유영을 다섯 번이나 반복하면서 망원경의 수명을 5~10년가량 늘려놓았습니다. 이 정도면 거의 새 망원경을 설치하고 온 거나 다름없죠. 수리팀은 새로 제작된 부품 두 개를 설치하고, 자이로스코프와 배터리를 교체하고, 열 차단기를 추가로 설치했습니다. 갈릴레오 시대 이후 가장 유명한 천체망원경을 보호하려면 이 정도는 기본입니다. 애틀랜티스호는 유인 우주 프로그램 역사상 가장 중요한 임무 중 하나를 성공적으로 수행하고 돌아왔습니다.

스페이스 트윗 21 @neiltyson · 2010년 5월 14일 오전 2:22
우주왕복선 애틀랜티스호가 퇴역을 앞두고 오늘 마지막 비행에 나선다. 아이작 뉴턴의 사과나무 일부를 싣고 간다고 한다. 멋지지 않은가!

허블 우주 망원경을 수리하고 있는 애틀랜티스호의 우주인 마이클 굿(왼쪽)과 마이크 마시미노, 2009년 5월 17일. NASA

그동안 허블은 환상적인 우주 사진을 전송해 오면서 만인의 사랑을 받아왔습니다. 그러나 사람들이 허블에 애정을 갖는 데에는 또 다른 이유가 있습니다. 매우 오랜 시간 동안 우리와 함께해왔기 때문입니다. 다른 우주 망원경들은 애초에 수리 계획이 없었습니다. 냉각수는 3년이 지나면 떨어지고, 자이로스코프의 수명은 5년입니다. 그리고 6년 뒤 태평양에 버려지죠. 그러니 사람들은 이런 망원경이 왜 발사되었으며 무슨 일을 하고 있는지 충분히 이해하지 못합니다.

영감靈感은 다양한 경로를 통해 찾아옵니다. 우주는 영감을 자극하는 촉매일 뿐이죠. 우주는 우리의 마음과 영혼 속에서 창조력이 발휘되도록 유도합니다. 우주는 과학의 대상이기 전에, 인류의 문화 속에 깊이 각인되어 있습니다. 2004년에 NASA는 '탐험 사절단 상'이라는 새로운 상을 제정했습니다. 이것은 매년 수여되지 않으며, 한 개인에게 주는 상도 아닙니다. 상품은 아폴로 우주인들이 여섯 차례에 걸쳐 달에서 가져온 380킬로그램의 돌멩이와 흙으로, 1세대 탐험가들에게 경의를 표하고 그들의 뜻을 이어간다는 의미가 담겨 있습니다.

오늘 저녁 우리는 이 상을 존 F. 케네디 대통령 가문에 수여하고자 합니다. 그는 1961년 5월에 의회 연설을 하는 자리에서, 1960년대가 가기 전에 미국인을 달에 보내겠다고 선언했습니다. 이 유명한 연설을 모르는 사람은 없습니다. 그러나 다음 해에 텍사스 주 휴스턴에 있는 라이스 대학교에서 했던 연설을 기억하는 사람은 별로 없을 겁니다. 케네디는 이 자리에서 "인류 역사에 존재했던 과학자들 중 대부분은 지금 이 시대를 살고 있다."면서, 다음과 같이 연설을 이어갔습니다.

인류의 지난 5만 년 역사를 50년으로 압축했을 때, 처음 40년은 알려진 내용이 거의 없습니다. 다만 이 시기가 끝날 무렵에 인간은 동물의 가죽으로 옷을 만들어 입기 시작했죠. 그리고 약 10년 전, 인간은 동굴에서 나와 자기 손으로 집을 짓기 시작했으며, 5년 전에 문자와 바퀴를 발명했습니다. (…) 증기 기관이 등장한 것은 불과 두 달 전이었고, 바로 지난달에 전기와 전화, 자동차, 비행기가 비로소 등장했으며, 지난주에 페니실린과 TV, 그리고 핵무기가 발명되었습니다. 이제 미국에서 제작한 우주선이 금성에 도달한다면, 오늘 밤 자정이 지나기 전에 지구가 아닌 천체에 진출하는 셈입니다.

이날 케네디는 미국이 어려운 과제에 최초로 성공하여 전 세계의 리더가 되어야 한다는 점을 여러 번 강조하면서, 돈이 얼마가 들건 상관하지 않겠다고 했습니다. 그의 계산에 의하면 사람을 달에 보내는 데들어가는 돈은 미국인 1인당 한 주에 50센트였습니다. 케네디는 이돈이 가져올 결과를 다음과 같이 설명했습니다.

달은 지구에서 38만 킬로미터나 떨어져 있습니다. 따라서 미국인을 달에 보내려면 100미터가 넘는 초대형 로켓이 필요합니다. 축구장보다 길죠. 게다가 이 로켓은 뜨거운 열과 살인적인 압력을 견뎌야 하기 때문에 대부분이 새로운 합금으로 되어 있으며, 일부 재료는 아직 발명되지도 않은 상태입니다. 여기에 추진 장치와 유도 장

치, 제어 장치, 통신 장치, 음식과 생명 유지 장치를 싣고 한 번도
가본 적 없는 곳에 한 번도 시도해본 적 없는 임무를 수행하러 갈
것입니다. 그리고 임무를 완수한 후에는 다시 지구까지 날아온 후
시속 4만 킬로미터로 대기권을 통과해야 합니다. 이때 발생하는 열
은 태양 표면 온도의 절반에 가깝죠. (…) 60년대가 가기 전에 이 과
업을 수행하려면 우리는 용감해져야 합니다.

이런 연설을 듣고 동감하지 않을 사람이 어디 있겠습니까!

아폴로 11호의 선장이었던 닐 암스트롱은 NASA가 공식적으로 설립
되기 한참 전부터 NASA의 일원이었습니다. 해군 전투기 조종사였던
그는 자신이 속한 함대에서 가장 젊은 파일럿이었으며, 한국 전쟁에
참전하여 78회의 출격 임무를 수행했습니다. 그는 달의 환경을 처음
으로 체험한 사람이자, 고요의 바다Sea of Tranquillity(아폴로 11호가 착륙한
지역의 이름—옮긴이)를 하늘과 땅에서 둘러본 사람이었습니다.

우주인을 좌석에 단단히 묶고 충분한 추력으로 로켓을 발사하면
달까지 그냥 날아갈 것 같지만, 사실 이것은 엄청난 사전 연구와 실험
의 결과였습니다. NASA는 1966~67년에 달의 환경을 분석하고 적
절한 착륙 지점을 찾기 위해 무려 다섯 차례에 걸쳐 우주선을 보냈습
니다. 아폴로 11호의 착륙 지점이 된 곳을 찍은 사진은 NASA 에임
스 연구소에서 진행하는 '달 궤도선 영상 복구 프로젝트'에 포함되어
있습니다. 그로부터 약 40년 후, NASA의 달 궤도 탐사선 LRO Lunar

Reconnaissance Orbiter가 달까지 날아가 아폴로 11호의 착륙 지점을 촬영
했는데, 당시 달에 두고 온 착륙선의 하강단이 긴 그림자를 드리운 채
그대로 남아 있었죠. LRO는 로봇이 탑재된 차세대 우주선으로, 사람
이 달에 다시 갈 때를 대비하여 최적의 착륙 지점을 탐색하는 중입니
다. LRO가 찍은 사진은 인터넷에 공개되어 있으므로 누구나 조회할
수 있습니다. 만일 여러분의 친구들 중에 아직도 "달 착륙은 쇼였다."
고 주장하는 사람이 있다면, 그에게 이 사진을 보여주기 바랍니다.

달에 갔다 온 지 40년이 지났지만, NASA는 아직도 우리 마음속에 살
아 있습니다. 지금 NASA가 쓰는 돈은 우리가 낸 세금의 0.5퍼센트에
불과한데, 의외로 많은 사람들이 이보다 훨씬 많이 쓴다고 믿고 있습
니다. 이런 분위기라면 NASA의 예산을 지금보다 몇 배로 올려도 별
문제가 없을 겁니다.

스페이스 트윗 22   @neiltyson • 2011년 7월 8일 오전 11:05
NASA의 예산은 세금 1달러 당 0.5센트밖에 안 된다. 분수로 쓰면 1/200달
러이고, 소수로 쓰면 0.005달러이다. 동네 구멍가게에 가서 아무리 뒤져봐
도 이 돈으로 살 수 있는 물건은 없다.

　사람들이 NASA의 예산을 실제보다 과대평가하는 이유는 NASA
가 어디에 돈을 쓰는지 낱낱이 공개되고 있기 때문입니다. 예산을 높
게 평가하는 것은 좋은 일이죠. NASA가 하는 일을 그만큼 고급스럽
게 생각한다는 뜻이니까요. 미국이 20~21세기에 가치를 부여해온 분

야에서 계속 앞으로 나아가기 위해서라도, 이 분위기가 계속 유지되길 바랍니다.

내가 보기에 NASA의 흥미로운 특징 중 하나는 10개의 센터가 미국 곳곳에 흩어져 있다는 점입니다. 당신이 그 근처에서 태어나 자랐다면, 친척이나 친구들 중 NASA에 근무하는 사람이 적어도 한 명은 있을 겁니다. NASA에서 일하는 것은 지역 사회의 자랑이며, 우주 여행에 일조하고 있다는 자부심이 들 정도로, NASA는 소수가 아닌 '국민의 기관'으로 인식되고 있는 겁니다.

아폴로 시대에 NASA에서 일했던 사람들 중 일부는 지금까지 NASA에 남아 있습니다. 정년 퇴임이 얼마 남지 않았지만, 이들이야말로 NASA의 산증인이죠. 앞으로 세월이 조금 더 흐르면 우리는 이들마저 잃게 될 겁니다. 아폴로 시대에는 우주인 외에도 정말로 많은 사람들이 프로젝트의 성공을 위하여 혼신의 노력을 기울였습니다. 이 조직을 피라미드에 비유한다면, 하부에는 핵심 기술을 개발한 수천 명의 공학자와 과학자들이 있습니다. 꼭대기에는 목숨을 걸고 임무를 수행했던 용감한 우주인들이 있는데, 이들이 성공을 거둘 수 있었던 것은 피라미드의 하부 구조를 굳게 믿었기 때문이죠. 그리고 다가올 세대의 열망과 영감이 피라미드의 하부를 튼튼하게 떠받치고 있습니다.

21
하늘로 가는 방법[*]

일상생활 속에서는 "내 몸을 허공에 띄운 채 그대로 유지시켜주는 추진력"에 대하여 생각해볼 기회가 거의 없다. 목적지가 가까우면 걸어가면 되고, 시간이 촉박하면 뛰거나 롤러블레이드를 타면 된다. 목적지가 먼 경우에는 버스나 승용차를 탄다. 이 모든 이동 수단은 당신의 발(또는 자동차의 바퀴)과 지면 사이의 마찰력에 의존하고 있다.

걷거나 뛸 때, 당신을 앞쪽으로 밀어내는 힘은 발바닥(정확히는 신발바닥)과 지면 사이의 마찰력이다. 자동차를 운전할 때에는 고무 타이어와 지면 사이의 마찰력이 차체를 앞으로 나아가게 한다. 그러나 매끈한 얼음판 위에서는 발바닥과 얼음 사이에 마찰력이 거의 작용하지 않기 때문에 원하는 방향으로 나아가기가 쉽지 않다.

지면을 벗어나 허공에 뜬 채로 이동하려면 강력한 엔진과 다량의 연료가 필요하다. 대기권 안에서는 프로펠러를 돌리는 가솔린 엔진이

[*] '연료 채우기 Fueling Up', 〈내추럴 히스토리〉, 2005년 6월.

나 제트 엔진을 사용하면 된다. 이런 엔진은 대기 중에서 공짜로 얻은 산소를 태워서 추진력을 얻는다. 그러나 대기가 없는 우주 공간으로 나가고 싶다면, 프로펠러와 제트 엔진은 창고에 넣어두고 공기나 마찰력 없이 추진력을 발휘할 수 있는 대체물을 찾아야 한다.

비행체를 지구 밖으로 내보내는 방법 중 하나는 뾰족한 앞부분을 위로, 분사구를 아래쪽으로 향하고 비행체 질량의 일부를 어떻게든 분사구를 통해 아래로 뱉어내게 하는 것이다. 질량을 한 방향으로 분사하면 비행체는 그 반대 방향으로 나아간다. 이것이 바로 '추진propulsion'의 원리이다. 우주선의 연료가 화학반응을 일으키면 고압의 불길이 생성되고, 이것이 분사구를 통해 뒤로 분출되면 우주선은 앞으로 나아간다. 코를 위로 향한 채 출발했다면 당연히 위로 날아갈 것이다.

모든 종류의 추진 현상은 아이작 뉴턴이 발견한 세 번째 운동 법칙의 결과이다.—모든 작용action에는 그것과 크기가 같고 방향이 반대인 반작용reaction이 존재한다. 그런데 할리우드 영화에서는 이 법칙이 통하지 않는 것 같다. 서부 영화에 등장하는 터프 가이들은 장총을 쏴도 몸이 뒤로 되튀지 않고, 슈퍼맨은 가슴에 총알을 맞아도 미동조차 하지 않는다. 이들은 뉴턴의 작용-반작용 법칙조차 피해 가는 모양이다. 아널드 슈워제네거의 터미네이터는 그나마 좀 낫다. 미래에서 온 이 살인 병기는 끔찍한 살상력을 자랑하지만, 총을 맞을 때마다 조금씩 뒤뚱거린다.

그러나 우주선은 서부 영화의 터프 가이나 슈퍼맨을 흉내 낼 수 없다. 우주선이 작용-반작용 법칙을 따르지 않는다면 위로 떠오르는 것

자체가 불가능하다.

우주 탐험의 꿈이 현실로 다가온 것은 1920년대의 일이었다. 1926년
에 미국의 물리학자 로버트 H. 고더드가 액체 연료로 작동하는 소형
로켓을 만들었는데, 실험 비행에서 12미터 상공에 도달한 후 출발지
로부터 약 55미터 떨어진 곳에 추락했다. 비행 시간은 3초였다.

　로켓 비행을 연구한 사람은 고더드뿐만이 아니었다. 20세기 초에
러시아의 물리학자이자 고등학교 교사였던 콘스탄틴 예두아르도비치
치올콥스키는 우주 여행과 로켓 추진의 기본 개념을 정립했다. 놀라
운 것은 그가 다단계 로켓을 구상했다는 점이다. 연료 탱크를 여러 개
설치한 후 비행 중 소진된 연료 탱크를 몸체에서 분리하면 로켓의 무
게가 크게 줄어들어 향
후 가속이 쉬워진다. 또
한 그는 로켓 방정식을
유도하여 비행에 필요
한 연료의 양을 계산했
는데, 이 방정식은 지금
도 일선에서 유용하게
쓰이고 있다.

　그로부터 거의 반세
기가 지난 후, 나치의
과학자들은 현대 로켓

1926년 3월 16일, 매사추세츠 주 오번에서 액체 연료 로켓을 실
험하는 로버트 H. 고더드. NASA

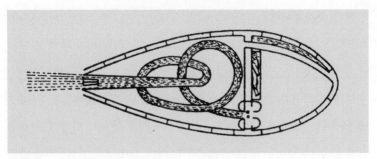

치올콥스키가 1914년에 구상한 로켓의 설계도.

의 원조 격인 V-2를 개발했다. V-2는 전쟁용 무기로 개발되어 1944년에 처음 발사되었는데, 주요 표적은 히틀러의 눈엣가시인 런던이었다. 그러니까 V-2는 "지평선 너머 멀리 떨어져 있는 도시를 표적으로 삼은" 최초의 로켓이었던 셈이다. V-2는 최고 시속 5600킬로미터로 수백 킬로미터를 날아가 목표물에 거의 정확하게 떨어졌고, 마른하늘에 날벼락을 맞은 런던 시민들은 한동안 공포에 떨어야 했다.

그러나 지구 궤도를 완전히 돌려면 속도가 V-2보다 다섯 배쯤 빨라야 한다. 그런데 운동 에너지는 속도의 제곱에 비례하므로, V-2와 질량이 같은 로켓을 만들어서 지구 궤도에 올리려면, V-2의 25배에 달하는 에너지를 발휘해야 한다. 그리고 지구의 중력권을 탈출하여 달이나 화성을 향해 계속 날아가려면 로켓의 속도가 무려 시속 4만 킬로미터에 도달해야 한다. 1960~70년대에 발사됐던 아폴로 우주선들은 바로 이런 속도로 날아갔다. 게다가 아폴로는 편도가 아닌 왕복용이었으므로, 임무 기간 동안 두 배의 에너지를 발휘해야 했다.

에너지를 좌우하는 것은 연료의 양이다. 따라서 달에 갔다가 되돌아오려면 처음부터 엄청난 양의 연료를 싣고 출발해야 한다.

바로 이 시점에서 치올콥스키의 로켓 방정식이 개입된다. 그런데 여기에는 우주로 나가는 모든 비행체들이 항상 직면하는 문제가 도사리고 있다. 처음 출발할 때 싣고 가는 연료의 상당 부분은 나머지 연료를 운반하는 데 사용된다. 즉, 나중에 쓸 연료를 운반하기 위해 엄청난 양의 연료가 필요한 것이다. 그러나 무턱대고 연료를 실을 수는 없다. 연료가 많으면 하중이 커져서 연료를 추가해야 하고, 그러면 또 하중이 커져서 또 연료를 추가하고… 이런 식의 악순환이 반복된다. 과연 어떻게 해결해야 할까? 다단계 로켓을 도입하면 문제를 어느 정도 해결할 수 있다. 아폴로 사령선이나 인공위성, 또는 우주왕복선 같은 탑재물을 엄청나게 큰 로켓에 연결하여 발사한 후, 연료가 소진될 때마다 단계적으로 추진체를 떼어내는 것이다. 그렇다면 빈 연료 탱크를 그냥 버리지 말고 어떻게든 회수하여 재활용할 수도 있지 않을까?

아폴로 11호 승무원을 달로 보냈던 새턴 5호 로켓은 36층 건물과 맞먹을 정도로 거대했다. 이렇게 큰 로켓을 발사했는데, 나중에 돌아온 것은 세 명의 승무원을 태운 조그만 원뿔형 캡슐뿐이었다. 나머지는 다 어디로 갔을까? 사실, 새턴 5호의 대부분은 연료가 차지하고 있었다. 발사 후 2분 30초 만에 로켓이 초속 2.5킬로미터(시속 9000킬로미터)에 도달하면서 1단계 연료 탱크가 분리됐고, 6분 후에 초속 7킬로미터(시속 2만 5000킬로미터)에 도달하면서 2단계 연료 탱크가 분리되었다. 3단계의 이력은 좀 복잡한데, 일단은 지구 궤도에 도달할 때까지 우주선을 가속한 후 궤도를 벗어날 때 다시 한 번 가속했고, 3일 후 달 궤도에 진입할 때 역추진 엔진을 1~2회 작동시켜서 속도를 늦췄다. 각 단계를 거칠 때마다 우주선은 점점 작아져서 적은 연료로 많은 일을 할 수 있게 되었다.

1981~2011년 사이에 NASA에서 운용했던 우주왕복선은 비행기처럼 생긴 오비터orbiter(승무원이 타는 곳)와 화물을 싣는 적재함, 그리고 세 개의 커다란 엔진으로 이루어져 있다. 그런데 우주왕복선이 발사될 때는 본체 외에 또 다른 장치가 부착되어 있다. 50만 갤런의 연료를 싣고 자체 연소가 가능한 주 연료 탱크와, 900톤의 고체 연료가 담겨 있는 두 개의 고체 로켓 부스터가 바로 그것이다. 우주왕복선이 처음 이륙할 때 필요한 추진력의 85퍼센트는 고체 로켓 부스터에서 나온다. 이 추진체는 발사 2분 후 몸체에서 분리되어 낙하산을 단채 바다에 떨어지고, 미리 대기하고 있던 요원들이 추진체를 회수하여 다음 발사 때 재사용하게 된다. 그리고 발사 6분 후 왕복선이 탈출 속도에 도달하기 직전에 주 연료 탱크가 분리되는데, 이것은 대기권을 통과하면서 산산이 분해된다. 이 모든 과정을 겪은 후 우주왕복선이 궤도에 진입하면 처음 출발할 때 질량의 10퍼센트만 남는다.

스페이스 트윗 23　　　　　　　@neiltyson · 2010년 5월 14일 오전 3:03
우주왕복선의 주 연료 탱크는 산소가 없는 곳에서도 작동해야 하므로, 처음부터 산소를 싣고 가야 한다

자, 당신을 태운 우주선이 발사되었다. 목적지는 달이다. 처음 이륙할 때 몸이 엄청 무겁게 느껴졌지만, 지구 궤도를 벗어나 순항 속도

에 이른 후부터는 좀 살 것 같다. 그런데 정신이 돌아오니 또 다른 걱정거리가 떠오른다. 우주 공간에서는 마찰이 작용하지 않으므로 달까지 가는 데에는 별문제가 없지만, 지금 이 속도로 달에 착륙한다면 남아나는 게 없을 것 같다. 어떻게든 속도를 줄여야 한다. 그런데 우주 공간에서 속도를 줄이려면 속도를 증가시킬 때와 똑같은 연료가 소모된다.

지표면에서는 속도를 줄이기가 쉽다. 마찰력이 도와주기 때문이다. 자전거의 브레이크를 세게 잡으면 조그만 고무 조각이 타이어를 눌러서 바퀴가 돌지 못하게 하고, 이때부터 지면과 바퀴 사이에 마찰력이 작용하여 자전거가 멈추거나 속도가 줄어든다. 자동차의 브레이크도 원리는 비슷하다. 다만 이 경우에는 손이 아닌 발로 작동하며, 제동 장치가 네 바퀴에 동시에 작용하여 제동력을 높인다. 어쨌거나 두 경우 모두 마찰력을 이용하기 때문에, 속도를 줄일 때 별도의 연료가 소모되지 않는다. 그러나 우주 공간에서는 마찰력이 작용하지 않으므로, 속도를 줄이거나 멈추려면 로켓 엔진의 노즐을 반대쪽으로 향하는 수밖에 없다. 즉, 속도를 줄일 때에도 연료가 소모된다는 뜻이다.

우주 여행을 마치고 지구로 귀환할 때에는 감속을 위해 굳이 연료를 사용할 필요가 없다. 다행히 지구에는 대기가 있으므로, 마찰력을 이용하여 활공 비행을 하면 된다. 그래서 우주왕복선에는 다른 비행기들처럼 날개가 달려 있다. 비싼 연료를 쓰지 않아도 대기의 마찰력이 당신의 안전한 착륙을 도와줄 것이다.

2002년 4월 케네디 우주 센터에서 주 연료 탱크와 고체 로켓 부스터를 단 채 발사된 애틀랜티스호는 며칠간 임무를 수행하고 나서 활주로에 착륙했다. NASA

스페이스 트윗 24~27

@neiltyson • 2011년 3월 9일 오전 8:30

디스커버리호가 오늘 지구로 귀환한다. 이는 곧 27,000km/h에서 0km/h로 감속해야 한다는 뜻이다. 그러나 걱정할 것 없다. 지구의 대기(에어로브레이킹)가 알아서 속도를 줄여줄 것이다.

@neiltyson • 2011년 3월 9일 오전 10:54

디스커버리호가 착륙에 적당한 속도까지 감속하려면 지구를 3/4바퀴 돌아야 한다. 그 후 플로리다의 케네디 우주 센터에 안전하게 착륙할 것이다.

@neiltyson • 2011년 3월 9일 오전 11:5

디스커버리호는 최첨단 우주왕복선이지만, 귀환하면서 속도가 음속(마하 1) 아래로 떨어지면 뚱뚱한 글라이더로 돌변한다.

@neiltyson • 2011년 3월 9일 오전 11:59

디스커버리호의 무사 귀환을 축하합니다. 39회의 임무를 365일에 걸쳐 수행했고, 주행계로는 238,539,663km를 찍었네요. 수고 많으셨습니다!

한 가지 문제는 귀환 속도가 너무 빨라서 대기에 진입했을 때 엄청난 열이 발생한다는 점이다. 그래서 우주왕복선은 이륙할 때보다 착륙할 때 훨씬 더 위험하다. 한 가지 방법은 왕복선의 앞쪽 면을 단열재로 감싸는 것이다. 아폴로 11호의 원뿔형 캡슐이 대기권에 진입했을 때에는 다량의 에너지가 공기 중의 충격파로 전환되었고, 캡슐 밑바닥 물질이 계속 기화되면서 열을 빼앗아 갔다. 그러나 우주왕복선이 대기에 진입하면 거의 모든 에너지가 열로 변환되기 때문에 열 차폐용 타일로 몸체를 덮는 수밖에 없다.

이 타일은 만능 방패가 아니다. 독자들은 2003년 2월 1일에 우주왕복선 컬럼비아호가 임무를 마치고 귀환하던 중 대기권에서 산산이 분해되어 일곱 명이 목숨을 잃은 사건을 생생하게 기억할 것이다. 사고 자체는 귀환 도중에 일어났지만, 사고의 원인은 처음 이륙할 때 이미 발생했다. 주 연료 탱크를 덮고 있던 발포 단열재 일부가 출발 시의 진동을 이기지 못하고 떨어졌는데(이런 일은 과거에도 종종 있었으나, 떨어진 단열재가 사고를 유발한 적은 없었다—옮긴이) 이 조각이 왕복선 본체의 왼쪽 날개에 부딪치면서 열 차폐용 타일이 떨어져 나갔다. 대기권을 탈출할 때는 속도가 빠르지 않기 때문에 별문제 없었으나(물론 빠르긴 하지만 사고가 날 정도는 아니다), 귀환할 때 타일이 벗겨진 부분에서 화재가 발생하여 대형 사고로 이어진 것이다.

귀환하는 우주선을 안전하게 보호하는 방법이 있다. 지구 궤도에 주유소를 설치하면 된다. (물론 주유소도 궤도 운동을 한다.) 왕복선이 임무를 마치고 귀환할 때 주유소에 들러 연료를 공급받은 후 역추진 로켓을 최대 출력으로 가동하여 속도를 줄이면, 느긋한 속도로 대기권에 진입할 수 있다. 그다음부터는 보통 비행기처럼 착륙지를 향해 날아가면 된다. 마찰력도 없고, 충격파도 없고, 열 차폐막도 필요 없다.

연료는 얼마나 필요할까? 처음에 이륙해서 그곳에 도달하는 데 들어간 양만큼 있어야 한다. 그렇다면 주유소에서 왕복선에 공급할 연료는 어떻게 운반할 것인가? 모르긴 몰라도, 초고층 빌딩만 한 로켓의 꼭대기에 실어 나르면 될 것 같다.

뉴욕에서 캘리포니아까지 자동차로 갔다가 되돌아와야 한다고 가정해보자. 중간에 주유소가 하나도 없다면 트럭만 한 연료 탱크에 연료를 가득 채운 채 뒤에 달고 출발해야 한다. 그런데 연료가 무거워서 차가 움직이질 않는다. 하는 수 없이 더 큰 엔진으로 바꿨는데, 엔진 때문에 차체가 무거워졌으니 더 많은 연료가 필요해졌다. 그렇다고 연료를 더 실으면 엔진도 더 큰 것으로 또다시 바꿔야 하고… 이런 식으로 가다간 치올콥스키의 로켓 방정식이 당신의 전 재산을 말아먹을 것이다.

감속과 착륙은 귀환할 때만 마주치는 문제가 아니다. 여행 중에도 속도를 줄이거나 착륙을 시도해야 할 때가 있다. NASA에서 발사한 모든 탐사선들은 여행 도중 행성을 만나면 그냥 지나치지 않고 가까이 다가가서 관측을 시도하도록 프로그램되었다. 그런데 무작정 다가가면 중력에 이끌려 추락할 수도 있으므로 속도를 늦추면서 매끄럽게 궤도에 진입해야 하고, 이를 위해서는 어쩔 수 없이 연료를 소비해야 한다. 1977년에 발사된 보이저 2호는 지금까지 한순간도 쉬지 않고 태양계 바깥쪽을 향해 날아갔다. 여행 도중 목성을 만났을 때 중력 에너지를 이용하여 속도를 높였고, 토성을 만났을 때 동일한 과정을 한 번 더 겪었다. 그 후 보이저 2호는 1986년 1월에 천왕성에 도달했고 1989년 8월에 해왕성을 통과했다. 천왕성을 만나기 위해 거의 10년을 날아왔는데, 데이터를 수집하는 데에는 단 몇 시간밖에 걸리지 않았다. 이것은 록 콘서트를 보기 위해 이틀 동안 부지런히 달려갔는데, 콘서트가 단 6초 만에 끝난 것과 같다. 행성 근접 비행은 아예 안 하는 것보단 낫지만, 과학자들의 요구를 충족하기에는 역부족이다.

차를 몰고 가다가 시골 주유소에서 연료를 가득 채우려면 꽤 많은 돈이 들어간다. 과학자들은 기존의 석유보다 싸면서 성능도 좋은 대체 연료를 개발하기 위해 많은 노력을 기울여왔다. 그리고 로켓과학자들도 '추진'이라는 문제를 놓고 오랜 세월 동안 같은 고민을 해왔다.

오늘날 모든 우주선은 에탄올, 수소, 산소, 모노메틸 히드라진, 알루미늄 분말 등 화학 연료를 사용하고 있다. 그러나 공기 중에서 산소를 취하는 비행기와 달리 우주선은 공기가 없는 곳에서도 작동해야 하므로, 추진에 필요한 모든 재료를 자체 조달해야 한다. 즉, 연료와 산화제를 함께 싣고 가야 하는 것이다. 단, 이들은 완전히 분리된 용기에 들어 있어서 연결 밸브가 닫혀 있을 때는 아무런 일도 일어나지 않다가 밸브가 열리면 연료가 점화되면서 고온-고압의 기체가 노즐을 통해 뿜어져 나오고, 뉴턴의 작용-반작용 법칙에 의해 우주선은 앞으로 나아가게 된다.

비행기는 날개에 작용하는 양력 덕분에 위로 뜰 수 있다. 반면에 우주선에는 날개가 없으므로 대기권에서는 확실히 비행기보다 불리하다. 하지만 이 점을 고려하지 않더라도, 우주선은 일단 대기권을 벗어나야 하기 때문에 비행기보다 훨씬 많은 연료를 싣고 가야 한다. 나치 독일의 V-2 로켓은 에탄올과 물을 연료로 사용했고, 새턴 5호의 연료는 등유(1단계)와 액체 수소(2단계)였다. 그리고 두 로켓 모두 산화제로 액체 산소를 사용했다. 우주왕복선의 주 엔진은 대기권 밖에서도 작동해야 했으므로 액체 수소와 액체 산소를 사용했다.

연료의 효율을 더 높일 수는 없을까? 몸무게 70킬로그램인 당신이 허공에 뜨고 싶다면 발 아래에 70킬로그램을 떠받치는 추진 장치를 달아야 한다. (제트팩이라면 등에 메도 된다.) 추진력이 정확히 70킬로그램이라면 당신의 몸은 허공에 가만히 떠 있을 것이다. 그러나 우주로 나가는 것이 목적이라면 추진력은 70킬로그램보다 강해야 한다(사실 킬로그램은 힘이 아닌 질량의 단위이다. 힘을 계산하려면 질량에 가속도를 곱해야 하는데, 독자들의 직관적인 이해를 방해할 것 같아서 힘과 질량을 같은 양으로 취급했다—옮긴이). 예를 들어 추진력이 80킬로그램이면 당신의 몸은 위쪽으로 얌전하게 가속될 것이고, 추진력이 300킬로그램이면 당신의 몸은 자유 낙하할 때보다 세 배 이상 빠르게 가속될 것이다. 그런데 잠깐! 빠진 것이 있다. 당신의 몸무게는 70킬로그램이지만 연료를 추가하면 훨씬 더 무거워진다. 따라서 이전과 동일한 가속도를 내려면 더 강한 추진력이 필요하다.

스페이스 트윗 28   @neiltyson · 2010년 12월 7일 오전 12:27
지금 여기는 근사한 이탈리안 레스토랑. 식사가 끝날 무렵 그라파(이탈리아산 브랜디)가 나왔다. NASA는 로켓의 대체 연료로 이 술을 연구해볼 필요가 있다.

우주 전문가들이 추구하는 궁극의 목표는 말 그대로 '천문학적 양'의 에너지를 가능한 한 작은 용기에 담는 것이다. 화학 연료 로켓은 화학 에너지를 사용하기 때문에 추진력에 한계가 있는데, 그 원인을 추적하다 보면 결국 분자의 결합 에너지에 도달한다. 이 에너지를 키울 수는 없을까? 가능할 수도 있지만 지금 당장은 너무 어려우니 다른 해결책을 찾아보자. 우주선이 지구 대기를 벗어난 후에는 군이 막대한 양의 화학 연료를 태워가며 추진력을 발휘할 필요가 없다. 깊은 우주 공간에서는 소량의 이온화된 제논 가스만으로도 엄청난 속도를 낼 수 있다. (물론 엔진도 새로 개발해야 한다.) 또는 우주선에 커다란 돛을 달아서 태양풍을 바람 삼아 항해할 수도 있다. 태양풍 대신 지구나 인공위성에서 레이저를 발사해도 된다. 또한 우주과학자들은 앞으로 10년쯤 후에 핵반응기를 이용한 우주선이 등장할 것으로 기대하고 있다. 핵반응기에서 생성되는 에너지는 화학 연료 에너지의 수백~수천 배에 달한다. 한마디로 '로켓과학자의 꿈'이다.

그러나 뭐니 뭐니 해도 연료 효율이 가장 높은 것은 반물질 로켓이다. 이것은 물질과 반물질이 만나면서 생성되는 에너지를 추진력으로 사용하는 로켓인데, 부산물도 없고 효율도 엄청 높아서 최상의 엔진으로 불리지만 반물질을 다루는 기술이 아직 개발되지 않아서 SF 소설에만 간간이 등장하고 있다. 여기서 한 걸음 더 나아가 우주에 대한 이해가 지금보다 훨씬 깊어지면 시공간 속의 지름길인 웜홀wormhole을 통해 목적지에 도달할 수 있다. 이때가 되면 우주 여행에 관한 한 '한계'라는 단어는 사라질 것이다.

22

우주왕복선 마지막 나날

2011년 5월 16일:
인데버호의 마지막 발사

스페이스 트윗 29~31　　　　　　　　@neiltyson • 2011년 5월 16일 오전 8:29

카메라가 적절한 자리를 잡을 수 있다면, 고체 로켓 부스터가 점화되기 몇 초 전에 여섯 개의 멋진 광경을 볼 수 있다.

　　　　　　　　　　　　　　　　　　@neiltyson • 2011년 5월 16일 오전 8:30

1) 오비터orbiter* 날개에 달려 있는 플랩이 위아래로 흔들린다.—작동이 원활한지 확인하는 최종 테스트.

　　　　　　　　　　　　　　　　　　@neiltyson • 2011년 5월 16일 오전 8:32

2) 오비터 뒤에 달려 있는 세 개의 엔진 노즐이 위아래로 흔들린다.—노즐의 방향 조절이 원활한지 확인하는 최종 테스트.

★ 외부 연료 탱크를 제외한 우주왕복선 본체.—옮긴이

스페이스 트윗 32~36   @neiltyson · 2011년 5월 16일 오전 8:33

3) 발사대에 불똥이 우수수 떨어진다.—주 엔진에서 유출되었을지도 모를 가연성 수소를 미리 태워서 없애는 과정.

@neiltyson · 2011년 5월 16일 오전 8:35

4) 수영장을 가득 채울 정도로 많은 물이 발사대에 쏟아진다.—H_2O가 소리 진동을 흡수하여 우주선의 손상을 막는다.

@neiltyson · 2011년 5월 16일 오전 8:37

5) "주 엔진 점화!"—오비터의 엔진 세 개가 일제히 점화되어 추진 방향을 잡고, 왕복선을 위로 밀어 올린다. 그러나 몸체는 아직 볼트에 고정되어 있다.

@neiltyson · 2011년 5월 16일 오전 8:38

6) "3, 2, 1, 발사!"—고체 로켓 부스터가 점화되어 왕복선을 수직 방향으로 밀어 올린다. 볼트가 해제되고, 드디어 왕복선이 지면을 이탈한다.

@neiltyson · 2011년 5월 16일 오전 9:18

궁금한 사람들을 위한 탑: 우주왕복선 인데버호를 굳이 영국식 철자로 표기하는 이유는? 캡틴 쿡Captain Cook의 배에서 따온 이름이기 때문.

국제 우주 정거장에 도킹해 있는 인데버호, 2011년 5월 23일. NASA/Paolo Nespoli

2011년 6월 1일:
인데버호의 마지막 귀환

스페이스 트윗 37~43 @neiltyson • 2011년 6월 1일 오전 1:20

토막 상식: 인데버호가 안전하게 착륙하려면 발사 과정에서 얻은 운동 에너지를 모두 소진해야 한다.

@neiltyson • 2011년 6월 1일 오전 1:30

지금 인데버호는 '궤도 이탈 비행de-orbit burn'을 시도하고 있다. 궤도에서 벗어나 고도를 낮추면 공기 분자들이 운동을 방해하여 속도가 느려진다.

@neiltyson • 2011년 6월 1일 오전 2:00

인데버호가 대기권에 진입하면 주변 공기가 인데버호의 운동 에너지를 빼앗아 가면서 뜨거워진다.

@neiltyson • 2011년 6월 1일 오전 2:10

인데버호의 속도가 느려지면서 고도가 낮아지고, 고도가 낮아질수록 공기의 저항력도 커진다.

@neiltyson • 2011년 6월 1일 오전 2:20

인데버호가 대기를 통과하는 동안 타일의 온도는 수천 도까지 올라간다. 그래도 안에 타고 있는 승무원들은 안전하다.

@neiltyson • 2011년 6월 1일 오전 2:30

인데버호가 귀환하면서 그리는 궤적의 대부분은 하늘에서 수평 방향으로 투하된 포탄의 궤적과 똑같다. 이들은 음속보다 느린 속도에서 공기역학의 법칙을 따른다.

@neiltyson • 2011년 6월 1일 오전 2:34

케네디 우주 센터에 있는 우주왕복선 착륙용 활주로의 길이는 약 4,500m이다. 이렇게 긴 이유는 오비터에 브레이크가 없기 때문이다.

스페이스 트윗 44 & 45   @neiltyson · 2011년 6월 1일 오전 2:35

인데버호의 우주인들, 무사히 귀환하다! 이번 임무에서는 궤도를 248번 돌면서 10,477,185km를 비행했다. 그동안 인데버호는 25회의 임무를 수행했으며, 이 과정에서 궤도 운동 4,671회, 총 비행 거리 199,370,606km를 기록했다.

@neiltyson · 2011년 6월 1일 오전 9:10

아인슈타인의 상대성 이론에 의하면 인데버호의 승무원들은 궤도에 머무르는 동안 1/2,000초만큼 미래로 이동했다.

2011년 7월 8~21일:
애틀랜티스호의 마지막 여행 & 우주왕복선 시대의 종말

스페이스 트윗 46~49   @neiltyson · 2011년 7월 8일 오전 9:54

영화 〈스페이스 카우보이〉에 등장한 우주왕복선의 임무명은 STS-200이었다. (200번째 임무였다는 뜻이다.) 그러나 실제 우주왕복선 임무는 애틀랜티스호의 STS-135를 끝으로 대단원의 막을 내린다.

@neiltyson · 2011년 7월 8일 오전 10:25

우주 수학: 머큐리 + 제미니 + 아폴로 = 10년. 우주왕복선 = 30년.

@neiltyson · 2011년 7월 8일 오전 10:52

우주왕복선 시대는 끝나지만, 인류의 우주 진출은 이것으로 끝이 아니다. 중국인과 러시아인들은 지금도 부지런히 가고 있다.

@neiltyson · 2011년 7월 8일 오전 11:24

1969년은 아폴로. 1981년은 우주왕복선. 2011년은 꽝. 미국의 우주 개발 역사는 시간을 거꾸로 돌리면서 봐야 앞뒤가 맞는 것 같다.

스페이스 트윗 50 & 51   @neiltyson • 2011년 7월 21일 오전 5:42

지구 궤도 여행을 민간 기업이 독점할까 봐 걱정되는가? 오히려 수십 년 전에 그렇게 되었어야 한다. NASA는 더 먼 곳을 내다볼 필요가 있다.

@neiltyson • 2011년 7월 21일 오전 5:49

우주왕복선이 사라진다는 것보다, 그것을 대체할 만한 로켓이 없는 현실이 더 슬프다. 제미니 프로그램이 끝났을 때에는 아무도 슬퍼하지 않았다. 왜냐고? 후속 주자로 아폴로가 대기 중이었으니까!

마지막 우주왕복선 임무를 마치고 귀환하는 애틀랜티스호. NASA

23
먼 우주로 가는 방법 *

이제 우주선 발사는 우리의 일상이 되어버렸다. 연료 탱크와 로켓 추진체를 달고, 화학 연료를 점화하면 위로 떠오른다.

그러나 현재의 우주선들은 연료가 너무 빨리 소모되기 때문에, 발사 후 어느 정도 시간이 지나면 혼자 속도를 늦추거나 가속할 수 없고, 방향을 크게 바꿀 수도 없다. 이런 상황에서 속도나 궤적을 바꾸려면 태양과 행성, 그리고 위성의 중력에 의존할 수밖에 없고, 신기한 천체가 눈앞에 나타나도 그냥 지나쳐야 한다. 마치 코스가 이미 정해져 있는 관광버스 같다. 도중에 정차를 하지 않으니, 관광객은 환상적인 명승지를 먼 거리에서 창밖으로 바라보는 수밖에 없다.

우주선이 속도를 늦출 수 없으면 착륙도 할 수 없다. 굳이 원한다면 착륙이 아닌 '추락'을 해야 한다. 물론 대부분의 과학자들은 이런 목적으로 우주선을 만들지 않는다. 그런데 최근 들어 연료가 빈약한

★ '출발하기 Heading Out', 〈내추럴 히스토리〉, 2005년 7~8월.

우주선을 살리는 아이디어가 등장했다. 화성 탐사선이 화성 표면에 어떻게 착륙했는지 기억하는가? 에어로브레이킹을 이용하고 낙하산 을 펴서 속도를 늦췄다. 화성에는 대기가 있기 때문이다. 그리고 지면 에 떨어질 때는 에어백을 펴서 충격을 흡수했다.

요즘 항공학의 최대 이슈는 '비행체 무게 줄이기'와 '화학 연료를 능 가하는 고효율 추진 장치 개발'이다. 이 문제가 해결되면 발사대에 선 우주선은 좀 더 날씬해질 것이고, 천체 관측도 '창밖으로 흘끗 보기' 에서 '현장 방문 및 탐사'의 형태로 바뀔 것이다.

다행히도 인간은 문제를 피하지 않고 정면으로 돌파하려는 습성 이 있다. 공학자들은 사람과 로봇을 먼 우주로 진출시키기 위해 다 양한 형태의 엔진을 개발하고 있는데, 그중에서 연료 효율이 가장 높 은 것은 반물질 엔진이다. 물질과 반물질이 서로 닿으면 그 유명한 $E = mc^2$에 의거하여 모든 질량이 에너지로 변환된다. 〈스타 트렉〉에 등장하는 반물질 엔진도 바로 이 원리를 이용한 것이다. 심지어 어 떤 물리학자들은 휘어진 시공간을 터널처럼 통과하는 초광속 비행(빛 의 속도보다 빠른 비행)을 연구하고 있다. 물론 이것도 〈스타 트렉〉에 나 오는 내용이다. USS 엔터프라이즈호의 커크 선장은 TV 중간 광고가 나가는 동안 워프 드라이브를 시도하여 은하를 가로지르곤 한다.

◎

속도가 점점 빨라지는 현상, 즉 '가속'은 서서히, 온화하게 진행될 수 도 있고, 무언가가 터지듯이 순식간에 일어날 수도 있다. 발사대에 서 있는 우주선을 위로 띄우려면 거의 폭발에 가까운 추진력이 필요하다. 물론 폭발만이 능사가 아니다. 적어도 우주선의 무게보다 강한 추진력이 발휘되어야 한다. 그러지 않으면 폭발이 아무리 요란하게 일어나도 우주선은 그 자리에 가만히 서 있을 것이다. 일단 띄우는 데 성공했다면, 그다음부터는 한시름 놓아도 된다. 게다가 사람이 아닌 화물을 태양계 안 어딘가에 보내는 게 목적이라면 요란하게 가속할 필요도 없다.

1998년 10월, 길이 2.4미터에 무게 0.5톤짜리 우주선 딥 스페이스 1호가 플로리다 주 케이프커내버럴에서 발사되었다. 이 우주선의 임무는 3년 동안 우주 공간을 돌아다니면서 이온 추진 시스템을 비롯한 10여 종의 첨단 장비를 테스트하는 것이었는데, 새로운 추진 장치가 제대로 작동하면 우주선을 꽤 먼 곳까지 보낼 수 있게 된다. 가속도가 작더라도 긴 시간 동안 꾸준히 가속하면, 우주선은 엄청난 속도로 움직일 수 있다.

이온 추진 엔진의 기본 원리는 기존의 우주선 엔진과 비슷하다. 즉, 추진 연료(이 경우에는 기체)를 빠른 속도로 가속시킨 후 노즐을 통해 밖으로 분출하면 엔진을 포함한 우주선 본체가 반대 방향으로 떠밀리면서 나아가게 된다. 이것은 간단한 실험으로 확인할 수 있다. 스케이트보드에 올라타서 CO_2 소화기를 뒤로 분사하면 당신의 몸과 스케이트보드는 앞쪽으로 나아간다. (실험용 소화기는 따로 구입할 것.) 분사되는 방향과 스케이트보드가 나아가는 방향은 항상 정반대이다.

그러나 이온 추진 엔진과 기존의 로켓 엔진은 에너지원이 다르다. 예를 들어 우주왕복선의 주 엔진은 액체 수소와 액체 산소의 혼합물을 연료로 사용한 반면, 딥 스페이스 1호는 전하를 띤(이온화된) 제논 가스를 연료로 사용했다. 이온화된 기체는 인화성이 강한 화학 연료보다 다루기가 쉽고, 특히 제논은 다른 물질과 반응을 하지 않는 불활성 기체여서 안정성이 매우 높다. 딥 스페이스 1호는 1만 6000시간 동안 하루에 0.1킬로그램의 연료만 소모하면서 전기장으로 제논 이온을 초속 40킬로미터까지 가속시켜 분사구로 뿜어냈다. 그리고 연료 1킬로그램당 기존의 로켓 엔진보다 무려 10배나 강한 추진력을 발휘했다.

누구나 알고 있듯이, 이 세상에 공짜는 없다. 딥 스페이스 1호가 순조롭게 비행할 수 있었던 것은 무언가가 이온 추진체를 가동시켰기 때문이다. 어떤 에너지가 제논 원자를 이온화한 후 빠르게 가속시켰다. 그 에너지의 원천은 바로 우리의 '태양'이었다.

태양계 안쪽(내태양계內太陽系, inner solar system 라고도 한다. 태양에서 소행성 벨트까지의 영역—옮긴이)은 태양 빛이 상대적으로 강하기 때문에, 미래에는 태양 집열판을 통해 에너지를 충당하는 우주선이 우주를 누빌 것이다. 태양풍을 직접 추진력으로 사용하는 것이 아니라, 태양 에너지를 전기로 바꿔서 추진에 필요한 모든 기기를 작동하는 방식이다. 예를 들어 딥 스페이스 1호에는 완전히 펼쳤을 때 너비가 우주선 본체의 다섯 배나 되는(약 12미터) 태양 날개가 달려 있고, 여기에는 태양 전지 3600개와 태양 빛을 전지에 집중시키는 원통형 렌즈 700개가 장착되어 있다. 최대 출력은 2000와트로서, 지구에서는 기껏해야 헤어드라이어 한두 개를 작동할 수 있는 수준이지만, 우주선을 추진하는 데에는 이 정도면 충분하다.

소련의 우주 정거장 미르(2001년에 3월에 폐기되었다—옮긴이)와 국제 우주 정거장도 전자 장비를 가동하는 데 태양 에너지를 사용했다. 국제 우주 정거장은 거의 1에이커(약 4000제곱미터)에 달하는 태양 집열판을 달고 90분에 한 바퀴씩 궤도를 돌고 있는데, 전체 시간의 3분의 1 동안은 지구가 태양을 가리기 때문에 에너지를 받을 수 없다. 그래서 낮 시간 동안 수집한 에너지를 배터리에 저장했다가 태양이 안 보일 때 사용하고 있다.

딥 스페이스 1호와 국제 우주 정거장은 태양 빛을 직접 추진력으로 사용하지 않았지만, 이 방법이 불가능한 것은 아니다. 연처럼 생긴 커다란 돛을 달고 항해하는 우주선을 상상해보라. 광자를 비롯하여 태양에서 날아온 온갖 입자들이 돛을 때리면 우주선은 앞으로 나아간다. 태양 빛이 에너지원이니 연료와 연료 탱크가 없고, 별도의 추진체도 필요 없으며, 공해도 만들지 않는다. 그야말로 우주 최강 환경 보호 우주선이다.

SF 작가 아서 C. 클라크는 정지 위성과 솔라 세일solar sail(태양 돛 항해)의 개념을 최초로 제안한 사람이다. 그는 1964년 발표한 소설 〈태양에서 불어오는 바람〉에서 태양풍을 이용한 우주 항해를 다음과 같이 서술했다.

태양을 향해 손바닥을 펴보라. 무엇이 느껴지는가? 물론 따끈함이 느껴진다. 그러나 손바닥에는 압력도 가해지고 있다. 강도가 너무 약해서 느끼지 못하는 것뿐이다. 손바닥 전체에 가해지는 압력은 10만분의 1그램 정도밖에 안 된다. 이 정도면 없는 거나 마찬가지지만, 우주 공간으로 나가면 이야기가 달라진다. 우주에서는 태양 빛이 하루 종일 쏟아지고 있기 때문이다. 로켓에 쓰는 화학 연료와 달리 태양 빛은 한계라는 것이 없으며, 당신이 원한다면 지금 당장 사용할 수 있다. 태양에서 날아오는 복사선을 받아내는 돛을 만들면 된다.

1990년대에 전쟁에 반대하는 미국과 러시아의 로켓과학자들이 '행성 협회'의 지원을 받아 솔라 세일을 연구한 적이 있다. (이 모임은 'MAD'로 알려져 있는데, 당시 상황을 고려할 때 꽤 적절한 이름인 것 같다.) 그때 이들이 결과물로 내놓은 것이 엔진 없는 100킬로그램짜리 우주 범선 코스모스 1호로서, 탄두가 제거된 대륙간 탄도탄 안에 접힌 채 2005년 6월 21일 러시아 잠수함에서 발사되었다. 코스모스 1호의 중앙에는 컴퓨터가 설치되어 있고, 마일라Mylar(폴리에틸렌 테레프탈레이트 폴리에스터 필름의 상품명. 열에 잘 견디고 강도가 높아서 녹음 테이프와 절연 테이프에 사용된다―옮긴이)로 만든 삼각형 돛 여덟 개가 달려 있는데, 두께가 0.0005센티미터에 불과하여(싸구려 비닐봉지보다 얇다) 알루미늄으로 강도를 보완했다. 우주선이 궤도에 진입한 후 삼각 돛을 펴면 각 돛은 길이가 15미터에 이르고, 이것들이 개별적으로 움직이면서 우주선의 진행 방향을 조종하도록 설계되었다. 그러나 이 우주 범선은 발사 후 1분 만에 로켓 엔진에 고장이 발생하여 러시아 북서쪽의 바렌츠 해에 추락했다.

이것으로 포기했을까? 물론 아니다. 이 정도로 포기했다면 우리는 아직 대기권 밖으로 나가지도 못했을 것이다. 지금은 행성 협회뿐만 아니라 NASA와 미국 공군, 유럽 우주국, 그리고 여러 대학과 기업체들이 협력하여 솔라 세일을 집중적으로 연구하고 있으며, 개인 기부자들도 연구 기금으로 수백만 달러씩 내놓았다.

2010년 5월 20일, 솔라 세일 연구자들이 첫 번째 성공을 자축했다. 일본 우주항공 연구 개발 기구JAXA에서 설계, 제작한 이카로스IKAROS, Interplanetary Kite-craft Accelerated by Radiation Of the Sun (돛 면적 60제곱미터, 두께 0.007 밀리미터)가 성공적으로 발사된 것이다. 바로 그다음 날 이카로스는 태양 궤도에 진입했고, 6월 11일에 태양 돛을 펼쳤으며, 12월 8일에 금성을 지나쳤다. 또한 행성 협회에서는 라이트세일 1호를 발사할 예정이며, NASA는 나노세일-D라는 실험 위성을 개발 중인데, 실험이 성공하면 솔라 세일을 지구 궤도에서 수명이 다한 인공위성을 처리하는 데 활용할 예정이다.

가벼운 솔라 세일 우주선이 우주로 나가면 몇 년 후 시속 수만 킬로미터까지 가속된다. 가속도는 작지만 긴 시간 동안 꾸준히 가속된 결과다. 이 우주선은 집열판의 방향을 조절하면서 스스로 방향을 찾아

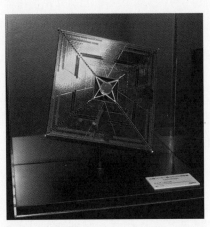

가다가 언젠가는 지구의 저궤도를 벗어나(저궤도까지는 기존의 로켓에 실어 보내야 한다) 더 큰 궤도에 진입하고, 시간이 더 흐르면 달이나 화성 궤도, 또는 그 너머까지 도달할 것이다.

솔라 세일은 급행이 아니다. 보급품을 급히 보낼

이카로스의 축소 모형. Pavel Hrdlička, Wikipedia

일이 생겼을 때 솔라 세일에 실어 보내는 것은 별로 좋은 생각이 아니다. 그러나 연료 효율에 관한 한 이보다 좋은 선택은 없다. 예를 들어 이것을 싸구려 배달차처럼 활용한다면, 주로 마른 과일이나 시리얼, 육포 등 유통 기간이 긴 음식을 실으면 된다. 그리고 우주선이 태양 빛이 약한 곳을 통과해야 한다면, 이 구간을 지나는 동안 지구나 인공위성, 또는 다른 행성 기지에서 레이저를 발사하여 동력을 공급하면 된다.

당신이 목성과 같은 외태양계(태양계 중 소행성 벨트의 바깥 부분—옮긴이)에서 우주 정거장에 잠시 들를 일이 생겼다고 가정해보자. 목성에 도달하는 태양 빛의 세기는 지구의 27분의 1밖에 안 된다. 당신의 목성 탐사선이 소모하는 태양 에너지가 국제 우주 정거장과 비슷한 수준이라면, 집열판의 면적이 최소 10만 제곱미터는 되어야 한다. 축구장 20개를 이어놓은 것보다 크다. 이런 괴물을 머리에 이고 다닌다니, 생각만 해도 끔찍하다. 깊은 우주에서 우주선을 정상 상태로 유지하고 복잡한 실험을 수행하려면, 태양이 아닌 다른 곳에서 에너지를 얻어야 한다.

1960년대 이후로 대부분의 우주선은 방사성 플루토늄에서 발생하는 열을 이용하여 전력을 공급해왔다. 아폴로 우주선과 파이어니어 10, 11호(현재 지구로부터 약 160억 킬로미터 떨어진 곳에서 성간 우주를 향해 비행 중이다), 바이킹 1, 2호(화성 탐사선), 보이저 1, 2호(둘 다 성간 우주로 날아가고 있으며, 현재 보이저 1호는 파이어니어보다 먼 곳까지 날아갔다), 율리시스(태양 탐사

선), 카시니(토성 탐사선), 뉴 호라이즌스(명왕성 및 카이퍼 벨트 탐사선) 등은
방사성 동위 원소 열전기 발전기radioisotope thermoelectric generator, RTG로 전
력을 공급하고 있다. 원래 RTG는 오래전부터 핵에너지의 원천으로
사용되어왔는데, 핵반응기는 훨씬 효율적이고 강력한 에너지를 공급
할 수 있다.

　내 주변에는 핵에너지 사용을 반대하는 사람들이 꽤 많다. 방사
성 원소는 언제 어디서나, 그리고 누구에게나 '위험'의 상징이기 때문
이다. 제어되지 않은 핵 연쇄 반응은 훨씬 더 위험하다. 1978년에 소
련의 핵 인공위성 '코스모스 954'가 캐나다 북부에 추락하여 국제 소
송으로 번졌고, 1979년에 미국 펜실베이니아 주 서스쿼해나 강변에
있는 스리마일 섬 원자력 발전소에서 가압 냉각수형 원자로의 노심
이 녹아내려 폭발 직전까지 가는 아슬아슬한 상황이 벌어졌다. 또한
1986년에는 소련(지금의 우크라이나)의 체르노빌 원자력 발전소에서 최
악의 폭발 사고가 일어나 향후 5년 사이에 7000여 명이 사망하고 70
만 명이 치료를 받았다. 러시아 북서부 오지의 낙후된 등대들에 설치
되어 있는 낡은 RTG의 방사성 물질도 문제가 되고 있는데, 그중 일부
는 도난당했다는 설도 있다. 그런가 하면 2011년 3월, 일본 북동부 연
안에 진도 9.0짜리 지진과 초대형 쓰나미가 닥쳤을 때 후쿠시마 제1 원
자력 발전소에서 다량의 방사성 물질이 외부로 유출되었다. '우주에
서 무기와 핵 사용을 반대하는 글로벌 네트워크' 같은 시민 단체의 주
장에 의하면 이와 비슷한 사고가 세계 각지에서 여러 번 일어났다고
한다.

　NASA에서 프로메테우스 프로젝트를 수행했던 과학자들도 비슷한

경험을 했다.

NASA는 핵무기의 위험성을 굳이 부인하는 대신, 최선의 안전 장치를 고안하는 쪽으로 가닥을 잡았다. 2003년에 NASA의 과학자들은 장거리 탐사선을 개발하는 프로메테우스 프로젝트에 착수했는데, 주 엔진은 딥 스페이스 1호와 같은 이온 추진 방식이지만 추진에 필요한 동력은 소형 핵반응기에서 생산한다.

우주선 기술의 발전상을 실감하기 위해, 바이킹호와 보이저호에서 실험했던 RTG의 출력을 생각해보자. 이들이 생산한 출력은 약 100와트로, 책상 위의 램프 하나를 켤 수 있는 수준이다. 카시니호에 실린 RTG는 여기서 조금 발전하여 300와트를 생산했고(냉장고나 전기 오븐의 전력 사용량과 비슷하다), 프로메테우스 프로젝트에서 채택된 핵반응기는 1만 와트의 전력을 생산할 예정이었는데, 이 정도면 대규모 록 콘서트를 열 수도 있다.

프로메테우스 프로젝트의 가장 큰 목표는 핵반응기가 설치된 탐사선을 목성의 위성으로 보내는 것으로, 목적지는 1610년에 갈릴레오가 발견했던 칼리스토와 가니메데, 유로파였다. 이 위성들은 표면이 얼음으로 덮여 있어서, 탐사선의 이름도 JIMO Jupiter Icy Moons Orbiter라고 지어놓았다. (네 번째 위성인 이오는 곳곳이 활화산으로 덮여 있다.) 이 위성들은 두꺼운 얼음층 밑에 물이 있을 가능성이 높아서, 생명체가 존재하거나 과거 한때 생명체가 살았을 것으로 추정된다.

JIMO는 추진 에너지가 충분하기 때문에, 목성을 근거리에서 지나치지 않고 궤도를 돌거나 착륙까지 할 수 있었다. (목성까지 가는 데에는 약 8년이 소요된다.) 물론 탐사선의 안정성도 연료의 효율 못지않게 중요한 문제이다. JIMO는 일단 전통적인 로켓에 실려 발사되며, 핵반응기는 한동안 '차가운 상태'로 유지되다가 탈출 속도에 도달하여 지구 궤도를 벗어난 후부터 작동될 예정이었다.

이 정도면 꽤 괜찮은 계획이다. 그러나 2008년에 미국 국립 연구회의의 우주 연구 위원회와 항공우주공학 위원회는 프로메테우스/JIMO를 '위험한 계획'으로 결론짓고 사형 선고를 내렸다. 사실은 처음부터 조짐이 별로 좋지 않았다. 2003년에 독립적인 과학 프로그램으로 출범했다가 1년도 채 안 되어 NASA의 탐사 시스템 임무 위원회 소관으로 이전되었고, 4억 6400만 달러의 예산을 소진한 후 2005년 여름에 NASA 스스로 프로그램을 폐지했다. 그사이에 하청업자들에게 수천만 달러의 계약금을 지불했고, 폐지된 후에는 위약금 등의 명목으로 9000만 달러를 또다시 지출했다. 천문학적인 돈을 쓰면서 우주선은커녕, 아무런 과학적 성과 없이 끝나버린 것이다. 2008년에 공개된 연구 보고서 〈론칭 사이언스〉에는 프로메테우스/JIMO가 "야망과 의욕만으로 고가의 우주과학 프로그램을 추진하는 것이 얼마나 위험한 일인지를 보여주는 대표적 사례"라고 적혀 있다.

위험, 폐지, 실패… 이런 것은 게임의 일부일 뿐이다. 공학자들은 실패를 항상 염두에 두고 있고, NASA와 같은 기관은 프로젝트가 실패로 끝나지 않도록 최선을 다해 지원하고, 재정을 담당한 회계사들은 냉정한 판단을 내린다. 코스모스 1호는 바다에 추락했고 프로메테우스/JIMO는 도중에 폐지되었지만, 우리는 일련의 실패를 겪으면서 귀한 교훈을 얻었다. 뜻이 있는 사람들은 실패에 굴하지 않고 지금도 우주 여행을 꿈꾸면서 실현 방법을 모색하고 있다. 현재 NASA는 연료의 효율을 개선한 고온 로켓과 추진력을 강화한 NEXT NASA's Evolutionary Xenon Thruster 이온 추진 시스템을 개발 중이며, 앞에서 언급한 솔라 세일도 계속 연구하고 있다. 이런 기술들을 적절히 조합하면 우주 여행의 시간을 줄이면서 더 멀리 갈 수 있고, 적은 돈으로 더 많은 화물을 실을 수 있을 것이다.

이보다 더 혁신적인 아이디어를 제안한 사람들도 있다. 과거 NASA의 '혁신적 추진 물리 프로젝트'(지금은 폐지되었다)에 참여했던 과학자들은 중력과 전자기력의 결합, 양자 진공의 영점 에너지 활용법, 우주적 양자 현상의 활용법 등을 신중하게 연구했다. 이들은 쥘 베른의 소설 〈지구에서 달까지〉와 TV 드라마 〈별들의 전쟁〉, 〈스타 트렉〉에서 영감을 얻었다고 한다.

내가 생각하는 최상의 동력은 효율 100퍼센트를 자랑하는 반물질 엔진이다. 반물질을 물질과 섞으면 아무런 공해 없이 순수한 에너지가 생성된다. 이것은 결코 SF가 아니다. 반물질은 이 세상에 분명히 존재하고 있다. 1928년에 영국의 물리학자 폴 A.M. 디랙에 의해 그 존재가 처음으로 예견되었고, 5년 후 미국의 물리학자 칼 D. 앤더슨이 반물질을 최초로 발견하여 노벨상을 받았다.

반물질의 과학에는 별문제가 없지만, 영화에서는 약간의 문제가 있다. 반물질을 어떻게 보관할 것인가? 우주선 격납고? 초강력 금고? 어림없는 소리다. 격납고와 금고는 모두 물질로 이루어져 있으므로, 재질이 아무리 견고하다 해도 그 안에 반물질을 넣는 순간 곧바로 사라진다. 따라서 반물질은 물질이 아닌 보관 장치―예를 들면 자기장을 특별한 형태로 가공한 자기 호리병magnetic bottle에 보관해야 한다. 기존의 화학 연료나 이온 엔진 등 물질을 이용한 추진법은 물리학과의 싸움이지만, 반물질 엔진을 구현하는 것은 첨단 공학과의 싸움이다.

탐구는 지금도 계속되고 있다. 앞으로 영화를 보다가 "정부 요원이 스파이를 체포하여 기밀을 캐내는" 장면이 등장하면, 이 점을 한번 생각해보기 바란다.―영화 속 질문자들이 농사 비법이나 군대의 이동 상황을 묻던가? 아니다. 그들은 항상 스파이에게 '첨단 로켓 설계도'나 '우주로 가는 순간 이동 티켓'을 요구한다. 농사와 군대는 현재 상태를 유지하는 데 필요하지만, 로켓과 순간 이동은 인류의 미래를 좌우하기 때문이다.

24
절묘한 균형★

사람을 태우고 지구 궤도를 벗어난 최초의 우주선은 아폴로 8호였다. 그런데 이 사실을 아는 사람이 의외로 아주 적다. 20세기에 '최초'라는 접두어를 달고 탄생한 수많은 업적들 중, 아마도 아폴로 8호는 가장 알려지지 않은 업적 중 하나일 것이다. 역사적 순간이 다가오자 아폴로 8호의 승무원들은 새턴 5호 로켓의 마지막 3단계 엔진을 점화시켰고, 우주선은 곧바로 지구 탈출 속도인 초속 11.2킬로미터에 도달했다. 우주선이 지구 궤도에 막 도달했을 때, 달까지 가는 데 필요한 에너지의 절반은 이미 확보한 상태였다.

아폴로 8호의 3단계 점화가 이루어진 후, 방향 조종용 추진 장치를 제외하고 엔진은 더 이상 필요 없었다. 지구에서 달까지 거의 40만 킬로미터를 날아가는 동안 지구의 중력은 점차 감소하고, 달의 중력은 점점 더 강해진다. 그러므로 지구와 달 사이 어딘가에는 지구의 중력

★ '다섯 개의 라그랑주 점The Five Points of Lagrange', 〈내추럴 히스토리〉, 2002년 4월.

과 달의 중력이 정확히 같아지는 지점이 존재할 것이다. 아폴로 8호의 사령선이 이 지점에 도달했을 때 다시 한 번 속도를 높여 달을 향해 맹렬한 속도로 날아갔다.

우주선에 작용하는 힘이 중력뿐이라면 지구와 달 사이의 중력 평형점은 하나밖에 없을 것이다. 그러나 지구와 달은 하나의 점을 중심으로 각자 공전하고 있으며, 이 중심은 지구의 중심과 달의 중심을 연결한 선상에서 지구 표면으로부터 약 1600킬로미터 안쪽에 위치하고 있다 (지구와 달은 하나의 중력계로서, 서로 상대방에게 영향을 미치고 있다. 즉, 지구는 가만히 있으면서 달 혼자 일방적으로 공전하지 않는다는 뜻이다. 단, 지구는 달보다 81배나 무겁기 때문에, 달이 지구에 미치는 영향은 지구가 달에 미치는 영향보다 훨씬 작다. 그래서 달은 큰 원을 그리며 공전하고, 지구는 아주 작은 원을 그리며 공전하고 있다—옮긴이).

원운동을 하는 모든 물체는 궤도의 중심에서 바깥쪽으로 향하는 힘을 느낀다. 이것은 궤도의 크기나 물체의 속도에 상관없이 항상 나타나는 현상이다. 자동차 운전 도중 급커브를 틀거나 놀이공원에서 회전 그네를 탈 때, 원 궤도의 바깥쪽으로 밀어내는 듯한 '원심력centrifugal force'을 느낀 적이 있을 것이다. 한때 놀이공원에서 많은 인기를 끌었던 토네이도Tornado(사람을 안에 태우고 빠르게 회전하는 놀이기구. 뚜껑 없는 통조림처럼 생겼다—옮긴이)를 예로 들어보자. 원통이 돌기 시작하면 테두리 벽 쪽으로 몸이 쏠리다가, 회전 속도가 빨라지면 사람들이 벽에 껌딱지처럼 들러붙는다. 바로 위에서 말한 원심력 때문이다. 속도가 빠를수록 원심력도 강하게 작용한다(원심력은 속도의 제곱에 비례한다—옮긴이). 만일 테두리에 벽이 없다면 사람들은 원판 바깥으로 내동댕이쳐질 것이다. 빠르게 회전하는 토네이도 안에서는 사람들이 벽에 들러붙어 거의 움직이지 못한다. 이 상태가 되면 기구를 조종하는 사람이 바닥판과 옆 테두리를 분리한 후 기구 전체를 완전히 거꾸로 뒤집는데, 그래도 사람들은 테두리에 붙은 채 떨어지지 않는다. 그야말로 스릴 만점이다. 나도 어릴 때 토네이도를 타본 적이 있는데, 회전 속도가 어느 한계를 넘은 후부터는 손가락조차 움직일 수 없었다. (이 상황에서 울렁증을 이기지 못하고 토한다면 토사물은 당신처럼 벽에 들러붙을 것이고, 고개를 옆으로 돌리고 토한다면 원형 테두리의 접선 방향으로 날아갈 것이다.)

모든 물체는 한번 움직이기 시작하면 외부 힘이 작용하지 않는 한 현재의 속도와 이동 방향을 그대로 유지하려는 성질이 있다. 이것을 두 글자로 줄인 것이 '관성inertia'이다. 원심력은 바로 이 관성 때문에 나타나는 현상이며, 실제로 존재하는 힘은 아니다. 그러나 현실에서는 원심력을 계산에 도입하여 실질적인 양을 계산할 수 있다. 18세기 프랑스의 수학자 조제프루이 라그랑주는 서로 공전하는 지구-달 시스템에서 지구의 중력과 달의 중력, 그리고 공전계의 원심력이 평형을 이루는 지점을 발견했다. 이것을 라그랑주 점Lagrangian point이라고 하는데, 지구와 달 사이에 모두 다섯 개가 존재한다.

첫 번째 라그랑주 점(L1이라 한다)은 순수한 중력 평형점보다 지구 쪽으로 조금 가까운 곳에 있다. 어떤 물체건 이 지점에 놓으면 지구와 달을 이은 직선 위를 이탈하지 않은 채, 지구-달의 중력 중심을 달과 같은 주기로 공전하게 된다. L1에서는 모든 힘이 상쇄되지만, 사

두 천체로 구성된 시스템에 존재하는 다섯 개의 라그랑주 점. NASA

실 이곳은 안정적인 평형점이 아니다. L1에 놓인 물체가 임의의 방향
으로 이동하면 세 가지 힘(지구의 중력, 달의 중력, 지구-달 공전계의 원심력)이
그 물체를 이전 위치로 되돌려놓는다. 그러나 L1에 있던 물체가 지구
와 달을 이은 직선을 따라 조금이라도 움직이면, 처음 이탈한 방향을
따라 지구(또는 달)를 향해 계속 떨어진다. 마치 뾰족한 산꼭대기에 놓
인 돌멩이처럼, 아주 조금만 움직여도 그 방향으로 계속 추락하는 것
이다.

두 번째와 세 번째 라그랑주 점(L2, L3)도 지구와 달을 잇는 직선상
에 놓여 있지만, L2는 달 뒤편에, L3는 지구 뒤편에 있다. 이곳에서도
지구의 중력과 달의 중력, 그리고 공전계의 원심력은 서로 상쇄되며,
이곳에 놓인 물체는 지구-달의 중력 중심을 한 달에 한 번씩 공전한
다. L2와 L3에서 중력이 평형을 이루는 점은 비교적 넓게 퍼져 있기

때문에, 우주선이 이곳에 있다가 조금 벗어나도 약간의 추진력을 발휘하면 원래 위치로 쉽게 되돌아올 수 있다.

L1, L2, L3는 분명히 특이한 점이지만, 가장 관심을 끄는 라그랑주점은 단연 L4와 L5다. 이들 중 한 점은 지구-달을 잇는 직선에서 꽤 멀리 떨어져 있고, 다른 한 점은 그 반대쪽으로 같은 거리만큼 떨어져 있다. 그리고 L4(또는 L5)와 지구, 달을 이으면 정삼각형이 된다. L4와 L5도 세 힘이 평형을 이루는 점이지만, L1~L3와 달리 안정된 평형점이다. 즉, 이 점에서는 물체가 임의의 방향으로 이탈해도 원래의 점으로 되돌아온다. 마치 동그랗게 파인 웅덩이의 가장 깊은 중심에 놓인 돌멩이와 비슷하다. L4와 L5 근방에서 임의의 물체가 '모든 힘이 상쇄되는 평형점'에서 조금 벗어나 있으면 평형점을 중심으로 오락가락하게 되는데, 이런 현상을 칭동秤動, libration이라 한다. 이것은 한 물체가 언덕 위에서 굴러 내려오다가 또 다른 언덕을 만났는데, 에너지가 모자라서 두 번째 언덕을 넘지 못하는 상황과 비슷하다.

L4와 L5는 궤도적 특성도 흥미롭지만, 우주 기지를 건설하는 데 가장 적절한 위치로 꼽히기도 한다. 이곳에 기지를 건설하기로 마음먹었다면, 그곳으로 건축 자재를 실어 나르기만 하면 된다. (지구뿐만 아니라, 달이나 소행성에서 가져올 수도 있다.) 이 지점에 무언가를 갖다 놓으면 외부에서 힘을 가하지 않는 한 그 자리에 가만히 있기 때문에, 자재 보관을 위해 별도의 조치를 취할 필요가 없다. 그냥 갖다 놓기만 하면 된다. 필요한 자재와 장비가 모두 갖춰졌다면, 그다음부터는 장난감을 조립하듯이 이어나가면 된다. 이곳에서는 중력이 작용하지 않아서 강도나 하중을 생각할 필요가 없으므로, 수 킬로미터에 달하는 '우주

아파트'도 쉽게 지을 수 있다. 그리고 이 구조물이 스스로 회전하도록 만들면 원심력이 중력처럼 작용하여, 수백(또는 수천) 명의 사람들이 마치 지구에 있는 것처럼 안락하게 지낼 수 있다.

1975년에 키스 헨슨과 캐럴린 헨슨은 위와 같은 상상을 현실로 옮기기 위해 'L5 협회'라는 모임을 만들었다. 그리고 이 모임을 지지했던 프린스턴 대학교의 물리학자 제라드 K. 오닐은 1976년에 발표한 저서 〈고공의 영토: 우주 식민지〉를 통해 우주 거주지의 가능성을 널리 홍보했다. L5 협회의 목적은 "L5에서 대대적인 회합을 가진 뒤 폼 나게 해산하는 것"이다. 회원들이 각자 우주선을 타고 L5에서 모이는 것은 현실적으로 불가능할 테니, 아마도 이들의 '우주 회합'은 L5에 거주지가 완공된 후에야 성사될 것이다. L5 협회는 1987년에 미국 우주 연구소와 통합된 후 미국 우주 협회라는 이름으로 지금까지 유지되고 있다.

중력 평형점에 대형 구조물을 건설한다는 아이디어는 1940년대에 출간된 조지 O. 스미스의 SF 단편소설집 〈비너스 등변〉에 처음으로 등장한다. 이 책에서 L4는 금성과 태양으로 가는 중간 기지였다. 그리고 1961년에 출간된 아서 C. 클라크의 소설 〈달 먼지 폭포〉에도 라그랑주 점이 등장한다. 물론 클라크는 '특별한 궤도'에 대하여 전문가 못지않은 지식을 갖고 있었다. 그는 1945년에 인공위성의 주기가 지구의 자전 주기와 정확하게 일치하는 고도를 최초로 계산하여 물리학자들을 놀라게 했다. 이 고도에 떠 있는 위성은 지구에서 볼 때 항상 같

은 자리에 있기 때문에, 무선 통신을 중계하는 위성으로는 안성맞춤
이다. 소위 '정지 궤도'로 알려진 이 궤도는 지상으로부터 약 3만 5000
킬로미터 높이에 위치하고 있으며, 현재 수백 대의 통신 위성들이 이
곳에서 각종 통신을 중계하고 있다.

조지 스미스가 지적한 대로, 달-지구 시스템에서 중력 평형점은 딱
히 써먹을 곳이 없다. 그러나 태양-지구 시스템에 존재하는 다섯 개의
라그랑주 점들은 활용 가치가 충분하다. 예를 들어 허블 우주 망원경
이 우주를 관측할 때, 지구 자체가 커다란 방해물로 작용한다. 망원경
의 바로 코앞에 지구가 있기 때문에, 하늘의 대부분을 지구가 가리는
것이다. 그러나 태양-지구 시스템의 L2(지구로부터 150만 킬로미터 떨어져
있다) 지점에 망원경을 갖다 놓으면 24시간 관측이 가능하다. 이곳에
서 지구는 '지구에서 보이는 달'과 비슷한 크기로 줄어들기 때문이다.

2001년에 발사된 윌킨슨 마이크로파 비등방 탐색기WMAP는 몇 달
만에 태양-지구 시스템의 L2 지점에 도착한 후 칭동 상태를 유지하면
서 빅뱅의 잔해인 마이크로파 배경 복사 관측 데이터를 지구로 전송
해 왔다. L2에서 크게 벗어나지 않고 그 자리를 지키는 데에는 연료가
별로 들지 않기 때문에, WMAP는 지금 갖고 있는 연료만으로 향후
100년은 거뜬히 버틸 수 있다. 이 정도면 관측선 자체의 수명보다 훨
씬 긴 시간이다. NASA의 차세대 우주 망원경인 제임스 웹 우주 망원
경도 태양-지구 시스템의 L2에 놓일 예정이다. 이미 다른 관측선이 자
리 잡고 있는데, 또 들어갈 자리가 있을까? 걱정할 것 없다. 태양-지
구 시스템의 L2는 하나의 점이 아니라 수천조 세제곱킬로미터에 걸쳐
존재하기 때문이다.

NASA의 또 다른 우주선 제너시스는 지구로부터 150만 킬로미터 떨어져 있는 L1에 자리 잡고 있었다. 제너시스는 거의 2년 반 동안 태양을 바라보며 태양풍을 타고 날아온 원자와 분자 등 다양한 샘플을 수집하여, 과거에 태양과 행성을 만들었던 태양 성운의 정체를 밝히는 데 중요한 단서를 제공했다.

L4와 L5는 안정적인 평형점이므로, 우주 쓰레기가 이곳에 모여들어 임무 수행 중인 우주선을 위협할 수도 있다. 라그랑주도 1772년에 "태양계를 떠도는 우주 파편들이 L4와 L5에 모여들 것"이라고 예견했고, 1906년에는 목성 근처에서 트로이 소행성군이 최초로 발견되었다. 태양-목성 시스템의 L4와 L5에 수천 개의 소행성들이 모여 목성을 앞서거니 뒤서거니 하면서 목성과 동일한 주기로 태양 주변을 공전하고 있었던 것이다. 이 소행성들은 마치 견인 광선에 묶인 것처럼 태양-목성의 중력과 원심력에 영원히 묶여 있다. 태양-지구 시스템과 지구-달 시스템의 L4와 L5에도 우주 쓰레기들이 모여 있을 것으로 추정된다.

라그랑주 점에서 출발하여 다른 라그랑주 점이나 다른 행성으로 가는 경우에는 연료를 크게 절약할 수 있다. 우주선을 행성의 표면에서 발사할 때는 이륙하는 데 대부분의 연료가 소모되는 반면, 라그랑주 점에서 발사하면 건선거에서 출항하는 배처럼 적은 연료로 출발해도 된다. 라그랑주 점에 식민지를 건설하여 사람과 동물을 이주시키는 것은 아직 시기상조지만, 이 점을 먼 우주로 진출하는 전초 기지로 활용한다면 많은 자원을 절약할 수 있다. 일단 태양-지구 시스템의 라그랑주 점에 도달하기만 하면, 연료 소모량으로 볼 때 화성까지 절반은 간 셈이다.

태양계의 모든 라그랑주 점에 중간 급유를 받을 수 있는 우주 정거장이 있다고 상상해보라. 미래의 후손들은 다른 행성에 살고 있는 친척이나 친구를 만나러 갈 때, 새턴 5호 로켓처럼 처음부터 빌딩만 한 연료통을 싣고 갈 필요가 없다. 곳곳에 주유소가 있으니, 일단은 그곳까지만 가면 된다. 지상에는 이런 시스템이 이미 구축되어 있다. 미국 동해안에서 서해안으로 자동차 여행을 하는데, 도중에 주유소가 하나도 없다면 출발할 때부터 집채만 한 연료통을 달고 가야 한다. 물론 지구에서는 이럴 필요가 없다. 언젠가는 우주에서도 스포츠카처럼 날렵한 우주선을 타고 여행을 즐기는 세상이 올 것이다.

25

〈스타 트렉〉의 45주년을 축하합니다![★]

2011년, 〈스타 트렉〉이 방영 45주년을 맞이했다. 그동안 〈스타 트렉〉을 실어 나른 TV 전파는 지금 빛의 속도로 은하수를 가로지르는 중이다. 1966년 9월 8일에 방영된 시즌 1 첫 회는 켄타우루스 자리 알파와 시리우스(천랑성), 베가(직녀성) 등 600개 이상의 항성계를 통과하면서 45광년이라는 거리를 날아갔다.

혹시 아는가? 외계인이 지구에서 송출된 전파를 엿들으며 〈스타 트렉〉의 다음 시리즈를 애타게 기다리고 있을지도 모른다. 만일 그렇다면 그들이 처음 시청한 지구 TV 프로는 〈하우디 두디 쇼〉와 재키 글리슨의 〈신혼여행객〉일 것이고, 〈스타 트렉〉이 방영된 후로 곳곳에서 '외계인 〈스타 트렉〉 마니아'가 출현했을지도 모른다.

단언하건대, 〈스타 트렉〉은 역사상 가장 유명한 공상과학 시리즈물이다. 오리지널 에피소드를 본 사람이라면, 〈스타 트렉〉이 시즌 3까지

★ '스타 트렉의 과학The Science of Trek', 스티븐 레디클리프 편, 〈TV 가이드—스타 트렉 방영 35주년 기념판: 우주 여행을 위한 무한 가이드〉, 2002.

방영된 후 TV에서 사라진 이유를 잘 알고 있을 것이다. 당시 NBC 방송국에 100만 통이 넘는 우편물이 배달되지 않았다면 〈스타 트렉〉은 시즌 2에서 끝났을지도 모른다. 〈스타 트렉〉이 한창 인기리에 방영되었던 시기는 미국에 우주 개발 열풍이 불었던 시기(1966~69년)와 일치한다. 또한 이 시기는 베트남전과 시민운동으로 미국 전체가 떠들썩했던 시기이기도 했다. 그 후 〈스타 트렉〉은 아폴로 11호가 달에 착륙했던 1969년에 방영이 중단되었다. 그러나 1970년대 중반에 NASA의 아폴로 계획이 종료되면서 사람들은 우주를 조금씩 그리워하게 되었고, 아폴로를 대치할 만한 무언가를 찾기 시작했다. 바로 이 무렵에 〈스타 트렉〉이 TV 전파를 다시 타기 시작했으니, 참으로 시기적절한 귀환이었다. 물론 이 시리즈는 과거 1960년대를 훨씬 능가할 정도로 커다란 성공을 거두었다.

〈스타 트렉〉이 성공한 이유는 이것뿐만이 아니다. 무엇보다도 〈스타 트렉〉에는 다양한 인종이 등장하여 긴밀한 교류를 시도한다. 아마도 다른 인종끼리 키스하는 장면이 TV 전파를 탄 것은 〈스타 트렉〉이 처음일 것이다. 여기 등장하는 사람들은 외계인의 습성과 문화를 수용하는 데에도 매우 너그럽다. 또한 〈스타 트렉〉은 우주로 진출하는 인류의 미래상을 제법 실감 나게 보여주었으며, 아무도 가본 적 없는 우주 신천지를 향해 과감하게 나아가는 용기 또한 시청자들의 모험심을 자극하기에 충분했다. 우주선 엔터프라이즈호가 낯선 행성에 착륙할 때마다 예기치 않은 위험에 빠진다는 설정도 드라마의 흥미를 더해주었다.

솔직히 말해서 나는 〈스타 트렉〉 마니아들을 대변할 자격이 없다.

나 스스로 마니아를 자처하기엔 부족한 점이 많기 때문이다. 나는 엔터프라이즈호의 설계도를 외우지 못했고, 핼러윈 파티 때 클링온족 분장을 해본 적도 없다. 그러나 우주 개발과 미래 기술에 관심이 많은 천문학자로서, 〈스타 트렉〉에 관하여 몇 마디만 더 하고자 한다.

엔터프라이즈호 내부의 출입문들이 자동으로 열리고 닫히는 장면을 처음 보았을 때, 나는 내가 살아 있는 동안 그런 기술이 개발되지 못할 거라고 생각했다. (써놓고 보니 너무 창피하다. 독자들만 알고, 소문은 내지 말아주기 바란다.) 〈스타 트렉〉의 시대적 배경은 23세기였으므로, 그때가 되어야 자동문이 나오리라고 생각했던 것이다. 이뿐만이 아니다. 드라마에서는 주머니에 들어갈 정도로 작은 디스크를 컴퓨터에 삽입하여 정보를 얻고, 손바닥만 한 장치를 통해 언어가 다른 종족과 대화를 나눌 수 있으며, 벽에 붙어 있는 네모난 상자에 음식을 넣으면 몇 초 만에 따뜻하게 데워진다. 나는 "이런 기술들이 언젠가는 실현되겠지만, 내가 살아 있는 동안에는 결코 나오지 않을 것"이라고 굳게 믿었다.

물론 내 예상은 완전히 빗나갔다. 자동문과 외부 저장 장치, 번역기, 그리고 전기 오븐은 이미 한참 전에 발명되어 우리 삶의 일부가 되었다. 게다가 요즘 사용되는 통신 장비와 데이터 저장 장치는 〈스타 트렉〉에 등장한 것보다 훨씬 작다. 그리고 드라마에서는 자동문이 닫힐 때마다 야릇한 소리가 나지만, 요즘 자동문은 아무런 소리도 내지 않는다.

〈스타 트렉〉의 등장인물들은 어려운 일이 생길 때마다 논리적 사고와 감정적인 행동을 적절히 섞어가며 난관을 극복하곤 했다. 여기에 약간의 위트와 정치 논리까지 곁들였으니, 인간의 모든 행동이 축약되어 있다고 해도 과언이 아닐 정도다. 〈스타 트렉〉이 시청자들에게 전하는 제1의 메시지는 "논리적 사고는 삶의 일부일 뿐"이라는 것이다. 미래에 국경이 사라지고, 종교적 갈등도 없고, 온갖 자원이 넘쳐나는 세상이 온다 해도 삶은 여전히 복잡다단하게 진행될 것이다. 인간(그리고 외계인)은 여전히 누군가를 사랑하거나 미워할 것이며, 남들보다 우월한 위치를 선점하기 위해 그 시대에 걸맞은 '별의별짓'을 다할 것이다.

사회정치적 역학 관계를 잘 이해했던 커크 선장은 악당 외계인을 상대할 때 항상 한 단계 깊이 생각하고, 한발 더 앞서 나갔다. 그래서인지 외계 여인과의 관계도 무지 복잡하다. 아리따운 외계 여인이 어눌한 영어로 "키스가 뭐예요?"라고 물어 오면 "옛날에 두 명의 인간이 상대방에 대한 감정을 표현할 때 취했던 구식 행동"이라면서 몸소 시범을 보여주곤 했다.

〈스타 트렉〉은 가끔 오류를 범하기도 한다. 한 에피소드에서 엔터프라이즈호의 승무원이 우주선에 잠입한 악당을 찾는데 선체가 워낙 커서 애를 먹고 있었다. 그때 커크 선장이 사람의 심장 소리를 키워주는 막대를 승무원에게 건네며 자신에 찬 어조로 말했다. "이 장치는 모든 소리를 1의 11제곱 배로 증폭할 수 있다네!" 1의 11제곱이면 $1 \times 1 \times 1 \times 1 \times 1 \times 1 \times 1 \times 1 \times 1 \times 1 \times 1$인데, 이 값은 누가 봐도 1이다. 따라서 커크 선장은 1의 11제곱이 아니라 "10의 11제곱"이라고 말했어야 한다. 그 후에 방영된 다른 에피소드에서 스폭도 이와 똑같은 실수를 범했다.

제작자를 포함한 대부분의 사람들은 엔터프라이즈호가 우주 공간을 천천히, 느긋하게 비행하고 있을 때에도 초속 1광년(또는 광속의

3000만 배)이라는 말도 안 되는 속도로 내달리고 있음을 전혀 눈치채지 못한 것 같다. 수석 엔지니어 스코티가 이 사실을 알았다면, "선장님, 속도 좀 줄이세요. 엔진이 터지기 일보 직전이라고요!"라고 외쳤을 것이다.

우주에서 먼 거리를 여행하려면 워프 드라이브warp drive를 가동해야 한다. 이것은 공상과학물에 단골처럼 등장하는 비행술로서, 언제 구현될지 알 수 없지만 이론적으로는 충분히 가능하다. 종이에 점 두 개를 찍고 그 사이를 접으면 두 점 사이의 거리가 가까워지는 것처럼, 출발지와 목적지 사이의 공간을 구부러뜨리면 목적지가 훨씬 가까워진다. 또는 공간에 구멍을 뚫어서 목적지와 연결하면 광속을 초과하지 않고서도 지름길을 통하여 순식간에 목적지에 도달할 수 있다. 커크 선장은 이 기술을 이용하여 거대한 은하를 단 몇 분 만에 가로지르곤 한다. 워프 드라이브가 없다면 엔터프라이즈호가 은하를 가로지르는 데 적어도 수십만 년은 걸릴 것이다.

나는 〈스타 트렉〉을 보면서 세 가지 교훈을 얻었다. ❶ 임무의 성공 여부보다 임무 자체의 정당성이 훨씬 중요하다. ❷ 인간은 항상 컴퓨터보다 똑똑하다. ❸ 외계 행성에서 밝게 빛나는 플라스마 덩어리가 눈에 띄었을 때, "내가 가서 조사해보겠다."며 일착으로 나서지 않는 게 좋다.

〈스타 트렉〉의 45주년을 진심으로 축하하며, 앞으로도 계속 번창하기를 기원한다.

26

외계인에게 납치되었음을 증명하는 방법*

내가 UFO나 외계인 지구 방문설을 믿느냐고? 음… 어디서부터 설명
해야 할지 생각 좀 해봐야겠다.

사람들은 관련 지식이 별로 없는데도 억지로 논리를 끌고 가려
는 습성이 있다. 심리학자들은 이것을 '무지 논증無知 論證, argument from
ignorance'이라 부른다. UFO의 'U'가 무엇의 약자인지 기억하는가? 누
군가가 밤하늘에서 가느다란 불빛이 휙 지나가는 광경을 목격했다.
그는 그런 것을 본 적이 없고 무엇인지도 모르면서 "와~ UFO다!"라
고 외친다. 기억하라, U는 '확인되지 않았다unidentified'는 뜻이다.

그의 주장은 계속된다. "뭔지는 잘 모르겠지만, 다른 행성에서 온
외계인이 분명해!"—이것이 문제다. 잘 모른다면서 분명하다는 말은
또 뭔가? 아는 것이 없으면 더 이상 설명을 늘어놓지 말아야 하는데,

★ '타이슨과 함께 생각해보는 우주 딜레마Cosmic Quandaries, with Dr. Neil deGrasse Tyson' 중 질의응답 코
너, 세인트피터즈버그 대학과 WEDU 방송국, 플로리다 주 세인트피터즈버그, 2008년 3월
26일.

그는 자기 주장을 굽히지 않는다. 이것이 바로 전형적인 무지 논증이다. 실제로 많은 사람들이 이런 식의 논리를 펼치고 있다. 나는 지금 특정인을 비난하는 게 아니다. 아마도 이것은 답을 구하고 싶은 욕구와 관련되어 있을 것이다. 원래 인간은 무지에 빠졌을 때 불안감을 느끼기 때문이다.

그러나 무지한 상태를 불편하게 생각하는 사람은 과학자가 될 수 없다. 왜냐하면 우리는 '앎'과 '무지'의 경계에 살고 있기 때문이다. 그런데 기자들은 이렇게 생각하지 않는 것 같다. 기자들이 쓴 기사는 대충 다음과 같이 시작한다.—"과학자들은 원점에서 다시 시작해야 한다." 마치 과학자가 연구실에서 우주의 주인인 양 앉아 있다가 어느 순간 갑자기 "이크, 누군가가 새로운 걸 발견했네!"라며 자리에서 벌떡 일어나는 사람처럼 보이는 모양이다. 하지만 그렇지 않다. 과학자들은 항상 원점에 서 있다. 원점에서 시작하지 않으면 발견도 할 수 없다. 그런 사람은 과학자가 아니다. 반면에 대중들은 당장 확실한 답을 얻고 싶어 하기 때문에, 무지한 서술에서 확실한 결론으로 아무런 망설임 없이 옮겨 간다.

이 시점에서 생각해볼 것이 또 하나 있다. 심리학 연구를 통해 이미 입증되었고 과학의 역사를 봐도 분명한데, 모든 증거들 중에서 가장 못 믿을 것이 '목격자의 증언'이라는 사실이다. 섬뜩하지 않은가? 이런 어설픈 증언이 법정에서 가장 확실한 증거로 채택되고 있으니 말이다.

'전화 걸기 게임'이라는 놀이를 해본 적이 있는가? 사람들이 일렬로 서서 첫 번째 사람이 두 번째 사람에게 무언가를 귓속말로 속삭이면 두 번째 사람은 방금 들은 말을 세 번째 사람에게 다시 속삭이고…

이런 식으로 마지막 사람까지 전달하는 게임이다. 게임이 끝나면 마지막 사람은 자신이 들은 내용을 공개하는데, 대부분의 경우 첫 번째 사람이 했던 말과 완전 딴판이다. 달라도 너무나 다르다. 그렇지 않던가? 이런 결과가 나오는 이유는 정보 전달이 목격자의 증언을 통해서만 이루어졌기 때문이다. 참, 지금의 경우는 목격자가 아니라 청취자라고 해야겠다.

당신이 비행접시를 봤다고 해도 상관없다. 만일 당신이 비행접시보다 조금 더 그럴듯한 어떤 광경을 목격하고 과학자를 찾아가서 "내 말을 믿어주세요, 정말 봤다니까요!"라고 외친다 해도, 그는 아마 이렇게 답할 것이다. "그만하고 돌아가세요. 증언보다 확실한 증거를 갖고 와서 다시 얘기합시다."

인간의 지각력은 정말 믿을 게 못 된다. 인정하기 싫겠지만 사실이다. 한 가지 예를 들어보자. 혹시 착시 현상을 일으키는 그림책을 본 적이 있는가? 처음에는 당황스럽다가도 자꾸 들여다보면 슬슬 재미있어진다. 그런데 사실 이것은 착시라기보다 '뇌의 인식 실패'라고 불러야 옳다. 그림이 엉뚱하게 보이는 것은 뇌가 정보를 잘못 인식했기 때문이다. 그냥 기발한 그림을 몇 장 그려놓았을 뿐인데, 우리의 뇌는 그게 무엇인지 알아채지 못한다. 데이터 입력 장치치고는 성능이 많이 떨어진다. 그래서 우리에게는 과학이 필요하고, 기계가 필요한 것이다. 기계는 자신이 오늘 아침 어떤 침대의 어느 쪽에서 일어났는지, 배우자에게 무슨 말을 했는지, 아침에 카페인을 제대로 섭취했는지, 전혀 신경 쓰지 않는다. 그들은 감정에 좌우되지 않는 데이터 수집 장치이다. 이것이 그들의 본분이다.

당신은 먼 은하에서 온 외계인을 정말로 보았을 수도 있다. 그러나 나는 목격자의 증언보다 더 신뢰할 만한 증거가 필요하다. 특히나 요즘 같은 세상에서는 사진도 믿을 수 없다. 포토샵 메뉴에 'UFO 버튼'이 있어서, 마우스로 클릭만 하면 원하는 위치에 UFO를 그려 넣을 수도 있지 않겠는가? 나는 지금 외계인이 지구를 방문한 적이 없다고 주장하는 것이 아니다. UFO를 보았다는 목격담이나, 도대체가 알아볼 수 없는 희미한 사진을 들고 가서 아무리 우겨봐야 소용없다는 점을 강조하고 싶은 것이다. 과학자에게는 좀 더 확실한 증거가 필요하다.

그래서, 다음에 또다시 외계인에게 납치된다면 이 점을 명심하기 바란다. 아마 당신은 비행접시 안으로 끌려가서 침대 같은 곳에 눕혀질 것이다. 들리는 바에 의하면 외계인들은 지구인을 잡아다가 성 실험sex experiment 같은 것을 한다고 하니, 이상한 도구로 당신의 몸을 쿡쿡 찔러댈지도 모른다. 이럴 때 가만히 있지 말고, 바깥을 향해 "어? 저기 좀 봐! 저게 대체 뭐야?"라고 냅다 소리를 지르는 거다. 그러면 외계인들은 무심결에 뒤를 돌아볼 텐데, 그사이에 종이나 필기도구, 수술 도구 등 아무거나 손에 닿는 대로 잽싸게 집어서 주머니에 넣은 후 다시 침대에 태연히 누우면 된다. 그리고 생체 실험이 끝난 후 무사히 풀려난다면, 당장 과학자를 찾아가서 "내가 비행접시에서 뭘 훔쳐 왔는지 아세요?"라며 그 물건을 보여주기만 하면 만사 오케이다. 그 물건의 용도가 무엇이건, 은하를 건너온 물건이라면 과학자의 관심을 끌기에 충분하다. 그것은 모호한 증언이 아니라 객관적인 증거이기 때문이다.

인류가 발명한 물건들 중에도 희한한 것이 많다. 나는 지금 아이폰을 갖고 있는데, 타임머신을 타고 10년 전으로 되돌아가서 아이폰을 꺼낸다면, 사람들은 "사악한 마술사가 나타났다."며 중세의 화형 제도를 부활시킬지도 모른다. 그러므로 은하를 건너온 물건을 손에 쥐기만 하면 UFO와 외계인에 관한 대화를 얼마든지 이끌어나갈 수 있다. 그러니 가서 외계인을 찾아라. 당신을 막을 생각은 없다. 아니, 사실은 당신이 납치되기를 은근히 기대하고 있다. 외계인이 존재한다는 증거를 확보할 수 있는 절호의 기회이기 때문이다.

지금도 아마추어 천문가를 비롯하여 꽤 많은 사람들이 하늘을 열심히 뒤지고 있다. 그들은 건물 밖으로 나올 때마다 습관처럼 하늘을 바라본다. 그곳에서 무슨 일이 벌어지건 상관없다. 그냥 바라보는 거다. 그러나 아마추어 천문가들이 UFO를 목격한 횟수는 일반 대중이 목격한 횟수보다 결코 많지 않다. 아니, 사실은 더 적다. 왜 그럴까? 왜냐하면 우리는 자신이 무엇을 보는지 잘 알고 있기 때문이다.

언젠가 오하이오 주의 한 경찰이 UFO를 목격했다고 주장한 적이 있다. 가슴에 배지를 단 공무원이나 비행기 파일럿, 또는 군인이 UFO를 봤다고 하면 왠지 일반인의 주장보다 신뢰감이 간다. 하지만 지위고하를 막론하고, 모든 사람의 증언은 똑같이 엉터리다. 그들도 전부사람이기 때문이다. 그 경찰은 순찰차를 타고 하늘에서 앞뒤로 흔들리며 반짝이는 불빛을 따라 한바탕 추격전을 벌였는데, 나중에 알고 보니 그 불빛은 금성이었고, 경찰은 구불구불한 길을 달리고 있었다. 정체 모를 불빛에 너무 정신이 팔려서, 자신이 운전대를 이리저리 돌리고 있다는 사실조차 까먹은 것이다.

이것도 인간의 지각력이 얼마나 엉성한지를 보여주는 또 하나의 사례이다. 특히 낯선 현상과 마주쳤을 때 오류를 범하기 쉽다. 그 목격담을 타인에게 들려줄 때는 더 말할 것도 없다.

27
미래의 우주 여행★
— 스티븐 콜베어와의 인터뷰, 〈콜베어 보고서〉 —

콜베어 이제 소개할 분은 우리 쇼에 이미 여섯 번이나 출연했던 분입니다. 그리고 이분은 무지 긴 샌드위치를 좋아합니다. 여러분, 닐 디그래스 타이슨 씨를 환영해주세요. 〔타이슨 등장〕 조금 우울한 얘기입니다만, 2020년까지 사람을 다시 달에 보낸다는 콘스털레이션 계획Constellation program을 오바마 대통령이 폐기할 것 같습니다. 그는 취임사를 하는 자리에서 "과학을 올바른 자리에 되돌려놓겠다."고 했어요. 올바른 자리라는 게 과연 쓰레기통을 의미하는 걸까요? 대체 뭐가 어떻게 되어가는 겁니까?

타이슨 그래도 NASA는 여전히 좋은 일을 하고 있지 않습니까?

콜베어 사람을 우주에 보내지는 않잖아요.

★ 스티븐 콜베어와의 인터뷰, 〈콜베어 보고서〉, 코미디 센트럴 방송, 2010년 4월 8일, http://www.colbertnation.com/the-colbert-report-videos/270038/april-08-2010/neil-degrasse-tyson.

타이슨 사람을 우주에 보내는 건 완전히 다른 이야기죠.

콜베어 그게 과학 아닌가요? 저는 여섯 살 때부터 그렇게 들어왔는
데….

타이슨 '그것만이' 과학이 아니라, '그것도' 과학이라고 말해야죠. 사람
을 우주에 보내지 않아서 잃는 것은 따로 있습니다. 어린 시절에 당
신이 동경하던 영웅은 누구였습니까?

콜베어 물론 이란의 우주 거북이는 아니었죠. 제 영웅은 단연 닐 암스
트롱이었어요! 우주인은 과학계의 슈퍼모델이니까요.

타이슨 그래요, 정말 그렇죠. 사람들은 우주인이라고 하면 이름을 몰라
도 일단 사인부터 받고 싶어 합니다. 대중들에게 이런 대접을 받는
사람은 아마 우주인뿐일 겁니다.

콜베어 그런 영웅을 이제 잃게 생겼어요. 미국의 정체성을 잃는 기분입
니다.

타이슨 오바마의 계획에는 기술적 진보가 일부 포함되어 있어요. 그것
만으로도 좋은 일이죠.

콜베어 기술적 진보라… 혹시 로봇을 말하는 겁니까?

타이슨 그래요, 거기엔 아무런 문제도 없죠.

콜베어 하지만 로봇이 다른 행성에 착륙하면서 "이것은 삐빅~! 로봇 동족에게 삐빅~! 위대한 도약이다, 삐비빅~!"하는 걸 듣고 싶은 사람은 없지 않겠습니까?

타이슨 맞아요. 그건 저도 싫습니다. 하지만 우리는 여전히 로봇 개발에 많은 돈을 투자하고 있죠. 문제는 유인 우주 프로그램이 누락되었다는 점입니다. 어린아이들은 우주인을 보면서 과학자의 꿈을 키우는데 말이죠.

콜베어 오바마도 나름대로 미봉책을 내놓았죠.—"아, 우리도 사람을 우주에 보낼 겁니다. 러시아나 유럽제 우주선을 타고 가면 됩니다." 남의 우주선을 얻어 타면 시종일관 프랑스나 러시아 우주인 뒤에서 기웃거려야 할 텐데. 이런 식이라면 화성에 가봐야 무슨 성취감이 있겠습니까? 거기서 조금이라도 걸리적거리면 "지구로 돌아가!"라는 소리나 듣겠죠. 아니지, "미국으로 돌아가!"라고 하려나?

타이슨 지구 저궤도, 그러니까 수백 킬로미터 상공까지는 남의 우주선을 타고 가도 상관없다고 생각합니다만….

콜베어 그건 애들 장난이죠. 연을 날려도 거기까진 쉽게 갈 수 있어요. 접이식 의자에 앉은 채 풍선을 타고 저궤도까지 갔다 온 사람도 있잖아요.

타이슨 저궤도의 고도는 뉴욕-보스턴 사이의 거리와 비슷합니다. 지구를 지구본 크기로 축소하면 그 표면에서 불과 1센티미터 남짓 올라간 곳이죠.

콜베어 (벽에 걸려 있는 커다란 〈블루 마블Blue Marble〉(1972년 12월에 아폴로 17호에서 찍은 지구 사진)을 바라보며) 지구가 저 사진 정도 크기라면, 지금 우리는 지구에서 얼마나 멀리 떨어져 있는 건가요?

타이슨 저 사진은 위아래가 바뀌었네요. 다음엔 북극이 위로 가도록 붙여놓으세요.

콜베어 그런가요? 하지만 우주 공간에서는 '위아래'가 없지 않습니까?

타이슨 아, 맞아요. 정확한 지적입니다!

콜베어 우주 공간에는 '위'라는 개념이 아예 없죠. 이번엔 제가 이겼네요. 사과를 받아들이죠. 그건 그렇고, 이 사진이 진짜 지구라면 우리는 지구로부터 얼마나 떨어져 있는 셈인가요?

타이슨 대충 5만 킬로미터쯤 될 것 같습니다.

콜베어 지금 당신에게 로켓과 그것을 조종할 우주인이 있다면, 어디로 보내고 싶은가요?

타이슨 제게는 우주 모든 곳이 신천지입니다.

콜베어 저는 모든 우주가 내 것이라고 생각하는데… 아무튼 계속하시죠.

타이슨 앞으로 지구에 충돌할 소행성에 가까이 가보고 싶습니다. 그중
하나가 몇 시간 전에 지구를 스쳐 지나갔어요.

콜베어 네? 바로 오늘 저녁에 소행성이 우리를 죽이려고 했다고요?

타이슨 네, 집채만 한 소행성이 지구와 달 사이를 지나갔어요. (사진을 가
리키며) 바로 여깁니다. 방금 전에 일어난 일이에요!

콜베어 완전 전쟁이네요. 지금 우리는 우주 전쟁을 겪고 있는 겁니까?

타이슨 그렇다고 볼 수 있죠. 하지만 화성에도 가보고 싶습니다. 거기
가고 싶어 하는 사람이 엄청 많거든요. 물론 달에도 갈 수는 있죠.
단 3일이면 됩니다. 하지만 지구 저궤도를 벗어날 기회가 주어진다
해도, 3일짜리 단기 여행으로는 만족하지 못할 겁니다. 1972년 이후
로는 지구에서 수백 킬로미터 이상 벗어난 적이 없는데, 기회가 온
다면 다시 시도해보고 싶습니다.

콜베어 닐, 당신의 열정에 찬사를 보냅니다. 저도 당신과 함께하고 싶
네요.

PART III

Why Not

불가능은 없다

28
우주 여행의 문제점★

우주 진출을 열렬히 지지하는 사람들의 토론을 경청하거나 블록버스
터 SF 영화를 보고 있노라면, 우리는 다른 천체에 반드시 사람을 보
내야 하고, 머지않아 그런 날이 곧 올 것 같은 느낌이 든다. 그러나 현
실은?―그렇지 않고, 앞으로도 그렇게 되지 않을 것이다.

낙천적인 사람들은 말한다.―"과거에는 불가능하다고 생각했지만
결국 우리는 하늘을 나는 데 성공했고, 그로부터 65년 후에는 달까지
갔다 왔다. 지금은 기술이 훨씬 발달했으므로 우주를 여행하는 데 최
적의 시기이다. 불가능하다고 생각한다면 역사를 무시하는 것이다."

과연 그럴까? 나의 반론은 자본 투자가들의 논리와 비슷하
다.―"과거의 실적이 미래의 성공을 보장하지는 않는다." 순수 과학,
특히 우주 여행이라는 테마로는 유권자들로부터 큰돈을 이끌어낼 수
없다. 1960년대에는 우주가 새로운 개척지라는 생각이 널리 퍼져 있

★ '우주: 여기서는 그곳에 도달할 수 없다Space: You Can't Get There from Here', 〈내추럴 히스토리〉,
1998년 9월.

어서, 사람을 달에 보내는 데 별 어려움이 없었다. (물론 기술적으로는 엄청나게 어려운 과제였지만!) 1961년 5월 25일, 상·하 양원 합동 회의 석상에서 케네디 대통령은 미국인들을 향해 우주 진출의 필요성을 강조하면서 다음과 같이 말했다.

미국은 1960년대가 끝나기 전에 달에 사람을 보냈다가 무사히 귀환시킬 것입니다. 이것은 인류 역사를 통틀어 가장 획기적인 프로젝트이자 우주로 떠나는 최장기 여행이 될 것입니다. 또한 이것은 비용이 가장 많이 들면서 가장 어려운 프로젝트이기도 합니다.

이 연설은 우리 마음속 탐험욕을 강렬하게 자극했고, 1960년대 내내 커다란 반향을 불러일으켰다. 그러나 우주인 전원을 군인들 중에서 선발했다는 점이 약간의 아쉬움으로 남는다.

케네디의 연설이 있기 한 달 전, 소련의 우주 비행사 유리 가가린이 최초로 지구 궤도 비행에 성공하면서 우주 경쟁에 본격적으로 불이 붙었고, 당시 소련은 미국을 한발 앞서나가고 있었다. 그래서인지 케네디의 어조는 마치 군인처럼 단호하고 강경했는데, 그날 했던 연설 중에는 이런 내용도 있었다.

지금 세계적으로 진행되고 있는 자유와 독재의 싸움에서 승리를 거두려면 1957년의 스푸트니크처럼 우주 개발 분야에서 극적인 성과를 거둬야 합니다. 우리가 이룩한 업적은 앞으로 어떤 길을 갈 것인지 고민하는 사람들에게 확실한 지침이 되어줄 것입니다.

당시 동서 간 냉전이 없었다면 미국(특히 미국 의회)은 국가 예산의 4 퍼센트를 우주 개발에 투자하는 무리수를 두지 않았을 것이다.

●

1926년에 로버트 고더드가 액체 연료 로켓의 시험 비행에 성공한 후로는 온갖 기술적 문제들이 산적해 있음에도 불구하고 달에 사람을 보내는 일이 만만하게 보이기 시작했다. 로켓공학 덕분에 일단은 날개의 양력 없이도 날 수 있게 되었으니, 달에 가는 것도 시간문제라고 생각한 것이다. 그러나 고더드는 다소 부정적인 반응을 보였다. "언젠가는 달에 가게 되겠지만 돈이 엄청나게 많이 들 것이다. 아마 100만 달러가 넘을지도 모른다."

뉴턴의 만유인력(중력) 법칙에 의거하여 계산을 해보면, 달까지 가는 데 약 3일이 걸린다. 초속 11.2킬로미터까지 가속하여 지구 중력권을 탈출하고, 그 후부터는 순항 모드로 들어가면 된다. 미국은 1968~72년 사이에 이런 여행을 아홉 번 시도했는데, 그 후로 지금까지는 기껏해야 수백 킬로미터 상공에 다녀온 것이 전부다. 지구의 직경이 1만 2800킬로미터인 점을 감안하면, 우주 여행이라 부르기가 민망할 정도로 가깝다.

1962년에 미국 최초로 지구 궤도를 세 바퀴 돌고 무사히 귀환한 존 글렌에게 "이봐요, 37년 후에 NASA가 당신을 저궤도로 다시 보내준 대요."라고 말했다면, 과연 그는 어떤 반응을 보였을까? 40년 가까이 지난 후에도 여전히 지구 저궤도까지만 사람을 보낸다고? 아마도 그는 이런 미래를 상상조차 하지 않았을 것이다.

스페이스 트윗 52~55　　　　　　　　　@neiltyson・2010년 11월 14일 오후 1:25

달이 사라지면 어떻게 될까?—우주 마니아들에게는 반가운 소식이다. 달빛은 로맨틱하지만, 우주를 관측할 때는 둘도 없는 방해꾼이기 때문이다.

@neiltyson・2010년 11월 14일 오후 1:34

달이 사라지면 어떻게 될까?—사람들이 미치는lunatic 이유를 다른 데서 찾아야 한다.

@neiltyson・2010년 11월 14일 오후 1:42

달이 사라지면 어떻게 될까?—조수 현상을 일으키는 주체가 태양으로 바뀌면서 간만의 차가 줄어든다. 그리고 지금쯤 NASA는 화성에 사람을 보낼 것이다.

@neiltyson・2010년 11월 14일 오후 1:51

달이 사라지면 어떻게 될까?—일식이 일어나지 않고, 문 댄스moon dance와 늑대 인간도 사라지고, 핑크 플로이드의 앨범 〈달의 이면〉도 더 이상 팔리지 않는다.

우주 여행은 왜 어려운가?

가장 민감한 돈 이야기부터 해보자. 1000억 달러(약 120조 원) 미만으로 누군가를 화성에 보낼 수 있다면 계속 밀어붙일 만하다. 그러나 나는 행성 협회(평화적인 우주 개발을 위해 칼 세이건 등이 창설한 모임)의 이사였던 내 친구 루이스 프리드먼에게 앞으로 당분간은 화성에 사람을 보내지 않는다고 내기를 걸었다. 좀 더 정확히 말하자면 지난 1996년에 그와 논쟁을 벌이던 중 "유인 화성 탐사에 자금을 지원할 정부는 향후 10년 동안 나타나지 않을 것"이라는 쪽에 건 것이다. 사실 큰소리를 치면서도 속으로는 내 말이 틀리기를 은근히 바라고 있었는데, 탐사에 들어가는 비용이 과거보다 10배 이상 줄어들지 않는 한 내가 질 가능성은 거의 없어 보였다.

지난 10여 년 동안 진행되어온 NASA의 사업 내역은 대부분 인터넷에 공개되어 있다. 개중에는 틀린 내용도 있지만 기본적인 취지는 정확한 편이다.★ 1990년대 말에 나의 러시아 동료인 올레크 그네딘이 인터넷 기사를 나에게 보내왔는데, 그 내용은 다음과 같았다.

우주인용 필기도구

우주 경쟁이 치열하게 전개되던 1960년대에 NASA는 무중력 상태에서 쓸 수 있는 볼펜의 필요성을 깨닫고, 100만 달러를 들여 '우주용 볼펜'을 개발하는 데 성공했다. 이 볼펜은 성능도 완벽했고, 한동안 사람들 사이에서 새롭고 진귀한 발명품으로 회자되었다. 이와 비슷한 시기에 소련의 과학자들도 동일한 문제에 직면했는데, 그들의 해결책은 연필을 사용하는 것이었다.

납세자들의 지갑에서 2000억 달러(약 240조 원)를 거둬들일 수 있는 정치적 분위기가 다시 조성되지 않는 한, 사람을 지구 저궤도 바깥으

★ 1968년 이전에 미국과 소련의 우주인들은 모두 연필을 사용했다. '우주용 볼펜'의 필요성을 포착한 것은 사실 NASA가 아니라 피셔 펜 회사였는데, 무중력 상태도 한 가지 이유였지만, 산소가 많은 우주선 내부에서 연필의 목재와 납이 인화성을 가진다는 것도 중요한 구실이 되었다. 피셔 사는 NASA에 개발비를 청구한 적이 없다. 그렇긴 해도, 진실을 추구하는 웹사이트 〈스노프스닷컴Snopes.com〉의 '필기도구The Write Stuff'라는 글에도 적혀 있다시피, 이 일화는 사실과 다르지만 그 교훈에는 귀를 기울일 만하다.

로 보내는 일은 없을 것이다. 몇 년 전 헤이든 천문관에서 개최된 심포지엄에 패널로 참여했던 프린스턴 대학교의 J. 리처드 고트는 유인 우주 프로그램에 대해 다음과 같이 말했다. "1969년에 베르너 폰 브라운은 1982년까지 사람을 화성에 보낸다는 계획을 세워놓고 있었다. 그리고 1989년에 〔아버지〕 부시 대통령은 2019년까지 사람을 화성에 보내겠다고 장담했다. 이것은 별로 좋은 징조가 아니다. 내가 보기에 화성은 우리에게서 점점 멀어지는 것 같다!"

1968년에 개봉된 SF 영화 〈2001: 스페이스 오디세이〉와 실제 2001년이 크게 다른 것을 보면, 고트 교수의 말이 크게 틀린 것 같지는 않다.

우주는 정말로 광활하다. 할리우드 영화에서 우주선이 은하를 헤쳐 나갈 때, 배경에 있는 별들은 반딧불이처럼 뒤로 멀어져간다. 그러나 별들 사이의 거리는 엄청나게 멀기 때문에, 우주선이 잠깐 움직이는 동안에도 별들이 뒤로 멀어지려면 우주선의 속도가 광속의 5억 배쯤 되어야 한다.

달까지의 거리도 만만치 않게 멀지만, 다른 천체에 비교하면 코앞에 있는 거나 마찬가지다. 지구를 농구공 크기로 줄이면 달은 열 걸음 거리에 있는 소프트볼이 된다. 여기가 바로 사람이 다녀온 가장 먼 천체이다. 이 스케일에서 화성까지의 거리는 약 1.5킬로미터이고, 명왕성은 150킬로미터나 떨어져 있다. 그리고 태양계에서 가장 가까운 별인 켄타우루스 자리 프록시마까지의 거리는 무려 80만 킬로미터나 된다

(실제 거리는 약 4광년이다—옮긴이).

　인간이 해온 활동 중에서 돈이 가장 많이 들어간 일은 단연 전쟁이다. 꿈같은 상상이지만, 우주 진출에 돈은 문제가 안 된다고 가정해보자. 그렇다면 우주 신천지를 탐험하고 과학적 진실을 밝히는 일은 전쟁 못지않게 막대한 재정 지원하에 이루어질 것이다. 지구에서 가장 가까운 별로 가려면 일단 태양계부터 벗어나야 하는데, 이를 위해서는 우주선의 속도가 초속 40킬로미터에 도달해야 한다. 이 속도로 태양계를 탈출한 후에는 별로 특별할 것 없는 여행이 3만 년 동안 이어진다. 좀 더 빨리 가고 싶다고? 에너지는 속도의 제곱에 비례하므로, 속도를 두 배로 높이려면 네 배의 에너지가 필요하고, 속도를 세 배로 높이려면 아홉 배의 에너지가 투입되어야 한다. 하지만 걱정할 것 없다. 초고성능 엔진을 개발할 똑똑한 공학자들을 고용하면 된다. 인건비가 무지 비싸겠지만, 돈은 문제가 안 된다고 가정했으니까 상관없다.

　미국과 독일이 공동 제작한 태양 탐사선 헬리오스-B는 어떨까? 이 것은 역사상 가장 빠른 무인 탐사선으로, 1976년 1월에 발사되어 초속 67킬로미터(시속 24만 킬로미터)로 태양을 향해 날아갔다. (그래봐야 이 속도는 광속의 0.02퍼센트밖에 되지 않는다!) 이런 우주선을 타고 가장 가까운 별로 날아간다면 1만 9000년쯤 걸린다. 조금 단축되긴 했지만, 인류의 기록된 역사보다 거의 네 배나 긴 시간이다.

　가장 절실하게 필요한 것은 광속에 가까운 속도로 날아갈 수 있는 우주선이다. 광속의 99퍼센트에 도달하려면 아폴로 11호 우주선이 발휘했던 추진력의 7억 배가 필요하다. 이것도 우리의 우주가 아인슈타인의 특수 상대성 이론을 따르지 않는다는 가정하에 그렇다. 그러나 이 이론에 의하면 모든 물체는 속도가 빨라질수록 질량이 증가하고, 무거워진 우주선을 가속하려면 점점 더 많은 에너지가 소모된다. 대충 계산해보면 달을 왕복하는 데 쓰였던 에너지의 100억 배쯤 된다.

우리가 고용한 공학자들은 단연 최고니까 이 문제도 걱정할 것 없다. 그런데 관측 자료에 의하면 행성을 거느리고 있는 가장 가까운 별은 지구로부터 10광년이나 떨어져 있다. 아인슈타인의 특수 상대성 이론에 의하면 움직이는 우주선 내부의 시간은 지구의 시간보다 느리게 간다. 우주선의 속도가 광속의 99퍼센트라면, 승무원들은 지구인이 먹는 나이의 14퍼센트밖에 먹지 않는다. (즉, 지구에서의 100년은 우주선에서 14년에 해당한다.) 이런 속도로 10광년 거리를 왕복하면 지구 시간으로는 20년이 걸리지만, 승무원의 입장에서는 3년 만에 끝난다. 여행을 마치고 귀가하면 아마 가족들도 못 알아볼 것이다.

지구에서 달까지 거리는 라이트 형제의 비행기가 처녀비행 때 날았던 거리보다 1000만 배나 멀다. 그로부터 66년 후, 아폴로 11호의 승무원들은 인류 최초로 달 표면을 거닐었다. 라이트 형제는 조그만 자전거 수리점을 운영하면서 비행기를 만들었지만, 아폴로 11호는 수천 명의 과학자와 공학자들이 수억 달러를 들여 만든 합작품이니, 애초부터 둘은 비교가 되지 않는다. 우주 여행에 이토록 많은 돈이 들어가는 이유는 ❶ 목적지가 멀고 ❷ 우주의 환경이 생명체에게 매우 적대적이어서 생명을 유지하는 데 고가의 첨단 장비가 필요하기 때문이다.

"과거의 지구 탐험가들도 상황이 열악하긴 마찬가지였다."고 주장하는 사람도 있을 것이다. 1540년에 금과 향신료를 얻기 위해 키토(에콰도르의 수도—옮긴이)에서 페루를 가로질러 동부 지역을 탐험했던 곤살로 피사로를 예로 들어보자. 이때 탐험대는 약 4000명 규모였는데, 험한 지형과 원주민의 공격에 시달리면서 일행의 절반을 잃었다. 19세기 중반에 출간된 윌리엄 H. 프레스콧의 역사서 〈페루 정복사〉에는 피사로의 탐험기가 다음과 같이 기록되어 있다.

그들은 한 걸음 내디딜 때마다 도끼로 수풀을 헤치며 나아가야 했다. 쏟아지는 비와 가시가 무성한 관목에 옷은 갈가리 찢겼고, 식량을 비롯한 물품은 상해서 못쓰게 되었으며, 끌고 간 가축들은 밀림과 산속을 헤매던 중 대부분 죽거나 도망가버렸다. 그들은 개 1000마리도 데리고 갔는데, 처음에는 원주민을 찾는 데 사용되다가 결국은 모두 도살되어 굶주린 일행의 배를 채워주었다.

모든 것을 포기하기 일보 직전에 피사로와 그의 일행은 나포 강(에콰도르와 페루 사이를 흐르는 강—옮긴이) 근처에 도달하여 살아남은 2000명을 싣고 갈 배를 만들기로 했다.

도중에 말이 죽으면 몸뚱이는 먹어치우고 남은 발굽은 못으로 사용했다. 나중에는 살아 있는 말을 도살할 정도로 기근에 시달렸다. 배를 만드는 데 필요한 나무는 숲에서 얻었고, 나무를 태울 때 나오는 수지와 찢어진 옷가지로 배의 틈새를 메웠다. (…) 이런 식으로 두 달쯤 지난 후, 드디어 일행을 싣고 갈 범선 몇 척이 완성되었다. 구조는 몹시 엉성했지만, 살아남은 2000명을 모두 태울 수 있을 정도로 견고했다.

피사로는 배 제작과 관련된 모든 일을 트루히요에서 온 기사 프란시스코 데 오레야나에게 일임하고 뒤에서 기다렸다. 그러나 몇 주가 지나도 완성될 기미가 보이지 않자, 피사로는 배와 오레야나를 남겨두고 거의 1년 동안 낯선 길을 헤맨 끝에 간신히 키토로 돌아왔다. 그러나 오레야나는 남은 일행과 함께 기어이 배를 완성하여 나포 강을 따라 표류하다가 아마존에 도달했다. 그러나 키토로 귀환할 생각이 없었던 그는 대서양으로 계속 나아가다가 쿠바에 도착했고, 그곳에서 보급품을 지원받아 고향 스페인으로 돌아갈 수 있었다.

이 일화에서 어떤 교훈을 얻을 수 있을까? 예를 들어 사람을 태운 우주선 한 척이 낯선 행성에 착륙을 시도하다가 추락했다고 가정해보자. 승무원들은 살아남았지만 우주선은 심각한 손상을 입었다. 이런 경우에 가장 큰 문제는 환경이다. 생명체에게 적대적인 환경은 적대적인 원주민보다 훨씬 위험하다. 게다가 행성에는 대기가 없을 수도 있고, 있다 해도 사람에게 치명적일 수도 있다. 천만다행으로 대기에 독성이 없다 해도, 기압이 지구보다 몇백 배 높다면 생존이 불가능하다. 그리고 기압이 지구와 비슷해도 기온이 섭씨 200도나 영하 200도일 수도 있다.

다행히 생명 유지 장치가 작동하여 당분간은 버틸 수 있다고 가정하자. 이제 그들은 낯선 행성에서 재료를 찾아 새로 우주선을 만들거나 망가진 우주선을 수리해야 한다. 전선을 재활용하여 컴퓨터를 수리하고, 로켓 연료를 생산하는 공장을 짓고, 발사대까지 손수 지어야 한다. 과연 해낼 수 있을까?

글쎄… 고립된 우주인들에게는 미안한 얘기지만 가능성이 별로 없어 보인다.

◎

이런 경우에 대비하려면 혹독한 환경에서도 과학 실험을 수행할 수 있는 똑똑한 생명체를 만들 필요가 있다. 사람들은 이런 생명체를 그냥 '로봇'이라고 부른다. 로봇은 먹일 필요가 없고 생명 유지 장치도 필요 없으며, 우주로 나갔다가 그곳에 두고 와도 패닉에 빠지지 않는다. 반면에 사람은 숨 쉬고, 먹고, 때가 되면 자고, 반드시 지구로 돌아와야 한다.

내가 알기로 이 세상에 로봇을 위한 퍼레이드를 개최한 도시는 없다. 그리고 '최초(또는 최후)'라는 타이틀이 달리지 않은 임무를 수행하고 온 우주인을 위해 퍼레이드를 한 적도 없다. 아폴로 12호나 16호를 타고 달에 갔다 온 우주인의 이름을 알고 있는가? 아마 모를 것이다. 아폴로 12호는 두 번째, 아폴로 16호는 마지막에서 두 번째로 달에 착륙한 우주선이었다. 반면에 당신은 허블 망원경이 찍은 우주 사진을 적어도 한 장은 갖고 있을 것이다. 그러나 허블 망원경은 사람이 아닌 로봇이다. 화성에서 바퀴 여섯 개를 굴리며 지형을 탐사한 스피릿과 오퍼튜니티, 지난 수십 년간 입이 딱 벌어질 정도로 선명한 목성형 행성들과 그 위성들의 사진을 전송해 온 보이저와 갈릴레오, 그리고 카시니… 이들도 모두 사람이 아닌 로봇이었다.

    수백조 원의 여행비를 지불할 능력이 없다면, 그리고 우주의 혹독한 환경을 극복할 자신이 없다면 탐험의 역사를 어설프게 구현한 공상과학은 우리에게 별 도움이 안 된다. 우리에게 필요한 것은 우주의 구조를 과학적으로 분석하여 시공간의 실체를 파악하는 것이다. (물론 당분간은 기다려야 한다. 운이 나쁘면 영원히 모를 수도 있다.) 혹시 아는가? 우주 곳곳이 시공간의 지름길인 웜홀로 연결되어 있다면 여행에 드는 시간과 비용을 획기적으로 절약할 수 있다. 항상 그렇듯이 현실은 소설보다 훨씬 낯설고 기이하다.

29
별로 가는 여행*

2003년 2월에 우주왕복선 컬럼비아호가 귀환 도중 끔찍한 참사를 겪은 후, 몇 달간 거의 모든 사람들이 NASA 비평가가 되었다. 사고의 충격이 어느 정도 가라앉았을 무렵 기자와 정치가, 과학자, 공학자, 정책 분석가, 심지어 일반인들까지 가세하여 미국 우주 정책의 과거와 현재, 그리고 미래를 도마 위에 올려놓고 열띤 토론을 벌이기 시작했다.

나도 평소에 그런 문제에 관심이 많았지만, 당시 미국 항공우주 산업에 관한 대통령 자문 위원회에 속해 있었기에 누구보다 예민한 상태였다. 그 무렵 나는 각종 매스컴과 단체에서 요청이 쇄도하여 칼럼도 많이 썼고 TV 좌담에도 여러 번 출연했는데, 사람들이 하는 질문은 항상 똑같았다.—"왜 굳이 우주에 사람을 보내려 하는가? 로봇을 보내도 되지 않는가? 지구에서도 절실한 돈을 왜 자꾸 우주에 퍼붓는

★ '별로 가는 여행Reaching for the Stars', 〈내추럴 히스토리〉, 2003년 4월.

가? 우주 프로그램에 대하여 악화된 여론을 어떻게 회복할 것인가?"

그렇다. 이제 사람들은 우주에 더 이상 흥미를 느끼지 않는다. 그러나 흥미의 감퇴가 곧장 무관심으로 이어지지는 않는다. 컬럼비아호 사고의 여파를 평정심으로 바라보면 우주 탐험이 우리 문화 속에 자연스럽게 스며들었음을 알 수 있다. 너무 깊이 스며들어서 미국인들은 그 사실을 인지하지 못한다. 그저 무언가가 잘못되었을 때 잠시 관심을 가질 뿐이다.

1960년대의 우주는 참으로 매력적인 곳이었으며, 용감하고 운 좋은 극소수만이 여행 티켓을 손에 쥘 수 있었다. 당시 NASA의 일거수 일투족이 매스컴에 낱낱이 보도될 정도였으니, 우주에 대한 대중들의 관심은 문자 그대로 "하늘을 찌르고 있었다."

NASA의 열광적인 지지자들과 항공우주 산업계에 종사하는 사람들은 1960년대에 황금기를 보냈다. NASA의 계획은 회가 거듭될수록 더욱 대담해졌고, 결국은 '여섯 번의 달 착륙'이라는 전대미문의 금자탑을 쌓았다. 우리는 달 위를 거닐었고, 그다음 목표는 화성이었다. 아폴로 계획은 과학과 공학에 대한 대중의 관심을 최고조로 끌어올렸으며, 모든 학생들에게 값진 꿈을 심어주었다. 그 후 우주 관련 기술은 가정으로 보급되어 20세기를 더욱 풍요롭게 만들었다.

언제 들어도 기분 좋은 이야기다. 그런데 우리가 달에 간 것이 과연 개척 정신이나 탐험 정신이 뛰어났기 때문일까? 과연 우리가 사심 없는 탐험가 기질을 타고나서 엄청난 돈을 들여가며 그 먼 길을 갔다 온 것일까? 아니다. 이 모든 것은 냉전 시대에 군사적 우위를 점유하기 위한 고육지책이었다.

동기가 순수하다 해도, 유인 화성 탐사가 과연 그 엄청난 비용을 감수할 만큼 과학적, 학술적으로 가치가 있을까? 화성으로 가는 길은 멀고도 비싸다. 그러나 미국은 부자 나라여서 그 정도 돈을 쓸 여유가 있고, 관련 기술도 거의 완성된 상태다. 돈과 기술은 문제가 아니라는 이야기다.

비싼 프로젝트는 위험 부담이 많다. 결과가 나올 때까지 워낙 오래 걸리는 데다, 진행 도중에 경제 사정이 어려워지면 정책이 바뀔 수도 있기 때문이다. 화성 표면에서 유쾌하게 뛰어다니는 우주인 사진을 신문 1면에 올려놓고, 그 옆에 집 없는 아이들이나 직장 잃은 노동자들 사진을 나란히 게재하면 우주 개발 반대 여론이 전국적으로 들끓게 될 것이다.

대규모 프로젝트가 여론의 승인을 얻으려면 ❶국방과 관련되어 있거나 ❷경제적 이득을 보장하거나 ❸국력 신장에 도움이 되어야 한다. 국방을 도외시하면 죽을 수 있고, 경제를 무시하면 가난해지고, 국력 신장에 무관심하면 국가 간 경쟁에서 도태된다. 이들 중 한 가지 이상 충족하면 아무리 비싼 프로젝트라 해도 재원을 쉽게 마련할 수 있다. 총장 7만 킬로미터에 달하는 미국의 주간 고속도로가 대표적 사례이다. 아이젠하워 시대에 독일의 아우토반 고속도로를 벤치마킹한 이 초대형 프로젝트는 미국의 방위를 위해 물자와 노동력을 운반한다는 명목을 내세워 의회의 승인을 받아냈다. 또한 주간 고속도로는 상업용 차량 이용률이 매우 높아서, 돈이 흐르는 네트워크의 역할도 하고 있다.

우주왕복선이 운용되는 동안에도 승무원의 안전이 수시로 도마 위에 올랐다. 135회의 임무를 수행하는 동안 사고가 두 번 났으니, 승무원이 돌아오지 못할 확률은 1.5퍼센트이다. 생각해보라. 죽을 확률이 1.5퍼센트라면 당신은 마트에 갈 때 절대로 차를 몰고 가지 않을 것이다. 그러나 우주왕복선의 임무는 그 정도 위험을 감수할 만한 가치가 있었다.

우주인들은 인간이라는 존재의 경계를 넓히기 위해 목숨을 거는 위험을 감수했다. 나는 그들과 같은 인간으로 태어났다는 사실이 자랑스럽다. 그들은 절벽의 반대쪽을 처음으로 본 탐험가이자 미지의 산을 처음으로 오른 등반가이며, 망망대해에 처음으로 진출한 항해사이며, 하늘에 처음으로 도달한 사람들이다. 또한 그들은 장차 화성에 첫발을 내디딜 사람이기도 하다.

우주로 계속 진출하려면 '국방'이라는 개념을 조금 다른 각도에서 생각할 필요가 있다. 과학기술이 전쟁을 승리로 이끌 수 있다면(이것은 현대사가 증명하고 있다), 스마트 폭탄의 수를 헤아리는 대신 스마트한 과학자와 공학자의 수를 헤아려도 되지 않을까? 이들의 수를 국방의 척도로 삼으면 매력적인 프로젝트는 꾸준히 생겨날 것이다. 예를 들면 다음과 같은 것들이다.

★ 화성을 방문하여 액체 상태의 물이 더 이상 흐르지 않는 이유를 규

명한다.

★ 소행성에 가까이 접근하여 인공적으로 방향을 바꾸는 방법을 모색한다. 그들 중 하나가 지구로 접근하고 있는데 아무런 대책이 없다면, 인간은 과거에 소행성 충돌로 멸종한 티라노사우루스와 똑같은 신세가 된다. 정말로 자존심 상하는 일이다.

★ 목성의 위성 유로파의 표면에 수 킬로미터 깊이의 구멍을 뚫어서 지하 바다 및 생명체의 존재를 확인한다.

★ 명왕성과 그 친척들(외태양계에 있는 소형 얼음 천체들)을 탐사하여 행성의 기원을 밝힌다.

★ 금성의 두꺼운 대기층을 탐사하여 온실 효과가 극단적으로 발생한 원인을 규명한다. 현재 금성의 표면 온도는 섭씨 480도를 웃돌고 있다.

태양계 안에서 우주선이 도달하지 못할 곳은 없다. 다른 행성을 탐사할 때는 사람과 로봇을 함께 보내는 것이 바람직하다. 사람만 가면 혹독한 환경에서 행동의 제약이 많고, 로봇만 가면 지질을 분석하는 데 한계가 있기 때문이다. 또한 우주 안에서 망원경의 시선이 도달하지 못할 곳도 없다. 지구 궤도에 우주 망원경을 꾸준히 띄워서 우주의 기원을 밝히는 것도 우리가 해야 할 일이다.

위에 열거한 프로젝트를 단계적으로 수행해나간다면 미국은 세계 최고 수준의 천체물리학자와 생물학자, 화학자, 공학자, 지질학자, 물리학자들을 보유하게 된다. 지하 격납고의 무기 대신 지적 자산을 쌓아두는 것이다. 이들은 국가가 부르기만 하면 언제든지 연구에 참여할 준비가 되어 있을 것이다.

아무 일도 안 하고 가만히 서 있는 것은 과거로 되돌아가는 것과 다르지 않다. 이렇게 되면 미국의 우주 프로그램은 컬럼비아호와 함께 죽는 셈이다. 정말 그렇게 되기를 바라는가?

30
미국과 신흥 우주 세력★
─ '48회 로버트 H. 고더드 추모 만찬' 연설 ─

나는 NASA가 창설되었던 바로 그 주에 태어났습니다. 마돈나와 마이클 잭슨, 그리고 '프린스'로 알려져 있는 프린스 로저스 넬슨과 미셸 파이퍼, 샤론 스톤도 같은 해에 태어났습니다. 바비 인형이 특허로 등록되었고 영화 〈블롭〉이 개봉되었으며, 로버트 고더드를 추모하는 저녁 모임이 처음으로 개최된 해이기도 하죠. 그해는 바로 1958년이었습니다.

나는 우주를 공부하여 그것을 직업으로 삼았습니다. 인류 역사상 두 번째로 오래된 직업이죠. 아주 오랜 옛날부터 사람들은 하늘을 우러러보며 살아왔습니다. 그런데 나는 학자임에도 불구하고 학계와 약간의 거리감을 느껴왔습니다. 꽤 오랜 시간을 대통령 자문 위원회에서 일해왔기 때문입니다. 그러나 제 본분은 어디까지나 학자입니다. 모름지기 학자란 사람이건 장소이건 물건이건, 이 세상 그 어떤 것 위에도

★ '48회 로버트 H. 고더드 추모 만찬' 기조연설, 미국 우주 클럽, 워싱턴 DC, 2005년 4월 1일.

군림하지 않는 사람인데 나는 군대에 명령을 내린 적도, 노동 단체를 이끈 적도 없습니다. 내가 가진 거라곤 생각하는 능력뿐이죠.

요즘 세상 돌아가는 모습을 보면 걱정이 앞섭니다. 자신이 무엇을 하고 있는지, 제대로 파악하고 있는 사람이 의외로 적습니다. 몇 가지 예를 들어볼까요.

언젠가 나는 신문을 읽다가(요즘 신문을 읽는 것은 확실히 위험한 짓입니다!) '관내 학교 중 절반이 평균 이하의 성적 기록'이라는 표제에 눈이 번쩍 뜨였습니다. 당연하지 않은가요? 평균이란 원래 그런 의미죠. 어떤 집단이건 평균을 내보면 절반은 평균 이상이고 절반은 평균 이하일 수밖에 없지 않습니까?

비슷한 사례가 또 있습니다. '비행기 사고 생존자의 80퍼센트는 이륙 전 비상구 위치를 알아두었던 사람'—이런 기사를 읽으며 사람들은 생각합니다. "오케이, 좋은 정보구먼. 다음부터 비행기에 오르면 비상구가 어디 있는지 꼭 확인해야지!" 그러나 여기에도 심각한 오류가 숨어 있습니다. 사고로 죽은 사람의 100퍼센트가 비상구의 위치를 알았을 수도 있지 않습니까? 그들은 이미 죽었으니 확인할 길이 없죠. 우리가 사는 세상은 이렇게 모호한 생각으로 가득 차 있습니다.

또 다른 예를 들어보겠습니다. 복권 판매를 반대하는 사람들은 종종 이런 주장을 늘어놓죠. "복권은 가난한 사람에게 세금을 걷는 수단에 지나지 않는다. 가난할수록 복권을 많이 사기 때문이다." 과연 그럴까요? 아닙니다. 복권은 수학을 모르는 사람에게 세금을 걷는 수단입니다(그러나 가난할수록 고등 교육을 받을 기회가 적으므로, 가난한 사람은 수학에 무지할 가능성이 높다. 따라서 저자가 제시한 사례와 저자의 주장은 결국 같은 이야기일 수도 있다—옮긴이).

나는 1990년대 말부터 생전 처음으로 한동네에서 3년 이상 거주해 오다가, 2002년에 배심원으로 지명되어 법원에 출두한 적이 있습니다. 그런데 예비 심문 과정에서 변호사가 나에게 묻더군요. "서류를 보니 천체물리학자라고 되어 있군요. 그게 뭐하는 겁니까?" "우주에 적용 되는 물리학 법칙을 연구하는 사람입니다. 빅뱅, 블랙홀… 뭐 그런 것 들이죠." "프린스턴에서는 뭘 가르치십니까?" "증거의 가치를 판단하 는 법, 시각에 의존한 증거의 불확실성 등을 가르치고 있습니다." 그 로부터 5분 후, 나는 길거리를 걷고 있었습니다(배심원 명단에서 제외되었 다는 뜻이다—옮긴이).

몇 년 후, 나는 다시 배심원으로 지명되었는데 담당 판사가 "피고 는 코카인 1700밀리그램을 소지한 혐의로 체포되어 오늘 재판을 받 게 되었습니다."라고 했습니다. 그 후 몇 차례 질의응답이 오간 후 판 사가 질문이 더 있느냐고 하기에 내가 나서서 물었죠. "네, 있습니다. 왜 1700밀리그램이라고 어렵게 말씀하십니까? 그냥 1.7그램이라고 하 면 훨씬 알아듣기 쉬운데 말입니다. 킬로(1000)는 밀리(1/1000)하고 서 로 상쇄되기 때문에, 1000이 넘으면 굳이 '밀리'라는 단위를 쓸 필요 가 없습니다. 그리고 1.7그램이면 10센트짜리 동전보다 가벼워요." 나 는 또다시 거리로 쫓겨났습니다.

친구와 잠시 헤어지면서 "1000억 나노초 후에 보자."고 합니까? 아 니면 비행기 조종사가 "지금 우리 비행기는 고도 633만 밀리미터를 날 고 있다."고 하던가요? 아닙니다. 우리는 그런 식으로 말하지 않습니 다. 수학적으로는 맞지만, 단위의 편의성을 전혀 고려하지 않은 표현이죠. 간단한 것을 굳이 복잡하고 어렵게 만들 이유가 어디 있습니까?

모호한 사고는 지적 설계론Intelligent Design에서도 찾아볼 수 있습니다. 이 이론에 의하면 자연에 존재하는 어떤 것들은 그 구조를 설명하기에 "너무 기적 같거나, 너무 복잡"합니다. 이런 것들은 과학적 인과율로 설명할 수 없으므로, 지적인 존재(창조주)가 의도적으로 만들었다고 볼 수밖에 없죠.

과연 그럴까요? 지적 설계론의 반대급부로 탄생한 '멍청한 설계론Stupid Design'의 관점에서 다시 시작해봅시다. 우리 몸에 맹장은 대체 왜 달려 있을까요? 맹장이 하는 일이란 염증을 유발하여 우리를 죽이는 것뿐이죠. 그런 것은 차라리 없는 편이 낫습니다. 발톱은 어떤가요? 매니큐어를 바르는 것 외에는 쓸 일이 없죠. 또 우리는 같은 구멍(입)으로 숨도 쉬고 음식도 먹기 때문에, 많은 사람들이 음식을 먹다가 질식사합니다. 정말 멍청한 디자인이죠. 이게 끝이 아닙니다. 아직 결정타가 남아 있습니다. 준비됐습니까? 자, 다리 사이에 달린 '그것'은 하수 처리 시설 한복판에 세워진 놀이동산입니다. 대체 어떤 멍청한 설계사가 유희 시설을 그런 곳에 짓는단 말입니까?

어떤 사람들은 생물학 교과서를 맹비난하면서 "진화론은 여러 가지 가능한 이론 중 하나에 불과하니, 학생들에게 취사선택의 기회를 줘야 한다."고 주장합니다. 하지만 이 점을 생각해보세요. 종교는 과학보다 역사가 훨씬 오래되었고, 앞으로도 항상 우리 근처에 존재할 겁니다. 종교 자체는 문제 될 것이 없습니다. 그러나 종교가 과학 교실 안으로 파고들면 당장 문제가 생깁니다. 과학자들은 일요일에 교회를 찾아가 목사에게 "이러이러한 것을 가르쳐라." 하고 강요하지 않으며,

길거리에서 교회를 비난하는 시위를 벌이지도 않죠. 요즘은 딱히 그런 것 같지 않지만, 과학과 종교는 꽤 오랜 세월 동안 평화롭게 공존해왔습니다. 내가 보기에 가장 심각한 충돌은 과학과 종교의 충돌이 아니라, 종교와 종교 간의 충돌입니다.

나는 지금 과학자로서 이런 이야기를 하는 게 아닙니다. 잠시 1000년 전으로 되돌아가서 생각해봅시다. 서기 800~1200년 사이에 서방 세계 지식의 중심지는 현재 이라크의 수도인 바그다드였죠. 비결은 간단합니다. 그곳의 지도자들은 사상에 구애받지 않고 모든 의견을 수용했기 때문입니다. 이곳에서는 유대교도와 기독교도, 이슬람교도, 그리고 무신론자들이 한자리에 모여 열띤 토론을 벌이면서 사상을 교환했습니다. 가능하면 많은 의견을 교환하기 위해 회의용 탁자에는 누구나 앉을 수 있었으며, 어떤 발언을 해도 도중에 제지당하지 않았습니다. 이렇게 자유로운 분위기에서 온갖 서적들이 바그다드 도서관으로 모여들었고, 외국어로 쓰인 책은 아랍어로 번역되었죠. 그 결과 아랍은 농업, 상업, 공학, 의학, 수학, 천문학, 항해술 등 다양한 분야에서 세계 최고 수준을 유지했습니다. 별 이름들 중 3분의 2가 아랍어라는 사실을 알고 있습니까? 무언가에 이름을 붙이는 영예를 누리려면 그것을 처음으로 알아내거나, 가장 잘 알고 있어야 합니다. 아랍인들은 1200년 전에 별의 이름을 짓는 영예를 누렸습니다. 왜냐하면 밤하늘 지도를 가장 자세하고 정확하게 작성한 사람들이 아랍인이었기 때문이죠. 또한 아랍인들은 힌두 문화권에서 들여온 숫자 체계를 이용하여 대수학algebra이라는 새로운 수학 분야를 개척했습니다. '앨지브라' 자체가 아랍어에서 온 말입니다. 그래서 지금 우리는 숫자

체계를 '힌두 숫자'라 하지 않고 '아라비아 숫자'라고 부르죠. '알고리즘algorithm'이라는 용어도 이 시기에 바그다드에서 활동했던 아랍 수학자의 이름에서 따온 겁니다.

역사학자들은 "13세기에 바그다드가 몽골군에게 함락되면서 도서관이 불에 타 없어졌고, 모든 종교를 아울렀던 지식의 보고가 초토화되었다."고 말하죠. 그러나 중동에서 과학이 쇠퇴한 데에는 알 가잘리를 비롯한 11세기 이슬람 신학자들의 영향이 큽니다. 그들은 숫자를 갖고 노는 것이 악마의 행동이며 모든 자연 현상을 관장하는 주체는 알라신이라고 주장했는데, 여기에 영향을 받은 아랍인들은 은연중에 과학을 삶의 변방으로 몰아냈고 이런 전통은 지금까지 이어지고 있습니다. 세계 인구의 4분의 1이 이슬람교도인데, 1901년에서 2010년 사이에 과학 분야 노벨상을 수상한 543명 중 이슬람계는 단 두 명뿐입니다.

오늘날 기독교 근본주의자들과 유대교인들도 크게 다를 것이 없습니다. 사회가 종교철학에 잠식되면 과학과 공학, 의학은 설 자리를 잃습니다. 생물학 책에 경고문을 적어놓는 것은 별로 좋은 생각이 아닙니다. 정 그러기를 원한다면, 성경책에도 이런 경고문을 써놓아야 하지 않을까요?—"이 책의 내용 중 일부는 사실과 다를 수도 있습니다."

2001년의 어느 봄날, 프린스턴 대학교의 깔끔하게 정돈된 캠퍼스 잔디밭을 거닐던 중 휴대폰이 울렸습니다. 전화를 건 사람은 백악관 직원이었는데, "항공우주 산업의 발전 방향을 모색하는 자문 위원회에 참여해주실 수 없을까요?" 하고 묻더군요. 비행기 조종법도 모르는 사람한테 항공우주 산업이라니요? 내 전공과 거리가 먼 것 같아서 처음에는 별 관심을 보이지 않았죠. 그런데 통화를 마친 후 항공우주 산업에 대해 나름대로 알아보니, 지난 14년 사이에 이 분야에서 50만 개의 일자리가 사라졌다고 했습니다. 무언가 크게 잘못되어가고 있던 겁니다. 결국 나는 백악관의 요청을 수락했습니다.

위원회의 첫 모임은 2001년 9월에 열릴 예정이었죠. 그런데 바로 며칠 전에 9·11 테러가 발발했습니다.

그날 나는 그라운드 제로Ground Zero(세계 무역 센터가 있던 자리―옮긴이)에서 불과 네 블록 떨어진 곳에 있었으나 운 좋게도 살아남았습니다. 아침에 프린스턴으로 갈 예정이었는데, 마감일을 넘긴 원고가 있어서 그것을 마무리하느라 집에 남아 있었습니다. 그런데 어느 순간 비행기 한 대가 무역 센터에 충돌하더니, 얼마 후 또 한 대가 충돌했습니다. 이런 상황에서 어떻게 무관심할 수 있을까요? 비행기 두 대가 우리 집 뒷마당을 빼앗아 갔고, 그 순간부터 나는 다른 사람이 되었습니다. 미국이 공격당했고, 우리 집 뒷마당도 공격당했습니다.

위원회가 처음 소집되었던 날이 지금도 생생하게 기억납니다. 나 외에도 11명의 위원들이 적개심에 불타는 표정으로 자리에 앉아 있었습니다. 그중에는 군 장성과 해군 장관, 그리고 상원 의원도 있었습니다. 나 역시 테러범에 대한 적개심으로 다리가 후들거릴 지경이었죠. 그때는 정말 "길거리에서 싸움에 휘말리면 무조건 상대방 엉덩이를 걷어찬다."는 생각뿐이었습니다. 위원회에 참여한 여성들도 마찬가지였습니다. 그중 한 여성은 강한 남부 억양으로 "이런 빌어먹을!"이라고 외쳤죠.

위원회 멤버들은 전 세계를 돌아다니며 미국의 현 상황에 영향을 주는 요인들을 분석했습니다. 중국을 방문했을 때는 중국이 유인 우주선 발사에 성공하기 전이었는데, 모든 사람이 자전거를 타고 다니는 모습을 상상했다가 깜짝 놀랐습니다. 길거리는 온통 자동차의 물결이었고, 차종도 아우디와 벤츠, 폭스바겐이 대부분이었죠. 미국으로 돌아온 후 우리 집에 있는 물건의 상표를 일일이 확인해보니, 거의 절반이 중국제였습니다. 우리 돈이 중국으로 흘러들어가고 있는 겁니다.

중국 순방 도중에 대규모 군사 프로젝트의 결과물인 만리장성을 관람했습니다. 처음에는 아무리 둘러봐도 공학이나 기술의 흔적을 찾을 수 없었죠. 내 눈에는 그저 벽돌을 쌓아 만든 거대한 담일 뿐이었습니다. 그런데 문득 뉴욕에 있는 어머니가 생각나서 시험 삼아 휴대폰으로 전화를 걸어보았습니다. "어머, 닐! 벌써 돌아온 거니? 예정보다 일찍 왔네?" 어머니는 내가 뉴욕에서 전화를 걸고 있다고 생각했습니다. 그 정도로 음질이 생생했던 겁니다. 그동안 어머니와 숱한 통화를 했지만, 그토록 생생한 음성은 처음이었죠. 중국인들은 전화 통화를 할 때 "이제 들려? 이제 들려?"라는 말을 하지 않습니다. 이런 대화는 미국 북동부 회랑(보스턴에서 뉴욕, 워싱턴 DC에 걸쳐 있는 인구 밀집 지역—옮긴이)에서나 들을 수 있습니다. 그리고 미국에서 기차를 타고 가다가 통화를 하면 나무를 지날 때마다 목소리가 들렸다 안 들렸다 하죠.

그래서 중국인들이 사람을 지구 궤도에 보낼 예정이라고 했을 때, 나는 조금도 의심하지 않았습니다. 그 정도 실력이면 하고도 남을 것 같았죠. 나뿐만 아니라 우리 일행 모두가 그렇게 생각했습니다. 중국인들이 달에 사람을 보낼 것이라고 했을 때도 나는 말없이 고개를 끄덕였고, 화성에 사람을 보낸다고 할 때는 더럭 겁이 났습니다. 화성은 '붉은 행성'으로 알려져 있으므로, 마케팅과 홍보를 하기에도 안성맞춤입니다. 다들 알다시피 중국의 국기는 붉은색이죠.

우리 일행은 중국을 떠나 러시아의 모스크바 외곽에 있는 스타 시티를 방문했습니다. 이 러시아 우주 프로그램 센터의 소장이 이런저런 설명을 하던 도중, 우리에게 "보드카 마실 시간입니다!"라고 외치더군요. 술을 준다니 좋긴 좋은데 보드카 잔이 너무 작아서 새끼손가락을 치켜든 채로 마셔야 했습니다(미국인은 새끼손가락을 치켜드는 것을 욕이라고 생각한다—옮긴이).

벨기에의 수도 브뤼셀에서 유럽 우주 정책 입안자와 사무장을 만났을 때는 머리카락이 곤두설 정도로 위기감을 느꼈습니다. 우리가 그곳에 도착했을 때, 그들은 '유럽 우주국 항공학 향후 20년 비전'을 막 발표하고 갈릴레오를 테스트하느라 매우 바쁜 일정을 보내고 있었습니다. 갈릴레오는 GPS의 경쟁 상대로 부각되고 있는 유럽형 내비게이션 시스템입니다. 우리 일행은 겉으로 드러내지 않았지만 걱정이 앞섰죠. 갈릴레오가 완성되면 유럽 상공을 날아가는 모든 비행기는 국적을 막론하고 갈릴레오를 설치해야 할지도 모릅니다. 미국의 항공우주 산업은 이미 사양길을 걷고 있는데, 미국에서 유럽으로 가는 비행기에 추가로 돈을 써야 할 판입니다. 지금 유럽은 미국의 GPS 시스템을 무료로 사용하고 있습니다.

미국이 현 상황을 파악하기 위해 우왕좌왕하는 동안 유럽은 자리에 편히 앉아 여유로운 표정으로 우리를 내려다보고 있습니다. 우리 의

자는 그들의 의자보다 낮은 것 같습니다. 왜냐하면 나는 의자에 마주 앉았을 때 그들을 항상 올려다봤기 때문입니다. 나는 키가 큰 편이기 때문에 누구를 올려다볼 일은 별로 없습니다. 그런데도 올려다보는 느낌이 든 이유는 그들의 발전상에 심리적으로 위축되었기 때문일 겁니다. 속으로는 은근히 화가 치밀었죠.

왜 그랬을까요? 유럽인들과 항공우주 산업에 대해 이야기를 나누고 있는데, 분위기가 마치 무역 협정을 맺는 통상 회의 같았기 때문입니다. 당신이 이렇게 해주면 나는 저렇게 해주겠다, 당신이 이걸 양보하면 나는 저걸 양보하겠다, 등등… 이런 대화가 오가면서 나는 무언가 잘못되었음을 느꼈습니다. 항공우주 분야는 한때 미국의 독무대였죠. 어떤 분야에서 당신이 다른 사람보다 앞서 있다면, 권리 행사를 놓고 테이블에 마주 앉아 협상할 필요가 없습니다. 다른 사람들을 압도하고 있으므로, 그들이 무엇을 원하는지 걱정할 필요도 없습니다. 그냥 주면 됩니다. 지난 20세기에 미국은 항상 이런 위치에 있었습니다. 1950년대부터 80년대 중반까지만 해도, 미국에 착륙하는 여객기는 모두 미국제였죠. 아르헨티나 항공에서 잠비아 항공에 이르기까지, 거의 모든 나라들이 보잉 사 여객기를 운용했습니다. 그래서 화가 났던 겁니다. 맞은편에 앉아 있는 사람 때문이 아니라, 우리 자신에게 화가 났습니다. 조금씩 앞으로 나아가는 것만으로는 진보를 이룰 수 없습니다. 진보의 필수 조건은 '혁신'입니다.

앞으로 나는 일본에 당일치기 여행을 다녀오고 싶습니다. 비행체가 탄도 궤적을 따라 날아가면 태평양을 45분 만에 건널 수 있습니다. 그런데 왜 아직 만들지 않았을까요? 미국이 탄도 비행체를 진작 만들었다면 갈릴레오 위치 추적 시스템 운운하며 우리를 향해 미소 짓던 그 유럽인과 애초부터 협상할 필요조차 없었을 겁니다. 미국이 꾸준한 혁신을 통해 선두 자리를 계속 유지했다면 펄서 내비게이션 시스템pulsar navigation system〔맥동성(펄서)에서 주기적으로 방출되는 엑스선 신호를 이용하여 우주선의 위치를 파악하는 시스템—옮긴이〕도 이미 완성되었을 것이고, 다른 국가가 무엇을 갖고 있는지 신경 쓸 필요도 없었을 겁니다.

항공우주 기술을 놓고 다른 국가와 흥정을 벌여야 한다는 사실에 화가 치밉니다. 그리고 나는 교육자이기에 중학생들 앞에 서서 "나중에 항공우주공학자가 되어 여러분의 부모님이 타고 다녔던 비행기보다 연료 효율이 20퍼센트 높은 비행기를 만들어라." 하고 싶지 않습니다. 이 정도로는 학생들의 성취동기를 자극할 수 없어요. 나는 그들에게 이렇게 말하고 싶습니다.—"항공우주공학자가 되어 화성의 희박한 대기에서 안전하게 날아가는 비행기를 만들어라." "생물학자가 되어 화성과 유로파, 그리고 태양계 바깥에 있는 행성에서 외계 생명체를 찾아라." "화학자가 되어 달의 성분과 우주 공간에 떠도는 분자의 구조를 규명해라." 우주에서 미래를 찾는 학생이 많을수록 내 일은 더욱 쉬워집니다. 아이들 마음속에 꿈을 심어주기만 하면 그다음부터는 스스로 자라기 때문이죠. 하지만 지금과 같은 현실에서 거짓 꿈을 심어줄 수는 없지 않습니까?

부시 정부는 달과 화성, 그리고 그 너머로 진출하는 미래 비전을 포기했습니다. 논쟁의 여지가 있지만, 그것은 기본적으로 실현 가능한 비전이었습니다. 이 사실을 알고 있는 사람은 별로 많지 않습니다. 만일 내가 국회 의장이었다면 NASA의 예산을 기존의 두 배인 400억 달러(약 47조 원)로 키웠을 겁니다. 미국 국립 보건원의 1년 예산은 300억 달러입니다. 오케이, 국민 건강을 책임지는 기관이니 그 정도는 써야 합니다. 그러나 MRI, PET 스캐너, 초음파, 엑스선 등 첨단 의료 장비를 만든 사람은 의사가 아닌 과학자와 공학자들이었습니다. 그러므로 의료계에만 투자할 것이 아니라, 그 외의 보조 분야에도 신경을 써야 합니다. 사회가 균형 있게 발전하려면 각 분야들 사이에 긴밀한 협조가 이루어져야 합니다.

스페이스 트윗 56   @neiltyson · 2011년 7월 8일 오전 11:16
NASA가 지난 50년 동안 쓴 돈은 현재 미군의 2년 치 예산과 같다.

NASA의 예산을 두 배로 증액하면 무엇이 어떻게 달라질까요? 미래 비전이 더욱 대담해지고, 그중 대부분을 실현할 수 있습니다. 지금 사회를 이끌어가는 기성세대와 학교에서 꿈을 키우고 있는 다음 세대는 '우주'라는 표어 아래 하나가 될 겁니다. 다들 알다시피 21세기에 태어난 신흥 시장의 엔진은 과학과 공학이었습니다. 미래 경제를 떠받치는 기초도 크게 다르지 않을 겁니다. 이런 상황에서 혁신을 중단하면 다른 나라들이 우리를 따라잡고, 당신의 일자리는 바다를 건너가게 됩니다. 그때 가서 아무리 불평을 해봐야 소용없습니다. 지금 당장 혁신을 시도해야 합니다.

진정한 혁신이란 무엇일까요? 사람들은 묻습니다. — "스핀오프 spin-off(큰 기술의 일부가 분화, 독립하여 만들어낸 부산물—옮긴이)를 좋아한다면 그것이 나올 때까지 기다릴 것 없이 그냥 처음부터 원천 기술에 집중 투자하면 되지 않는가?" 답—아닙니다. 예를 들어 당신이 열물리학자이고 열에 관한 한 세계적인 권위자라고 가정해봅시다. 나는 당신을 찾아가 "성능이 더 좋은 오븐을 만들어달라."고 부탁했습니다. 당신은 대류對流를 이용한 오븐을 만들 수도 있고, 외부 단열성이 좋은 오븐을 만들 수도 있으며, 내용물을 넣고 꺼내기가 더욱 편리해진 오븐을 만들 수도 있습니다. 그러나 내가 아무리 많은 돈을 투자해도, 당신은 마이크로파를 이용한 오븐을 만들지 않을 겁니다. 사실 그것은 엉뚱한 곳에서 태어났기 때문이죠. 마이크로파 오븐은 과거 레이더 통신을 개발하면서 부수적으로 탄생한 스핀오프였습니다. 즉, 이것을 발명한 주인공은 열물리학자가 아니라 전쟁이었습니다.

분야 간 교접은 항상 이런 식으로 진행됩니다. 미래학자들의 예견이 상습적으로 틀리는 이유는 현재 상황만으로 모든 것을 추측하기 때문입니다. 그들은 '놀라움'을 보지 못하죠. 이런 식이라면 5년까지는 내다볼 수 있을지 몰라도, 10년 후는 어림도 없습니다.

나는 우주가 우리 문화의 일부라고 생각합니다. 여러분은 "항공업계에 종사하는 사람 외에는 우주인의 이름을 아무도 모르고, 우주선 발사에도 관심을 보이지 않는다."는 불평을 어디선가 한번쯤 들어본 적이 있을 겁니다. 미국인의 관심이 예전만 못한 것은 사실입니다. 그러나 NASA가 허블 망원경 수리에 회의적일 때 가장 큰 목소리로 반대한 쪽은 전문가가 아닌 일반 대중이었죠. 그리고 컬럼비아호 참사가 일어났을 때에는 모든 미국인이 하던 일을 멈추고 희생자들을 애도했습니다. 무언가가 있을 때는 무관심하지만, 그것이 없어지면 금방 상실감을 느낍니다. 이것이 바로 문화의 정의입니다.

2004년 7월 1일, 카시니호가 토성 궤도에 진입했습니다. 이 과정에는 과학적인 것이 별로 없습니다. 그냥 중력에 끌려들어간 것뿐이죠. 그런데 NBC 〈투데이 쇼〉의 제작진들은 이것을 첫 뉴스로 선정했고, 나에게 출연 요청을 해 오길래 흔쾌히 수락했습니다. 다음 날 방송국에 도착하니 모든 사람들이 입을 모아 하는 말—"축하합니다! 그런데 그게 무엇을 의미하나요?" 나의 대답—"토성과 위성을 근거리에서 연구할 수 있게 되었으니 대단한 일이죠." 그러자 쇼의 진행자인 맷 라워가 돌직구를 날리더군요. "하지만 타이슨 씨, 거기에 무려 33억 달러가 들어갔잖아요. 지구에서도 돈 쓸 일이 도처에 널렸는데, 까마득히 먼 곳에 굳이 그런 거금을 써야 할까요?" 나의 대답—"우선 33억 달러를 12로 나눠야죠. 카시니호의 임무는 12년짜리니까요. 그러면 1년에 3억 달러가 채 안 됩니다. 아마 미국인들이 입술에 바르는 립밤에 1년간 쓰는 돈보다 적을걸요?"

그러자 카메라맨과 조명 스태프들이 킬킬대기 시작했죠. 아마 이 웃음소리는 방송을 타고 나갔을 겁니다. 다행히 맷은 더 이상 반론을 제기하지 않았고, 방청석에서 박수가 쏟아졌습니다. 그리고 모두들 손에 립밤을 하나씩 치켜들고 일제히 외쳤습니다. "우리도 토성에 가고 싶어요!"

이날 방송은 꽤 인상적이었습니다. 뉴욕의 택시는 앞좌석과 뒷좌석 사이에 유리판이 설치되어 있어서, 뒷좌석에 앉아 운전기사와 대화를 나누려면 목소리가 유리판을 통과해야 하죠. 최근에 뉴욕에서 택시를 탔을 때, 20대 초반으로 보이는 젊은 운전기사가 내 목소리만 듣고 말을 걸어왔습니다. "잠깐만요, 손님 목소리 어디선가 들어본 것 같아요. 은하 전문가 맞으시죠?" "네, 대충 그렇습니다만…." "우와~ 맞네! 손님이 나온 프로 저도 봤어요. 정말 최고였어요!"

내가 유명인이어서 그 택시 기사가 나를 알아봤을까요? 아닙니다. 만일 그랬다면 그는 우리 집이 어디며, 무슨 색을 좋아하냐는 둥 가십에 가까운 질문을 늘어놓았을 겁니다. 그러나 그의 질문은 달랐습니다. "블랙홀이 뭐예요? 은하에 대해서 좀 더 설명해주세요. 우주에 다른 생명체가 있나요?" 등등 우주와 관련된 질문을 쉬지 않고 던져 오더군요. 목적지에 도착하여 요금을 지불하려는데, 그가 손을 내저으며 말했습니다. "아닙니다. 그냥 가세요." 그는 23세의 나이에 택시 운전을 하면서 아내와 아이를 부양하는 가장이었습니다. 그런 그가 요금을 받지 않겠다며 버티더군요. 내 덕분에 우주에 대하여 더 알게 되었으니, 택시 요금을 수업료로 충당하겠다는 것이었습니다. 그가 우주에 관심이 없었다면 결코 있을 수 없는 일이었죠.

다른 사례도 있습니다. 딸과 함께 학교로 걸어가다가 건널목을 건너려는데, 쓰레기차가 우리 앞에 멈춰 섰습니다. 원래 쓰레기차는 건널목에서 멈추지 않는데, 이 차는 달랐습니다. 그 순간, 내 머릿속에 영화 같은 장면이 떠올랐습니다. 쓰레기차가 어떤 사람을 스쳐 지나가면 그 사람은 화면에서 사라지지 않던가요! 무언가 안 좋은 일이 일어날 것 같아서 딸아이 손을 꼭 잡고 서 있는데, 트럭 창문이 내려가면서 생전 처음 보는 운전기사가 나를 향해 소리쳤습니다. "타이슨 박사님! 오늘도 행성은 안녕한가요?" 당장 달려가서 끌어안고 뽀뽀라도 해주고 싶더군요.

가장 기억에 남는 일화가 아직 남아 있습니다. 내가 로즈 지구 우주관에서 일할 때 있었던 일입니다. 그곳에 관리인이 한 명 있었는데, 나는 그가 지난 3년 동안 다른 사람과 대화하는 모습을 단 한 번도 본 적이 없었습니다. 물론 나 역시 그와 대화를 나눈 적이 없기에, 언어 장애가 있거나 행동거지가 아주 느린 사람이라고 생각했죠. 그러던 어느 날, 그가 나를 발견하고는 하던 청소를 갑자기 멈추고 다가왔습니다. 그의 왼손에는 빗자루가, 오른손에는 사진 몇 장이 들려 있었죠. "타이슨 박사님, 여쭤볼 게 있는데 시간 좀 내주시겠습니까?" 나는 그가 고용 계약이나 보험 문제에 관하여 물을 줄 알았어요. "네, 말씀하세요." 그는 사진을 내게 보여주면서 말을 이어갔습니다. "제가 혼자 생각해봤는데, 이게 다 허블 망원경이 찍은 사진이거든요. 전부 다 가스구름이더라고요. 책을 뒤져보니 별이 가스에서 만들어졌다고 하더군요. 그러면 이 사진에 나와 있는 가스구름에서 별이 탄생하는 건가요?" 3년 동안 말 한마디 없었던 관리인이 나에게 처음으로 걸어온 대화가 천체물리학과 성간 물질에 관한 질문이었습니다. 나는 당장 내 방으로 달려가 책 일곱 권을 집어 들고 다시 그에게 달려갔죠. "답은 여기 들어 있습니다. 우주와 대화를 나눠보세요. 당신이라면 꼭 더 알아야 해요."

"우주 비행사가 되려면 할 일이 아주 많아요. 그런데 내가 맨 먼저 할 일은 유치원에 가는 거예요." 올해 네 살 난 사이러스 코리가 한 말입니다.

NASA의 예산을 두 배로 늘리면 지금 자라나는 학생들이 훗날 부족한 인력을 메워줄 겁니다. 그들이 항공우주공학자가 되지 않더라도, 과학적 소양을 갖춘 성인이 되어 미래 경제의 기초가 되는 물건을 발명하거나 창조하겠죠. 하지만 이것이 전부가 아닙니다. 미래의 어느 날, 테러분자들이 생화학 무기로 공격을 해 온다면 누구를 불러야 할까요? 물론 세계 최고의 생물학자를 불러야 합니다. 화학전이 벌어지면 최고의 화학자에게 도움을 청해야 합니다. 그런데 이런 사람을 과연 구할 수 있을까요? 물론입니다. 그들이 어디선가 화성과 유로파의 생명체를 연구하고 있을 것이기 때문입니다. NASA가 건재하다면 그들은 학창 시절에 우주과학을 더 좋아했을 것이므로, 굳이 변호사나 은행가 같은 직업을 구하지 않을 겁니다. 1980~90년대에는 이런 일이 전국적으로 일어났습니다.

별을 탐사하는 데 400억 달러―이 정도면 싼 편입니다. 이것은 미래 경제를 위한 투자일 뿐만 아니라, 미래의 안전을 위한 투자이기도 합니다. 우리의 가장 값진 자산은 국민으로서 갖고 있는 열정입니다. 그 열정을 소중히 간직하면서 적절한 곳에 써주기 바랍니다.

31
우주 애호가들의 오판*

인간은 발명품을 개선하는 데 실패한 적이 거의 없다. 제아무리 대단한 발명품도 세월이 지나면 개선된 물건으로 대치되고, 세월이 더 지나면 향수를 불러일으키는 골동품이 된다.

기원전 2000년경에 동물의 뼈를 깎고 가죽끈을 꿰어 만든 스케이트는 운송 수단에 혁명적인 변화를 가져왔다. 그리고 1610년에 베네치아의 원로원 의원들은 갈릴레오가 만든 8배율짜리 망원경 덕분에 적함이 석호로 들어오기 전에 미리 발견할 수 있었다. 그 후 1887년에 내연 기관이 장착된 1마력짜리 벤츠 자동차가 처음으로 생산되었고, 1946년에는 집채만 한 크기에 1만 8000개의 진공관과 6000개의 수동 스위치로 이루어진 30톤짜리 원조 컴퓨터 에니악ENIAC이 등장하여 전자 계산 시대의 서막을 열었다.

요즘 길거리에는 인라인 스케이트가 넘쳐나고, 우주 망원경이 찍은

★ '우주 애호가들의 오판Delusions of Space Enthusiasts', 〈내추럴 히스토리〉, 2006년 11월.

은하 사진을 언제든지 볼 수 있으며, 스피드광들은 600마력짜리 오픈 카를 타고 고속도로를 시속 270킬로미터로 내달린다. 그리고 1킬로그램 남짓한 노트북 컴퓨터를 들고 동네 카페에 가면 무선으로 인터넷을 사용할 수 있다.

물론 이런 진보는 공짜로 이루어진 것이 아니라, 똑똑한 사람들이 사고력을 발휘한 결과이다. 그런데 문제는 똑똑한 아이디어를 현실 세계에 구현할 때마다 누군가가 돈을 써야 한다는 것이다. 그리고 시장의 동향이 달라지면 돈을 쓴 사람은 흥미를 잃고 더 이상 돈을 대주지 않는다. 만일 컴퓨터 회사들이 1978년에 혁신을 멈췄다면, 지금 당신의 책상에는 45킬로그램짜리 IBM 5110 모델이 자리를 차지하고 있을 것이다. 또한 통신 회사들이 1973년에 혁신을 멈췄다면, 지금 당신은 길이 20센티미터에 무게가 1킬로그램이나 되는 '벽돌형 휴대 전화'를 들고 다닐 것이다. 이뿐만이 아니다. 1968년에 미국 우주 산업계가 더 크고 우수한 로켓의 개발을 멈췄다면, 새턴 5호를 능가하는 로켓은 태어나지 않았을 것이다.

이크, 실수….

내가 말을 잘못했다. 새턴 5호를 능가하는 로켓은 아직 만들어지지 않았다. 지금까지는 새턴 5호가 단연 챔피언이다. 새턴 5호는 사람을 태우고 지구가 아닌 다른 천체로 날아간 최초이자 유일한 로켓이다. 1969년부터 1972년 사이에 달에 갔다 온 우주인과 각종 장비들, 그리고 1973년에 발사된 미국 최초의 우주 정거장 스카이랩 1호는 모두 새턴 5호를 타고 날아갔다.

새턴 5호와 아폴로 프로그램이 성공을 거두자, 호사가들은 우주 거주지와 달 기지, 화성 식민지 등 오지도 않을 미래를 앞다퉈 예견하기 시작했다. 그러나 달 탐사 프로젝트가 문을 닫으면서 재정 지원이 끊기고 부품 생산 공장은 파괴되었으며, 숙련공들은 다른 프로젝트를 찾아 떠나갔다. 지금은 미국 최고의 공학자들을 한곳에 모아놓아도 새턴 5호 로켓의 복제품조차 만들 수 없다.

우리 문화의 어떤 측면이 새턴 5호를 역사 속으로 사라지게 만들었을까?

미래에 대한 예언은 '의심'과 '흥분'이라는 두 가지 속성을 갖고 있다. 대부분의 예언이 틀리는 것은 바로 이런 속성 때문이다. 과거에 "원자는 절대로 쪼개지지 않는다."거나 "그 무엇도 음속 장벽을 넘을 수 없다."거나 "아무도 가정용 컴퓨터를 원하지 않을 것"이라고 주장했던 사람은 의심 많은 회의론자들이었다. 그러나 새턴 5호 로켓의 경우에는 사람들이 너무 흥분하여 미래학자의 시야가 흐려졌다. 그들은 새턴 5호가 '상서로운 시작'이라고 예견했으나, 실제로는 그것이 마지막이었다.

스페이스 트윗 57 & 58   @neiltyson · 2011년 7월 21일 오전 5:43
우주왕복선의 30년 프로그램이 종료되자 많은 사람들이 탄식을 내뱉었다. 그러나 이 점을 생각해보라. 1981년에 처음 등장하여 지금까지 사용되고 있는 기술이 어디 있는가?

@neiltyson · 2011년 7월 25일 오후 4:58
그런 기술은 없다. 아프로 픽Afro pick*은 1976년에 처음 나온 후로 지금까지 사용되고 있지만, 이런 것은 '기술'에 속하지 않는다.

★ 흑인들이 주로 사용하는 머리빗. —옮긴이

1900년의 마지막 일요일인 12월 30일, 〈브루클린 데일리 이글〉 신문
사에서 '100년 후의 세상, 어떻게 달라질 것인가?'라는 제목으로 16페
이지짜리 부록을 발행했다. 거기서는 사업가와 군인, 종교인, 정치인,
과학자 등 각 분야의 전문가들이 서기 2000년의 가사일과 가난 문제,
종교, 공중위생, 그리고 전쟁이 진행되는 양상을 나름대로 예견해놓았
는데, 이들은 세상을 바꿀 가장 중요한 품목으로 전기와 자동차를 꼽
았다. 그리고 100년 후의 세계 지도를 예견한 부분에서는 미국의 영
토가 북극권 한계선 바로 밑에서 티에라델푸에고(남아메리카 남단에 있는
군도—옮긴이)에 이르고, 아프리카 사하라 사막 이남과 호주의 남쪽 절
반, 심지어 뉴질랜드까지 미국 영토로 표기되어 있었다.

기사 작성에 참여한 대부분의 전문가들은 '확장해나가는 미래'를
예측했다. 그러나 뉴욕 센트럴 앤드 허드슨 리버 철도 회사의 사장이
었던 조지 H. 대니얼스는 수정 구슬을 들여다본 후 100년 후의 세상
을 다음과 같이 예견했다.

20세기의 운송 수단이 19세기 방식에서 크게 개선될 가능성은 거
의 없다.

대니얼스는 또 "20세기가 되면 세계 여행이 자유로워지고 흰 빵(흰
밀가루로 만든 빵)이 중국과 일본에 퍼질 것"이라고 했다. 그러나 그는
증기 엔진이 내연 기관으로 대치될 것을 전혀 예상하지 못했다. 물론
'날아다니는 자동차(비행기)'는 말할 것도 없다. 세계에서 가장 큰 철도

회사의 소유주가 20세기의 문턱에 서서 100년 후의 운송 수단으로 자동차와 증기 기관차, 그리고 증기선밖에 떠올리지 못한 것이다.

그로부터 3년이 지난 어느 날, 윌버 라이트와 오빌 라이트 형제는 동력 장치가 달려 있고 조종 가능하면서 공기보다 무거운 비행체를 만들었다. 그리고 1957년에 소련은 최초의 인공위성을 지구 궤도에 진입시켰으며, 1969년에는 두 미국인이 역사상 최초로 달 표면을 거닐었다.

기술의 미래를 잘못 예견한 사람은 대니얼스뿐만이 아니다. 논리적 사고에 익숙한 전문가들 중에도 시야가 좁은 사람이 종종 있다. 미국 특허청의 주 심사관이었던 W. W. 타운센드는 〈브루클린 데일리 이글〉지 부록 13페이지에 다음과 같이 적어놓았다. "자동차는 10년쯤 유행하고 말겠지만, 하늘을 나는 배는 100년이 지나도 건재할 것이다." 이 정도면 꽤 정확한 예견인 것 같다. 그러나 그가 말했던 '하늘을 나는 배air ship'는 비행기가 아니라 비행선이었다. 대니얼스와 타운센드는 정보가 부족한 일반 대중과 마찬가지로 미래 기술이 세상을 어떻게 바꿔놓을지 전혀 짐작하지 못했다.

믿기 어렵겠지만 라이트 형제조차도 비행을 부정적으로 생각했다. 윌버 라이트는 1901년 여름에 글라이더로 시험 비행을 시도했다가 실패한 후, 동생 오빌에게 "사람이 하늘을 날려면 50년은 기다려야 할 것"이라고 했다. 하지만 천만의 말씀! 그로부터 2년 후인 1903년 12월 17일에 노스캐롤라이나 주의 킬데블힐이라는 모래 언덕에서 오빌은

270킬로그램짜리 비행기를 타고 하늘을 날았다. 이날 그는 12초 동안 36미터를 날아갔는데, 이 정도면 어린아이가 던진 야구공의 비행 거리와 비슷하다(같은 날 실행된 2차 비행에서는 244미터를 날아갔다—옮긴이).

영국 왕립 학회로부터 금메달을 받았던 수학자이자 천문학자인 사이먼 뉴컴은 라이트 형제가 시험 비행에 성공하기 두 달 전 출간한 책에 비행에 대하여 다음과 같이 적어놓았다.

20세기에는 자연력을 이용한 비행술로 대륙 사이를 새보다 빠르게 이동할 수 있을 것이다.

그러나 지금 우리가 보유하고 있는 지식에 기초하여 생각해보면 반드시 그럴 것 같지도 않다. 지금 사용되는 합금과 가죽, 철선, 그리고 동력을 제공하는 전기 모터나 증기 엔진… 이런 것들을 조립하여 막상 비행체를 만들어보면, 우리의 상상과 크게 다를 것이기 때문이다.

라이트 형제가 비행기 제작에 몰두하고 있을 무렵, 천문학자이자 물리학자인 스미스소니언 협회 회장 새뮤얼 P. 랭글리는 공식적인 지원을 받으며 독립적으로 비행기를 연구하고 있었다. 라이트 형제의 시험 비행 일주일 전, 1903년 12월 10일 자 〈뉴욕 타임스〉에는 랭글리에 관하여 다음과 같은 기사가 실렸다.

랭글리 교수는 하늘을 나는 배airship를 연구하느라 아까운 시간과 돈을 낭비하고 있다. 이것이 그의 명성에 누가 되지 않을까 걱정된다. 그가 날기 위해 애쓰는 대신 자신의 전공 분야에 매진한다면 인류에게 훨씬 큰 도움이 될 것이다.

몇 개 국가에서 최초 비행에 성공한 후 사람들의 반응이 크게 달라 졌을 것 같지만, 사실은 전혀 아니었다. 윌버 라이트는 1909년에 "아 직 그 누구도 뉴욕에서 파리까지 날아가지 못했다."며 비행기의 앞날 을 걱정했다. 그리고 영국의 국방 장관 리처드 B. 홀데인은 1909년에 국회 의사당에서 "비행기는 앞으로 중요한 역할을 하게 되겠지만, 전 쟁을 치르는 군인의 입장에서 볼 때 당장은 별로 써먹을 곳이 없다." 고 했다. 또한 프랑스의 군사 전술가이자 1차 세계 대전 말엽에 연합 군 사령관을 지냈던 페르디낭 포슈는 1911년에 "비행기는 흥미로운 장난감이지만 군사적 가치는 전무하다."고 단언했다. 그러나 바로 그 해에 이탈리아의 비행기가 리비아의 트리폴리 근처에 최초로 폭탄을 투하했다.

대기권을 벗어난 비행도 처음에는 비행기처럼 부정적인 의견에 부딪 혔다. 그렇다고 과거에 이런 상상을 해보지 않은 것은 아니다. 수많은 철학자와 과학자, 그리고 SF 작가들은 오랜 세월 동안 우주 여행을 꿈꿔왔다. 16세기 이탈리아의 철학자이자 가톨릭 수사였던 조르다노 브루노는 "인간은 유일한 지적 생명체가 아니다. 무한히 큰 우주 곳곳 에 지능을 가진 생명체들이 퍼져 살고 있다."고 주장하여 사제들을 기 겁하게 만들었다(결국 그는 종교 재판에서 유죄 판결을 받고 화형에 처해졌다—옮간이). 또한 17세기 프랑스의 작가 시라노 드 베르주라크는 달을 "우거진 수풀과 제비꽃 속에서 사람이 사는 곳"으로 묘사했다.

그러나 이런 것은 상상의 산물일 뿐, 삶의 지침이 될 수는 없었다. 전기와 전화, 자동차, 라디오, 비행기 등 공학의 기적이 현실 세계에 구현된 것은 그로부터 수백 년이 지난 20세기 초의 일이었다. 그렇다면 우주 여행도 수백 년을 더 기다려야 하는가? 최초의 장거리 탄도 미사일 V-2 로켓이 성공적으로 발사된 후에도, 많은 사람들은 우주 여행이 불가능하다고 생각했다. 지구의 대기는 비행기를 날게 해주지만 우주로 나가는 비행체에게는 치명적인 방해물이었기에, 달에 가려면 어떻게든 대기에 구멍을 뚫어야 할 것 같았다.

1956년부터 15년 동안 영국의 11번째 왕실 천문관을 지냈던 리처드 밴 더 리트 울리는 1956년에 호주에서 36시간 동안 비행기를 타고 날아와 런던에 도착한 직후 기자들로부터 "우주 여행에 대해 어떻게 생각하십니까?"라는 질문을 받고 "완전한 망상"이라고 잘라 말했다. 그런가 하면 전자공학의 원조라 불리는 미국의 발명가 리 디 포리스트는 1957년에 "앞으로 과학이 아무리 발전해도 인간은 절대로 달에 가지 못할 것"이라고 장담했다. 그런데 1957년에 무슨 일이 있었는지 기억하는가? 바로 그해에 소련의 스푸트니크 1, 2호가 지구 궤도를 돌았고, 그때부터 우주 경쟁이 본격적으로 시작되었다.

누군가가 당신의 생각을 망상이라고 주장한다면, 그것이 물리학의 어떤 법칙에 위배되는지 되물을 것을 강력하게 권한다. 물리 법칙에 위배되면 망상이 맞다. 그러나 위배되지 않는다면 똑똑한 공학자를 찾아서 당신의 아이디어를 구현해보기 바란다. 물론 돈 문제를 해결해줄 후원자도 함께 찾아야 한다.

소련이 스푸트니크 1호를 발사했던 바로 그날, 공상과학은 현실이 되었고 미래는 현재가 되었다. 미래학자들은 열광했고, 과학이 서서히 발전한다는 주장은 "광속으로 발전한다."는 격언으로 대치되었다. 각 분야의 전문가들은 기술의 변화를 지나치게 과소평가했음을 뼈저리게 깨달았다. 그러나 그중에서도 가장 뉘우쳐야 할 장본인은 우주 여행을 열렬하게 지지했던 사람들이었다.

평론가들은 '20년'이라는 시간 간격에 매력을 느끼기 시작했다. 최근 경험에 의하면, 과거에 상상도 할 수 없었던 기술이 실현될 때까지 대부분 20년이 걸렸기 때문이다. 1967년 1월 6일, 〈월 스트리트 저널〉의 커버스토리로 이런 기사가 실렸다. "향후 몇 년간 미국이 시도할 예정인 우주 프로그램 중 가장 야심 찬 계획은 화성에 사람을 보내는 것이다. 전문가들은 이 계획이 1985년쯤 실행될 것으로 예측하고 있다." 그로부터 한 달 후, 〈퓨처리스트〉지는 랜드 연구소의 장기 예측을 인용하면서 "1986년까지 달 기지가 건설될 확률은 약 60퍼센트"라고 했다. 또한 로켓공학의 선구자 로버트 C. 트루액스가 1980년에 출간한 〈예언의 책〉에서는 "2000년도에는 5만 명 이상이 우주에 거주하게 될 것"이라고 했다. 그러나 정작 2000년이 되었을 때 우주에 사는 사람은 5만 명이 아니라 국제 우주 정거장의 첫 번째 승무원 세 명뿐이었다.

이들이 헛다리를 짚은 이유는 기술 발전을 견인하는 원동력을 간과하지 못했기 때문이다. 1900년대 초에는 개인이 공학 발전을 선도

할 수 있었다. 윌버와 오빌 라이트가 미국 과학 재단의 지원을 받았던가? 아니다. 그들은 자전거 수리점을 운영하면서 스스로 비용을 충당했다. 그리고 수리점에 있는 도구와 기계를 이용하여 날개와 몸체를 직접 만들었으며, 엔진도 찰스 E. 테일러가 만든 수제품이었다. 비행기를 제작한 조직이라고 해봐야 '두 형제와 창고 한 채'가 전부였던 것이다.

그러나 우주 관련 프로젝트는 스케일부터 다르다. 달 표면을 처음 걸었던 사람도 라이트 형제처럼 두 명(닐 암스트롱과 버즈 올드린)이었지만, 그들 뒤에는 이 모든 것을 지시했던 케네디 대통령을 비롯하여 1만 명의 과학자와 1000억 달러의 예산, 그리고 역대 최강의 새턴 5호 로켓이 있었다.

아폴로 시대의 기억은 대부분 잊었다. 그러나 미국이 달에 사람을 보냈던 것은 지식을 향한 욕구가 남다르거나 탐험 정신이 뛰어나서가 아니었다. 미국은 소련과의 냉전에서 우위를 점유하기 위해 아폴로 계획을 밀어붙였다. 여기서 잠시 1962년 11월에 케네디가 NASA의 관리들에게 당부했던 말을 들어보자.

나는 우주에 남다른 흥미를 가진 사람이 아니지만, 우리는 우주를 알 필요가 있고 이 분야에 상당한 돈을 투자할 준비가 되어 있다. 그런데 비용이 너무 엄청나서 다른 프로그램을 취소해야 할 지경이다. 이렇게 막대한 출혈을 감수하는 이유는 어떻게든 [소련을] 이겨야 하기 때문이며, 출발이 늦었어도 따라잡을 수 있음을 증명해야 하기 때문이다.

여러분은 인정하기 싫겠지만 나랏돈을 쓰는 가장 강력한 동기는 전쟁이다. 그것이 냉전이건 화력전이건, 국민의 안전이 걸린 일에 돈을 아낄 수는 없다. 반면에 호기심, 발견, 탐험, 그리고 과학을 위한 프로젝트에는 훨씬 적은 예산이 할당된다. 그것도 당대의 정치적, 사회적 여론에 부합되어야 비로소 허가가 떨어진다. 게다가 프로젝트의 규모가 크면 시간이 오래 걸리기 때문에, 그사이에 정치나 경제 시장의 분위기가 달라지면 자금줄은 언제든지 끊길 수 있다. 대형 프로젝트가 성공리에 마무리되려면 어떤 변화에도 굴하지 않고 끝까지 지원해주는 든든한 배경이 있어야 한다.

인류 역사를 통틀어 이런 절대적 지원을 받은 프로젝트는 전쟁과 탐욕, 그리고 종교 의식뿐이었다. 지금은 권력이라는 것이 선거를 통해 주기적으로 바뀌고 특정 종교 단체가 거국적 여론을 이끌어낼 수 없는 세상이 되었으므로, 나랏돈을 쓰게 되는 가장 강력한 동기는 전쟁과 탐욕이라 할 수 있다. 물론 이 두 가지가 하나로 엮여서 나타나는 경우도 있다. 그러나 뭐니 뭐니 해도 '돈을 닥치는 대로 먹어치우는 최강의 하마'는 단연 전쟁이다.

아폴로 11호가 달에 착륙했을 때 나는 열한 살이었는데, 사실은 그전부터 우주를 평생 직장으로 삼겠다고 다짐한 터였다. 그래서인지 닐 암스트롱이 달에 첫발을 내디뎠을 때, 나는 남들처럼 뛸 듯이 기뻐하지 않았다. 그냥 "누군가가 지구인을 대표하여 다른 세상에 진출했으니, 그 정도면 좋은 일"이라고 생각했을 뿐이다. 나에게 아폴로 11호는 새로운 시대가 시작되었음을 알리는 신호탄이었다.

그런데 달 착륙은 3년 반 동안 계속되다가 아폴로 17호를 끝으로 종료되었다. 알고 보니 아폴로 프로그램은 한 시대의 시작이 아니라 끝이었던 것이다. 달 탐험의 역사가 기억 저편으로 사라지면서, 인류 역사상 가장 비현실적인 프로젝트였다는 느낌마저 든다. 스케이트와 비행기, 그리고 개인용 컴퓨터는 처음 등장했을 때 세상을 바꾸었다가, 지금은 우리 곁에 있는 것조차 느끼지 못할 정도로 당연한 물건이 되었다. 그러나 새턴 5호 로켓은 지금 봐도 여전히 경이롭고 위대하다. 이 역사적 창조물은 지금 텍사스에 있는 존슨 우주 센터와 플로리다의 케네디 우주 센터, 그리고 앨라배마의 미국 우주 로켓 센터에 분할 보관되어 있다. 이곳을 방문한 사람들은 새턴 5호의 몸체와 분사구를 손으로 만지면서 이 거대한 물체가 중력을 이기고 떠올랐다는 사실에 감탄을 금치 못한다. 그들의 감탄이 아련한 향수로 바뀌려면, 미국은 "아무도 가보지 않은 곳에 대담하게 진출한다."는 1960년대의 도전 정신을 되살려야 한다. 사람들이 새턴 5호를 벽돌만 한 구식 휴대폰 대하듯 미소 띤 표정으로 덤덤하게 대하는 그날이 하루속히 오기를 바란다.

32

미래를 꿈꾼다는 것★
— 23회 미국 우주 심포지엄 연설 —

금년도 우주 기술 명예의 전당 만찬에서 기조연설을 해달라는 부탁을 받았을 때, 나는 좀 의외라고 생각했습니다. 나는 오늘 열린 만찬과 심포지엄 전체를 지원하는 우주 재단의 이사로 재직하고 있는데, 보통 기조연설은 주최 측 인사에게 부탁하지 않기 때문입니다. 그런데 지난 화요일에 그 이유를 알게 되었습니다. 사실은 다른 사람에게 먼저 부탁을 했는데, 그가 펑크를 냈다는 겁니다. 그래서 일단 연설을 수락한 뒤과거 이 행사에서 기조연설을 했던 사람을 조사해보니 다음과 같은 이름들이 눈에 띄더군요.—명예훈장을 받은 우주인 브루스터 쇼 대령과 프레드 그레고리 대령, 보잉 통합 방어 시스템 CEO 제임스 알바, 노스럽 그러먼 사 CEO 론 슈거, 스펙트럼 애스트로 사 CEO 데이비드 톰프슨, 록히드 마틴 사 CEO이자 미국 우주 프로그램의 미래에 관한 자문 위원회 의장 놈 오거스틴 등등… 명단을 확인하면서 나는 역대

★ 우주 기술 명예의 전당 만찬 기조연설, 23회 미국 우주 심포지엄, 콜로라도 주 콜로라도스프링스, 2007년 4월 12일.

연설자들 중 지명도가 가장 떨어지는 사람임을 확실히 깨달았습니다.

나는 군에 입대한 적이 없으니 계급장도 없고, 대기업의 CEO는 꿈도 못 꿉니다. 중요 인물이 아니죠. 아마 간부 후보생쯤 될 겁니다. 군 장성들은 제복에 별과 줄을 달고 있지 않던가요? 내가 입고 있는 조끼를 보십시오. 여기에는 별도 있고 태양, 달, 행성들이 곳곳에 박혀 있죠. 이 정도면 '우주 간부 후보생'은 되리라 생각합니다.

나는 우주 재단에 몸담고 있는 동안 어떻게든 나 자신을 그곳 분위기에 맞추려고 노력했지만 생각처럼 잘되지 않더군요. 내 전공 분야는 천체물리학이어서, 학자들과 보내는 시간이 많았기 때문입니다. 우리도 나름대로 학회를 운영하고 있습니다. 그래서 매년 우주 심포지엄에 와서 전시장을 둘러볼 때마다 인종을 연구하는 인류학자가 된 기분입니다. 다른 사람이라면 으레 간과했을 법한 것들을 나는 인류학자의 눈으로 관찰하죠.

한 가지 예를 들어보겠습니다. 평균적으로 볼 때 장군의 키는 대령보다 크고 대령은 소령보다 크죠. 그런데 현실적으로 생각해보면 그 반대가 되어야 합니다. 키가 크면 전쟁터에서 그만큼 총에 맞을 확률이 높기 때문입니다. 즉, 군대에서는 계급이 높을수록 덩치가 작아야 하고, 최고 계급인 장군은 가장 작아야 합니다. 그러나 현실은 정반대죠.

스페이스 트윗 59   @neiltyson · 2011년 5월 16일 오전 9:25
토막 상식: 우주왕복선이 이륙하고 2분쯤 지나면 M16 소총 탄알보다 빨라진다.

또 한 가지—판매 부스에 서 있는 직원은 왠지 나보다 멋져 보입니다. 뭐, 별로 불만은 없습니다. 그냥 관찰 결과가 그렇다는 뜻이죠. 물론 매출을 높이기 위해 키 크고 잘생긴 직원을 세워놓았을 수도 있습니다. 그렇다면 진열대에 놓인 캔디 상자는 어떤가요? "어? 여기 돈 주고 살 수 있는 미사일이 있네? 좋아요, 세 개 주세요. 어라? 한입에 쏙 들어가는 스니커즈도 있어! 이것도 세 개 주세요." 왜 이렇게 되는 걸까요? 설탕이 판매량을 높이는 걸까요? 누가 나서서 연구해볼 만합니다. 스니커즈보다 엠앤엠스M&Ms를 파는 게 더 유리하다고요? 나라면 캔디의 영향을 받았을 겁니다. 왜냐하면 세 부스에서 실제로 밀키 웨이Milky Way 캔디 바를 팔았거든요. 자, 이로써 여러분은 내 구역으로 들어왔습니다. 그곳은 바로 '은하'입니다.

여기에 약간의 인류학 이론을 첨가해봅시다. 로켓을 만든 사람은 대부분 남자입니다. 대부분 남자들은 로켓과 친하죠. 그래서인지 로켓과 아무 상관 없는 물건도 은연중에 로켓을 닮아 있습니다. 남근상이 대표적 사례입니다. 그리고 당신이 실험용 로켓을 발사하려다 실패한 후 기자 회견 자리에서 "교훈적인 실험이었다."고 얼버무려도 대충 용서가 됩니다. 하지만 그것은 어디까지나 고장을 일으킨 로켓일 뿐입니다. 전문 용어로는 궤도 기능 장애projectile dysfunction라고 하죠.

나는 스스로 자문해봅니다.—로켓을 여자가 설계했어도 지금과 같은 모습일까? 뭐, 심오한 뜻은 없습니다. 그냥 질문일 뿐이죠. 정확한 답은 나도 모르겠지만, 아마 여러분은 이렇게 생각할 겁니다.—"남근 모양은 유체역학적으로 비행에 유리하기 때문에, 여자가 만들어도 지금과 같았을 것이다." 그러나 잠깐! 로켓의 주 무대는 공기가 없는 우주 공간이므로 유체역학을 고려할 필요가 없습니다. 굳이 남근 모양으로 만들 이유가 없다는 이야기죠. 이제 거의 문제의 핵심에 도달했습니다.

로켓이 대기 속에서 날아갈 때는 어떨까요? 남근과 비슷하지 않으면서 안정적으로 날아가는 형태가 과연 존재할까요? 나는 이 문제를 좀 더 깊이 파고들다가 1960년대 〈사이언티픽 아메리칸〉의 종이비행기 경연 대회에 필립 W. 스위프트가 출품했던 디자인을 발견했습니다 (그림 참조). 자, 보다시피 남근과 닮은 구석이라곤 조금도 없습니다. 완전히 정반대죠. 그런데 놀랍게도 이 이상하게 생긴 종이비행기는 다른 어떤 비행기 못지않게 잘 날아갔습니다.

나는 학자이기 때문에 사람들 앞에서 잘난 체하거나 우쭐댈 일은 별로 없습니다. 그 대신 학자들, 특히 과학자들은 토론하기를 좋아합니다. 새롭고 신선한 아이디어는 대부분 토론 중에 떠오르기 때문이죠. 충분한 토론을 거친 후 실험으로 검증하는 방법을 찾고, 실험을 하면서 무엇이 맞고 무엇이 틀렸는지 확인합니다. 그래서 과학자는 '다른

Neil deGrasse Tyson

관점에서 바라보기'를 좋아하며, 이것이 그들의 주특기입니다. 바로 이런 특성 때문에 과학자들이 '툭하면 잘난 체하는 사람들'로 소문난 것 같은데, 사실 그들은 어제와 오늘의 관점이 다른 사람일 뿐입니다. 또한 과학자는 여러 개의 관점을 갖고 있지만 결국에는 단 하나의 진실만 남습니다. 그래서 토론을 오래 이어가다 보면 하나의 결론으로 수렴합니다. 정치인들 사이에서는 결코 있을 수 없는 일이죠.

몇 가지 사례를 들어보겠습니다. 나는 뉴욕 시에서 태어나 그곳에서 줄곧 살아왔고, 정치적 성향은 진보 좌파에 가깝습니다. 여기 콜로라도에서는 매우 드문 축에 속하죠. 아마 뉴욕 시의 보수적 공화당원만큼 희귀할 겁니다. 뉴욕 시민들은 말하죠. "이봐, 저기 나비넥타이 맨 사람 보이지? 저 친구 보나 마나 공화당원일 거야."

토크 쇼의 초대 손님 자리에 진보주의자와 보수주의자를 한 명씩 앉혀놓으면 어김없이 말싸움을 벌이죠. 나는 두 진영이 어떤 결론을 맺고 마무리하는 장면을 단 한 번도 본 적이 없습니다. 말로는 "그래요, 완전히 합의를 보았습니다."라면서 손잡고 나가지만 그것으로 끝입니다. 합의는커녕, 나가서도 계속 싸우죠. 이들을 군이 한자리에서 대면시키는 이유를 모르겠습니다. 두 진영이 싸우는 모습을 보고 있노라면 나도 모르게 중도가 됩니다. 나는 대통령 자문 위원회에서 일할 때부터 중립을 지켜왔습니다. 나뿐만 아니라 위원회의 위원들은 대부분 초당파적인 생각을 가진 사람들입니다. 진보 진영과 보수 진영에서 상반된 주장을 펼친다면, 이들을 평화적으로 화해시키려고 애쓸 필요 없습니다. 그냥 둘을 대면시키면 됩니다. '진보 + 보수'는 가연성이 매우 높은 화합물이어서, 한번 만나면 사방에 불꽃이 튀고 비방과 욕설이 난무하죠. 그러나 태풍이 한바탕 휩쓸고 지나가면 중립 지역에 무언가가 남습니다. 그것이 바로 미국입니다.

　최근에 가족들과 함께 플로리다에 있는 디즈니 월드에 간 적이 있습니다. 그곳에는 역대 대통령을 실물 크기로 재현한 로봇 인형이 전시되어 있어서, 아이들과 함께 대통령의 이름을 순서대로 외우며 미국의 역사를 되돌아볼 수 있었죠. 나는 움직이면서 말까지 하는 로봇 인형들을 바라보며 혼자 생각했습니다.—"이 사람들은 민주당도, 공화당도 아니다. 그냥 미국의 대통령일 뿐이다." 이들이 집무실에 있는 동안에는 미국에 무언가 흥미로운 일이 일어났고, 집무실을 떠난 후에는 중요하면서 오래 지속되는 것들이 남았습니다.

　요즘 "평화를 사랑하고, 진보적이고, 전쟁에 반대하는 민주당원이시군!" 같은 식의 비아냥을 자주 듣습니다. 그런데 이 단어들을 한 문장 안에 때려 넣으니 뭔가 이상합니다. 2차 세계 대전을 치를 때 미국의 대통령은 민주당 출신이었으며, 원자폭탄을 투하한 대통령도 민주당이었습니다. '진보적 민주당원이 되는 것'과 '전쟁 반대'는 동의어가 아닌 겁니다. 정치적 환경은 시간에 따라 변하기 마련이므로, 국민의 건강과 재산에 영향을 줄 수도 있는 중요한 결정은 정치와 무관하게 내려져야 합니다. 조지 W. 부시 대통령은 흑인들 사이에서 인기가 별로 좋지 않았지만, 그는 미국 역사상 최초로 흑인을 가장 높은 정부 각료로 임명한 사람입니다. 그러나 앞으로 50년 또는 100년이 지나면 사람들은 이런 사실을 모두 잊어버릴 겁니다. 어쨌거나 흑인을 가장 높은 자리에 임명한 사람은 민주당이 아닌 공화당 출신 대통령이었죠. 세간에는 예전부터 "공화당원들은 반환경주의자"라는 소문이 나

돌고 있는데, 미국 환경 보호청이라는 기관을 처음 설립한 사람은 공화당 출신인 닉슨 대통령이었습니다.

이와 같이 미국을 이끄는 두 정당은 상호 보완적입니다. 사람들은 비평하기를 좋아하지만(그 심정, 충분히 이해하는 바입니다) 디즈니 월드에 있는 대통령들은 한 개인이 아니라 모두 함께 미국을 대표하고 있습니다.

한 가지 더 짚고 넘어갈 것이 있습니다. (대통령에 관한 것은 아닙니다.) 천체물리학을 연구하는 학자들 중 거의 90퍼센트는 진보적이고 전쟁을 반대하는 민주당 지지자입니다. 그러나 이들이 발명한 관측 장비들은 군사 무기로 활용되어왔습니다. 최근의 이야기가 아닙니다. 이런 전통은 수백 년 동안 이어져왔습니다. 1600년대에 갈릴레오는 네덜란드의 한 발명가가 망원경을 발명했다는 소문을 듣고(네덜란드인들은 망원경을 주로 남의 집 창문을 들여다보는 데 사용했습니다) 어렵게 설계도를 입수하여 자신만의 망원경을 만들었습니다. 즉, 갈릴레오는 망원경의 최초 발명자가 아니었습니다. 그런데 왜 망원경을 최초로 발명한 사람보다 갈릴레오가 더 유명한 걸까요? 이유는 간단합니다. 갈릴레오는 망원경을 위로 치켜들어 하늘을 관측한 최초의 과학자였기 때문이죠. 그는 자신이 만든 망원경으로 하늘을 뒤지다가 토성의 고리와 금성의 위상 변화, 그리고 태양의 흑점을 발견했습니다. 그러던 어느 날, 갈릴레오는 망원경이 군사용으로도 쓰일 수 있음을 문득 깨달았습니다. 남들보다 멀리 볼 수 있다는 것은 적의 동태를 그만큼 빨리 파악할 수 있다는 뜻이니, 어떤 면에서 보면 살상 무기보다 더 강력할 수도 있었던 것이죠. 그는 베네치아의 관리들 앞에서 시범을 보였고, 망원경의 성능에 감탄한 관리들은 바로 그 자리에서 공급 계약을 체결했습니다. 갈릴레오가 시연 도중에 스니커즈를 대접했다면 주문량이 두 배로 늘어나지 않았을까요?

그건 그렇고, 내가 말하는 '중립적 관점'은 양 진영 간의 타협을 의미하는 것이 아닙니다. 지금 나는 국가의 정체성을 정의하고 사람들을 하나로 모으는 데 반드시 필요한 '원리'를 말하고 있는 겁니다.

항상 해왔던 말이지만 이 자리에서 다시 한 번 강조하고 싶습니다. 정치적 상황이 어떻게 돌아가건 간에, 우주는 그런 것과 무관하게 존재해왔습니다. 우주는 결코 양당제로 운영되지 않습니다. "달에 가자."고 외친 사람은 케네디였지만, 우주인들이 달에 남겨둔 명판에는 닉슨의 서명이 담겼습니다. 역사적으로 볼 때 우주 탐사에 대한 열망 또는 회의는 그 사람이 진보적인지 보수적인지, 민주당인지 공화당인지, 좌파인지 우파인지 등과 하등의 관계도 없습니다. 이것은 좋은 일입니다. 뜨거운 열기가 식었을 때 그 자리에 결국 무엇이 남을지 알 수 있으니까요.

그동안 우리 미국인들이 당연하게 여겨온 것이 있습니다. 다른 국가에 가지 않는 한, 알아채기 어려운 것들이죠. 우리는 항상 꿈을 꾸고 있습니다. 물론 사람들은 대체로 이루어질 수 없는 꿈을 꾸기 때문에 꿈이 항상 좋은 것은 아닙니다. 그러나 꿈은 미래와 연결되어 있으므로 대부분의 꿈은 우리에게 좋은 영향을 줍니다. 미국의 모든 세대들은 다른 문화권에서 생각조차 해본 적 없는 미래를 꿈꿔왔습니다. 컴퓨터는 미국에서 발명되었고, 고층 건물이 처음 세워진 곳도 미국이었죠. 미국은 과학기술 분야에서 끊임없는 혁신을 추구해왔기에 새로운 미래를 상상하고 구현하는 데 항상 앞장서올 수 있었습니다.

가난한 나라는 꿈을 꿀 수 없습니다. 꿈을 실현하는 데 필요한 자원이 부족하기 때문입니다. 가난한 사람들에게 꿈이란 이룰 수 없는 사치이며, 실망으로 가는 지름길일 뿐이죠. 그런데 다수의 부유한 국가들도 미래를 생각하는 데 많은 시간을 투자하지 않습니다. 미국도 이렇게 되지 않으려면 정신을 바짝 차려야 합니다. 미국은 아직 미래를 생각하고 있지만, 도구 부족으로 꿈을 실현하지 못할 수도 있습니다.

지난 2007년, 유네스코 파리 본부에서 스푸트니크 50주년 기념행사가 열렸는데, 그 자리에 러시아, 인도, 유럽 연합, 그리고 미국을 대표하는 네 명의 연사가 초청되었습니다. 영광스럽게도 미국 대표 연사로 내가 선정되었습니다. 당연히 러시아에서 온 연사가 맨 먼저 단상에 올랐는데, 그는 스푸트니크호가 러시아 국민의 자존심을 한껏 높여주었으며, 그로 인해 전 국민이 하나로 뭉쳤다고 했습니다.

그다음으로 인도와 유럽 연합의 연사가 연이어 강단에 올랐습니다. 이들은 러시아와 미국과 달리 초기 우주 개발에 참여하지 못했지만, 지금은 우주 전성기를 누리고 있습니다. 그런데 이들의 연설 내용은 주로 '지구 관찰'에 집중되어 있었습니다. 인도는 특히 몬순 현상에 관심이 많았던 것으로 기억합니다. 그런데 놀랍게도 이날 초청된 연사들은 지구 바깥에 대하여 단 한마디도 언급하지 않았습니다. 오케이, 우리 모두는 지구를 사랑하고 지구가 건강한 모습으로 유지되기를 희망합니다. 그런데 우주의 나머지 부분을 모두 제쳐놓고 오직 지구에만 관심을 갖겠다는 말인가요?

스페이스 트윗 60   @neiltyson · 2010년 4월 19일 오전 6:13
지구를 학습용 지구본 크기로 줄였을 때, 대기권의 두께는 기껏해야 그 표면에 칠해진 래커층 정도일 것이다.

우리는 지구 위에서 지구만 바라보며 살고 있습니다. 가끔은 고개를 위로 치켜들기도 하지만, 보이는 것은 파란 하늘과 구름뿐이죠. 그런데 문제는 대기권 바깥에 우리를 위협하는 소행성들이 우글거리고 있다는 점입니다. 미래의 어느 날 누군가가 지구를 향해 돌진해 오는 소행성을 발견한다면, 몬순이나 태풍은 문제 축에 끼지도 못할 겁니다.

지구를 위협하는 것은 소행성뿐만이 아닙니다. 지금 우리는 끔찍한 행성들 사이에 샌드위치처럼 끼어 있습니다. 우리 왼쪽에 있는 금성은 저녁 하늘에서 가장 아름답고 밝게 빛나는 천체여서 미의 여신인 비너스Venus의 이름까지 획득했습니다. (금성은 일몰 직후 다른 별들이 시야에 들어오기 전에 나타납니다. 당신이 별을 보며 소원을 빌었는데 이루어지지 않았다면, 아마도 별이 아닌 금성을 향해 빌었기 때문일 겁니다.) 정말로 그렇습니다. 금성은 저녁 하늘에서 단연 돋보이는 천체입니다. 그러나 금성은 최악의 온실 효과를 겪으면서 모든 것이 죽어버린 '지옥의 행성'이 되었습니다. 금성은 크기와 중력이 지구와 비슷해서 지구의 자매 행성으로 불리지만, 표면 온도는 거의 섭씨 480도에 달합니다. 아직 굽지 않은 직경 40센티미터짜리 페퍼로니 피자를 금성에 갖다 놓으면 단 9초 만에 먹기 좋게 익을 겁니다. 이것이 미의 여신 이름을 딴 금성의 실체입니다.

지구의 오른쪽에 있는 화성은 과거 한때 다량의 물이 넘쳐흐르는 '생명의 행성'이었습니다. 하상(강바닥)과 삼각주, 범람원, 그리고 호수의 흔적이 발견되었으니 의심의 여지가 없죠. 그러나 지금은 물 한 방울 남지 않은 불모지가 되었습니다. 영구 동토층 밑에 물이 남아 있을지도 모르지만, 어쨌거나 화성 표면에는 생명의 징후가 전혀 보이지 않습니다. 과거에 엄청난 재난을 겪었음이 분명합니다.

지구만 들여다봐서는 지구를 제대로 이해할 수 없습니다. 하나의 샘플만 갖고 결론을 내리는 것은 과학이 아닙니다. 과학적인 결론을 내리려면 다른 샘플과 비교해봐야 합니다. 그러지 않으면 엉뚱한 변수에 집중하다가 틀린 결론에 도달하기 십상이죠. 지구에 관심 갖지 말라는 뜻이 아닙니다. 지구가 '우주에서 완전히 고립된 계'가 아님을 명심하라는 겁니다. 지금도 일부 소행성들은 지구를 향해 무서운 속도로 다가오고 있습니다.

휴대폰이 처음 나왔을 때를 기억하십니까? 최초의 휴대폰은 거의 벽돌만 한 크기였죠. 1987년에 개봉된 영화 〈월 스트리트〉에는 백만장자 고든 게코가 해변가 별장에서 휴대 전화로 통화하는 장면이 나옵니다. 당시 나는 이 영화를 보면서 생각했습니다. "와~! 해변을 거닐면서 전화 통화를 하다니, 역시 부자는 뭐가 달라도 달라!" 그러나 지금 나는 완전히 달라졌습니다. 그렇게 무거운 전화를 들고 다녔던 사람들이 불쌍하게 느껴질 정도입니다.

이것은 우리의 가치관이 시대에 따라 변하고 있다는 증거입니다. 사람들은 옛날에 처음 나왔던 물건들(벽돌만 한 휴대 전화, 마차를 닮은 자동차, 가죽옷 걸친 날벌레를 연상케 하는 비행기 등)을 보면서 말합니다. "박물관에 모셔놓으면 딱이겠군. 구식 내연 기관 자동차는 진열대에 모셔놓으라고 해. 나는 최신형 마세라티를 타고 고속도로를 달릴 테니까." 우리는 과거에 처음 나왔던 물건이 예스럽고 매력적이라고 생각하면서도 정작 관심은 최신형 물건에 가 있습니다. 어떤 물건이건 '세계 최초'라는 딱지가 붙어 있으면 골동품처럼 느껴지는 것입니다.

그런데 나는 왜 케네디 우주 센터에 있는 새턴 5호 로켓을 둘러볼 때마다 경이로움을 느낄까요? 나는 마치 원숭이가 모놀리스monolith(영화 〈2001: 스페이스 오디세이〉에 등장하는 생명의 신비가 담긴 돌―옮긴이)를 만지듯이 새턴 5호의 이곳저곳을 만져보았습니다. 저뿐만이 아닙니다. 이곳을 방문한 사람들은 예외 없이 원숭이가 되죠. "이렇게 거대한 물건을 대체 어떻게 만들었을까? 이걸 타고 달까지 갔다 왔다고? 그게 어떻게 가능하지?" 새턴 5호 로켓을 코앞에서 본 적이 없다면 꼭 한번 가볼 것을 권합니다. 정말이지 굉장한 물건입니다. 그런데 우리는 왜 1960년대에 처음 나왔던 물건을 보면서 감탄사를 연발하고 있을까요? 나는 새턴 5호를 바라보면서 이렇게 말하고 싶습니다. "그것 참 고풍스럽네. 60년대에 만들었으니 당연하지. 요즘 로켓하고는 비교가 안 돼."

심하게 늦은 감이 있지만, 지금 과학자들은 로켓을 다시 연구하는 중입니다. 원래 이 연구는 1970년대에 실행되었어야 하지만 갑자기 중단돼버렸죠. 그 이야기를 이 자리에서 다시 할 필요는 없을 줄 압니다. 지금 우리가 혁신으로부터 얼마나 멀어졌는지 알고 싶습니까? 간단합니다. 과거를 돌아보고, 처음 나왔던 물건들을 접해보세요. 그러면 다시 잘해보고 싶은 마음이 생길 겁니다. 뒤늦게 현실을 파악하고 "맙소사, 그 옛날에 저런 걸 어떻게 만들었지?"라며 감탄해봐야 소용없습니다. 우리가 머뭇거리는 사이에 경쟁 국가들은 우리보다 한참 앞서 나갈 겁니다. 그리고 요즘은 옛날과 달라서 한번 뒤처지면 따라 잡기가 거의 불가능하죠.

우리를 미래로 이끄는 사람은 공학자와 과학자, 그리고 괴짜들입니다. 20세기의 괴짜는 조롱의 대상이었지만 지금은 완전히 달라졌습니다. 세계 최고의 괴짜이자 세계 최고의 부자인 빌 게이츠가 이 사실을 입증하고 있습니다. 여러분은 빌 게이츠가 얼마나 부자인지 아십니까? 잘 모르는 사람들은 다음 이야기를 잘 들어보기 바랍니다.

　내가 약속 시간에 늦어서 급하게 거리를 걷고 있는데 바닥에 10센트짜리 동전이 떨어져 있다면, 굳이 그것을 줍겠다고 허리를 굽히지 않을 겁니다. 그러나 쿼터(25센트짜리 동전)라면 이야기가 달라지죠. 일단 액면가가 높은 데다가, 세탁소나 주차장에서 유용하게 쓸 수 있습니다. 그래서 나는 쿼터를 줍습니다. 하지만 10센트짜리는 아닙니다. 자, 이제 약간의 비율 계산을 해봅시다. 빌 게이츠의 재산이 내 재산의 'N배'라고 했을 때, 내가 10센트를 그냥 지나친다면 빌 게이츠는 $10 \times N$센트를 그냥 지나칠 겁니다. 그게 대체 얼마냐고요? 자그마치 4만 5000달러(약 5300만 원)예요.

성경에 이런 구절이 있습니다. "온유한 자는 복이 있나니, 그들이 땅을 물려받을 것이요…." 땅을 물려받는다는 건 곧 부자가 된다는 뜻인데, 나는 온유한 부자를 본 적이 거의 없습니다. 혹시 '괴짜geek'를 '온유한 자meek'로 잘못 쓴 건 아닐까요?

나는 과거로 돌아가 꿈과 비전의 의미를 다시 한 번 되새기고 싶습니다. 우주를 연구하려면 여러 분야를 용광로에 털어 넣고 하나로 융합시켜야 합니다. 지금 나는 화성에서 생명체를 찾고 있는데, 이를 위해서는 생물학자의 도움이 반드시 필요합니다. 화성 표면에서 생명체 비슷한 것이 발견된다면 나는 하던 일을 멈추고 곧바로 생물학자를 부를 겁니다. 또는 표면 아래에서 생명체의 흔적이 발견되면 지질학자를 부를 것이고, 토양의 산성도가 이슈로 떠오르면 화학자를 부를 겁니다. 그리고 화성 궤도에 어떤 구조물을 띄우고 싶으면 항공공학자의 도움을 받을 겁니다.

오늘날 전 세계는 하나의 텐트 밑에서 긴밀하게 정보를 교환하고 있습니다. 이제 우주는 감상적인 신천지가 아니라, 모든 과학이 추구하는 미개척지가 되었습니다. 그래서 나는 한창 자라나는 중학생들에게 이렇게 말해주고 싶습니다.—"미개척지를 탐험하면서 놀라운 과학을 실현하고 싶다면 항공우주공학자가 되어라!"

여러분은 이 사실을 이미 잘 알고 있습니다. 지금 나는 성가대원들 앞에서 전도를 하고 있는 꼴이지만, 그래도 좋습니다. 나는 '우주 기술 명예의 전당'의 일원이 된 것을 그 무엇보다 자랑스럽게 생각합니다. 다음 세대의 관심을 끌고 싶으면 규모가 크면서 누구나 꿈꿀 만한 일을 해야 합니다. 내가 하는 일 자체가 나라는 존재를 정의하기 때문이죠.

스페이스 트윗 61 ⠀⠀⠀⠀⠀⠀⠀⠀⠀@neiltyson • 2010년 10월 17일 오전 7:47
매몰 사고에서 살아남은 칠레의 광부들이 희생자가 아닌 영웅이라면, 그들을 구조한 NASA와 칠레의 공학자들은 뭐라고 불러야 할까?

국민들의 전반적인 과학적 소양이 부족하다며 걱정하는 사람도 있을 겁니다. 중국에서 과학적 기초 지식을 갖춘 사람의 수는 미국의 대학생 수보다 많죠. 이 난관을 어떻게 극복해야 할까요? 어떻게 해야 사람들의 관심을 끌 수 있을까요? 가장 강력한 수단은 '우주 자석'입니다. 기상 캐스터를 찾아가 "오늘 일기 예보 시간에 우주에 대해 이러저러한 이야기를 해달라."며 통사정하거나 그들의 팔을 비틀 필요는 없습니다. 그냥 사무실에 앉아서 내 일에 몰두하고 있으면 전화벨이 울립니다. 우주는 어제보다 더 크게 팽창했고, 사람들은 그 이유를 알고 싶어 하죠. 그러므로 문제는 "지식을 향한 그들의 욕구를 채워줄 의지가 있는가?"입니다.

타지를 여행할 때 길거리에서 나를 알아보는 사람의 70퍼센트는 노동자들입니다. 나는 그들을 '노동 지식인'이라 부르죠. 그들은 다양한 이유로 대학에 가지 못했거나 가지 않았지만, 지적 호기심을 마음속 깊이 간직한 채 살아가고 있습니다. 그들은 디스커버리 채널과 내셔널지오그래픽 채널을 보면서 답을 알고 싶어 합니다. 지식을 향한 이들의 욕구는 미국을 바꾸고도 남을 정도로 강력합니다.

우주 기술 명예의 전당이 남긴 업적은 단지 시작일 뿐입니다. 나는 사람들이 '우주적 관점'으로 세상을 바라보기를 바랍니다. 그것은 지구 너머의 세상을 꿈꾸는 관점이며, 오늘과 다른 내일을 상상하는 관점입니다. 사람들은 내일을 생각할 여유가 있다는 것이 얼마나 큰 특권인지 잘 모르는 것 같습니다. 나는 이 특권을 다음 세대에게 물려주고 싶습니다. 꿈이 없는 삶은 더 이상 삶이 아니기 때문입니다. 나는 수십 년 전에 사람들이 꾸었던 꿈을 되돌아보며 생각합니다.―우리에게는 아직 힘이 남아 있습니다. 우리는 똑똑하며, 야망에 찬 인물도 많습니다. 이런 우리가 다음 세대에 꿈을 물려주지 못할 이유가 어디 있습니까? 능력이 너무 넘쳐서 탈이지, 결코 부족하지 않습니다. 아울러 여러분은 '꿈을 꿀 수 있는 특권'을 당연하게 여기지 않기를 간절히 바랍니다.

33
지켜야 할 원칙*
― 24회 미국 우주 심포지엄 연설 ―

지금 우리는 중요한 도전에 직면해 있습니다. 여러분이 생각하는 것보다 훨씬 크고 심각한 도전이죠. 최근에 나는 ABC 방송국 〈굿 모닝 아메리카〉의 제작진으로부터 프로그램에 참여해달라는 요청을 받았습니다. 우리의 임무는 '새로운 세계 7대 불가사의'를 선정하는 것이었는데, 프로그램이 완성되면 일주일 동안 계속되는 스트립쇼처럼 새로 선정된 불가사의를 하루에 하나씩 방송할 예정이었습니다.

이미 알려진 세계 7대 불가사의는 모두 사람이 만든 인공물입니다. 그래서 우리는 차별화를 위해 자연물도 목록에 올리기로 했습니다. 선정 위원회의 다른 여덟 명은 불가사의를 찾아 세계를 한 바퀴 돈 후 호주의 그레이트배리어리프(호주 북동해안을 따라 형성되어 있는 세계 최대 규모의 산호초―옮긴이)와 아마존 강 유역 등을 후보 명단에 올렸고, 나는 새턴 5호 로켓을 추천했습니다. 안 될 것 없지 않습니까? 새턴 5호는

★ 우주 기술 명예의 전당 만찬 기조연설, 24회 미국 우주 심포지엄, 콜로라도 주 콜로라도스프링스, 2008년 4월 10일.

역사상 최초로 지구를 탈출한 로켓이니까요.

그런데 회의 석상에서 내가 새턴 5호 이야기를 꺼내자 모두들 이상한 눈으로 쳐다봤습니다. "왜 그러지? 내가 무슨 못할 말을 했나?" 방송 카메라가 이미 돌아가고 있었기에, 나는 가능한 한 솔직하게 말했죠. "새턴 5호는 시속 4만 킬로미터(초속 11.2킬로미터)의 속도로 지구의 중력권을 탈출한 최초의 로켓입니다. 인간이 만든 그 어떤 유인 우주선도 이 속도에 도달하지 못했습니다. 이것은 인류의 공학과 창의력이 이룩한 최고의 업적입니다." 말이 끝난 후에도 사람들은 여전히 나를 뚫어져라 쳐다보고 있었습니다. 그 순간 나는 그들과 완전히 단절된 듯한 느낌이 들었습니다. "이게 바로 말로만 듣던 '왕따'인가?" 그러나 초대형 협곡과 폭포, 빙모氷帽 이야기가 나오자 모두들 열띤 토론을 벌이기 시작했습니다.

나는 잠시 생각에 잠겼다가 입을 열었습니다. "그래요, 정 그렇다면 다른 후보를 추천해볼까요? 중국의 싼샤 댐은 어떻습니까? 후버 댐보다 여섯 배 이상 큰 세계 최대 규모의 건설 프로젝트니까 부족함이 없겠죠?" 하지만 속마음은 편하지 않았습니다. 중국인들도 싼샤 댐이 불가사의라고 생각할까요? 아닙니다. 중국인들은 과거에도 세계 최대 규모의 공사를 벌인 적이 있습니다. 만리장성이 바로 그런 사례죠. 중국인들은 대규모 프로젝트에 익숙합니다. 선정 위원회 멤버들은 또다시 나를 이상한 눈으로 쳐다보며 질문을 던졌습니다. "그 댐이 환경을 심각하게 훼손한다는 사실을 알고 계십니까?" 나는 지체 없이 대답했습니다. "우리가 세계 7대 불가사의를 선정할 때 '인간에게 해가 되지 않을 것'이라는 조건은 없었습니다. 싼샤 댐이 환경을 훼손하고 인간에게 해를 끼쳤다 해도, 세계 최대의 댐이자 공학의 기적이라는 사실 만은 변하지 않을 겁니다."

그 후 우리는 투표를 실시했고 싼샤 댐은 불가사의 명단에 올랐습니다.

그로부터 몇 달 후, 방송국에서 또 다른 제안이 들어왔습니다. 이번 에는 '미국의 7대 불가사의'를 선정한다고 하더군요. 나는 요청을 수 락한 후 또다시 생각에 잠겼습니다. "이번에도 새턴 5호를 언급했다 가 이상한 사람 취급을 받는다면, 짐을 싸서 다른 나라로 가거나 아 예 다른 행성으로 이주하는 게 낫겠어. 그곳에서 보디랭귀지를 총동원 하여 자세한 정황을 설명한다면, 새턴 5호를 불가사의로 선정하는 데 아무런 문제가 없을 테니까!"

그러나 이것은 내 생각일 뿐입니다. 일반 대중들의 생각은 우리(우주 마니아와 우주 관련 기술자, 그리고 우주의 미래를 생각하는 평론가 등등…)와 얼마 든지 다를 수 있습니다. 하긴, 우주만 바라보고 사는 일부 전문가들 과 먹고살기 바쁜 대중들의 생각이 같기를 바라는 건 지나친 욕심이 죠. 일반 대중들은 우주 산업이 국가의 경제와 안보에 얼마나 보탬이 되는지 생각할 여유가 없습니다.

심지어는 자신이 과학에 무지하다는 사실을 아무런 거리낌 없이 과 시하는 사람도 있죠. 칵테일 파티에 가면 한쪽 구석에 모여 셰익스피 어나 소설가 살만 루슈디, 또는 맨 부커 문학상 수상자에 대해 열띤 토론을 벌이는 사람들을 쉽게 볼 수 있습니다. 그러나 과학자가 이 런 장소에서 약간의 암산이 필요한 이야기를 꺼내면 대부분 "아, 저는 수학하고 안 친해요!"라며 주변 사람들과 킬킬대기 일쑤죠. 그렇다면 입장을 바꿔서 생각해봅시다. 수학하고 친하지 않으면서 평소 과학자를 대수롭지 않게 생각해온 사람이 과학자들 틈에 끼어서 문법에 관한 이야기를 꺼낸다면, 그들이 "아, 저는 명사와 동사도 잘 몰라요."라며 자기들끼리 킬킬댈 것 같은가요? 절대 아닙니다. 평소 문학을 좋아했건 싫어했건, 과학자들은 자신이 문법에 약하다는 사실 때문에 킬킬거리지는 않을 겁니다. 이상하지 않은가요? 이것은 명백한 차별입니다.

사람들은 말합니다. 이 세상에는 두 종류의 사람이 있는데, '세상 사람을 두 종류로 구분하는 사람'과 '그러지 않는 사람'이라고 말입니다. 재미있는 농담이긴 한데, 내가 보기에 정말로 세상에는 두 종류의 사람이 있습니다. 바로 '수학을 잘하는 사람'과 '그러지 못하는 사람'입니다.

지금 미국은 이디오크러시idiocracy('멍청하다'는 뜻의 'idiot'과 '-통치' 또는 '-정치'를 뜻하는 '-cracy'의 합성어. 정책이 전혀 합리적이지 않은 백치 정부를 일컫는 신조어—옮긴이)를 향해 나아가고 있습니다. 일례로 우리 주변에는 '평균'이라는 단어의 의미조차 모르는 사람이 의외로 많습니다. 하나의 집단이 있을 때, 절반은 평균 이상이고 나머지 절반은 평균 이하예요. 그렇지 않다면 그 값은 평균이 아니죠. 따라서 모든 학생들이 평균 이상의 성적을 받는 것은 원리적으로, 수학적으로 불가능합니다. 또 한 가지, 고층 건물의 4분의 3은 12층에서 14층으로 건너뜁니다. 최근에 가본 건물마다 일일이 확인해봤습니다. 대체 왜들 그러는 걸까요? 21세기를 살고 있는 미국인들이 아직도 13이라는 숫자를 병적으로 싫어합니다. 생각난 김에 하나만 더 짚고 넘어가자면, 사람들은 평균을 고려할 만한 대상이 아니어도 군이 평균을 내려고 애쓰는 경향이 있습니다. 수학적으로는 맞지만 생물학적으로는 전혀 무의미한 통계 자료들이 사방에 넘쳐나죠. 그래서 아일랜드의 수학자이자 풍자 작가인 데스 맥헤일은 이렇게 말했습니다. "인간은 평균적으로 가슴 하나에 고환 하나를 달고 다닌다."

문제는 수학이 아닙니다. '포퓰러 409 클리너' 용기에서 "콘택트렌즈에는 사용하지 마세요."라는 경고 문구를 본 적이 있습니까? 이런 황당한 문구가 적혀 있는 이유는 바로 누군가가 그런 황당한 짓을 했기 때문입니다. 포퓰러 409는 리놀륨에 낀 얼룩을 지우는 데 쓰는 겁니다. 만일 이 세정제로 콘택트렌즈를 닦는다면 당장 타버릴 겁니다.

최근에 나는 플로리다 주의 세인트피터즈버그에서 강연을 한 적이 있는데, 마지막 질문을 했던 사람이 지금도 기억납니다. 그는 (다가오는 선거를 의식했는지) 내게 다소 비현실적인 질문을 던졌습니다. "앞으로 1년 후에, 과학과 공학에 대한 정부 지원이 완전히 끊겼는데 의회에서 당신에게 프로젝트 하나를 의뢰한다면 맡으시겠습니까? 또 그것은 어떤 프로젝트일 것 같습니까?" 나는 곧바로 대답했죠. "네, 지원금을 덥석 받을 겁니다. 그 돈으로 배를 만들어서 그 배를 타고 과학에 아낌없이 투자하는 나라로 가겠습니다. 그러는 사이에 미국인들은 동굴 속으로 들어가 원시인처럼 살게 될 겁니다. 과학과 공학에 투자하지 않는 나라는 동굴 말고 갈 곳이 없기 때문입니다."

과거 한때 미국은 잘나갔습니다. 세계에서 가장 높은 빌딩을 짓고, 가장 긴 현수교를 놓고, 가장 긴 터널을 뚫고, 가장 큰 댐을 건설했던 시절이 있었죠. 여러분은 은연중에 "우리는 그런 것을 누릴 자격이 있다. 세계 최대, 세계 최고 시설을 누리는 것은 우리의 당연한 권리이다."라고 생각할지도 모릅니다. 맞는 말입니다. 그것은 자랑할 만한 권리임이 분명합니다. 그러나 중요한 것은 우리가 누리는 혜택이 아니라, 그런 시설들이 당대 최첨단 기술의 집약체였다는 점입니다. 과거에 미국은 기술, 공학, 그리고 지식에서 항상 선두 자리를 지켰습니다. 아무도 가보지 않은 곳에 과감하게 진출하고, 아무도 해보지 않은 일을 과감하게 시도하는 개척 정신이 살아 있었기에 다른 국가의 모범이 될 수 있었죠. 이런 정신이 사라진다면 미국은 기초부터 허물어집니다.

요즘 중국에 관한 이야기가 사방에서 들려오고 있는데, 우리도 이 자리에서 한번 생각해보죠. 고대 중국의 의술과 발명품에 대해서는 다들 알고 있을 겁니다. 그러나 현대 중국의 발명품에 대해서는 들어본 사람이 없습니다. 중국인들은 6세기 말~15세기 말 사이에 성냥, 장기, 지폐紙幣, 종이돈, 아치교, 그리고 최초의 기계식 시계와 가동 활자(낱개로 분리된 활자)를 발명했고, 소변을 이용한 당뇨병 진단법을 개발했습니다. 또한 나침반이 가리키는 방향과 지리적 북극 사이에 차이가 있다는 사실을 알아냈으며, 형광 페인트와 화약, 수류탄, 폭죽을 발명했습니다. 심지어 태양풍도 발견했죠. 이 무렵에 중국인들은 외국과의 활발한 교류를 통해 새로운 땅과 새로운 사람들을 계속 발견해

나갔습니다.

그러나 1400년대 말에 중국은 갑자기 '닫힌 국가'로 돌변했고, 국제 교류가 끊기면서 과거의 창조력도 더 이상 찾아볼 수 없게 되었습니다. 그래서 사람들은 '중국'이라고 하면 주로 고대 중국의 치료법을 떠올립니다. 개선과 투자, 그리고 탐험을 중단하면 그에 상응하는 대가를 치르기 마련입니다. 게다가 그 대가는 엄청나게 크죠. 탐험을 포기하면 다른 국가들이 새로운 영토를 개척해나가는 만큼 뒤처질 수밖에 없습니다.

중국의 인구는 무려 15억입니다. 세계 인구의 5분의 1에 가깝죠. 15억이 얼마나 큰 수인지 아십니까? 당신이 중국에서 100만분의 1 안에 든다 해도, 당신과 같은 사람이 무려 1500명이나 있다는 뜻입니다.

이뿐만이 아닙니다. 중국에서 상위 25퍼센트 안에 드는 지식인들만 추려도 미국의 전체 인구보다 많습니다. 이 생각을 하면 잠이 안 올 지경입니다. 중국의 대학들은 매년 50만 명의 과학자와 공학자를 배출하고 있는데, 미국은 기껏해야 7만 명 안팎이죠. 미국의 인구가 적으니 당연하다고요? 아닙니다. 전체 인구에 대한 비율을 따져봐도 중국이 훨씬 많습니다. 최근에 솔트레이크시티의 한 토크 쇼 사회자가 이런 이야기를 하면서 내 생각을 묻길래 이렇게 대답했습니다. "우리도 특정 분야의 인력을 1년에 50만 명씩 배출하고 있습니다. 어떤 분야냐고요? 그야 당연히 변호사죠!" 다들 알다시피 미국은 변호사의 천국입니다. 이런 추세로 간다면 미국은 오만 가지 법정 투쟁으로 제 풀에 주저앉을 겁니다. 적어도 내가 보기에는 그렇습니다.

2007년 7월에 맨해튼에서 증기 파이프가 파열되어 근처에 있던 사람들이 죽거나 다쳤고, 그다음 달에는 미니애폴리스에서 미시시피 강의 8차선 다리가 붕괴되었습니다. 2005년에는 허리케인 카트리나가 뉴올리언스의 제방을 무너뜨렸습니다. 이런 일이 왜 자꾸 일어나는 걸까요? 세계 최고의 기술 보유국이 이디오크러시로 옮겨가고 있기 때문입니다. 사회 기반이 무너지는데 우리는 문제 뒤에 숨어 있다가 피해가 발생하면 마지못해 나와서 외양간을 고칩니다.

제방이 무너져서 집을 잃은 사람에게 집을 지어주는 것은 임시변통에 불과합니다. 같은 일을 두 번 다시 겪지 않으려면 절대로 무너지지 않는 제방을 다시 쌓아야 합니다. 토네이도 대피용 은신처를 짓는 것보다 토네이도를 멈추게 하는 방법을 알아내는 것이 훨씬 현명합니다. 마찬가지로 지구를 향해 다가오는 소행성을 피해 달아나기보다(사실 피할 곳도 없죠), 소행성의 방향을 바꾸는 방법을 알아내야 합니다. 문제를 피하지 말고 재난이 닥치기 전에 근본적인 해결책을 찾아야 합니다. 그리고 이런 해결책을 찾는 사람들이 바로 과학자와 공학자들입니다. 사전에 막을 수 있는데도 아무런 조치를 취하지 않고 피난처부터 짓는 것은 정말 어리석은 짓이죠.

현재 미국에서 우주 관련 산업에 종사하는 인원은 얼마나 될까요? 보잉 사의 직원은 15만 명, 록히드 마틴 사는 12만 5000명, 노스럽 그러먼 사는 12만 명, 제너럴 다이내믹스 사는 9만 명, NASA는 1만 8000명이고, 그 외에 수많은 중소기업이 있습니다. 물론 이 인원이 모두 우주와 관련된 일을 하는 것은 아닙니다. 우주 관련 조직으로는 행성 협회와 미국 우주 협회, 화성 협회가 있는데, 회원 수는 모두 합해서 10만 명쯤 됩니다. 지금까지 열거한 숫자를 모두 합하면 아무리 잘 봐줘도 50만을 넘지 않습니다. 미국 인구의 0.17퍼센트에 불과한 수치죠.

정말 심각한 문제가 아닐 수 없습니다. 다른 모임의 인원수와 비교하면 그 실태가 더욱 적나라하게 드러나죠. 예를 들어 미국 총기 협회의 회원은 400만 명이나 됩니다. TV 드라마 〈해나 몬태나〉 팬클럽, 미국 말코손바닥사슴 자선 보호회, 미국 식목 재단의 회원 수도 각기 100만 명이 넘죠. 미국 어린이 중 100만 명은 학교에 다니지 않고, 미국의 갱단도 거의 100만 명에 달합니다. 우주 관련 업계는 명함도 못 내미는 수준이죠. 미국의 정체성을 확립하는 데 우주 산업이 핵심적 역할을 한다는 것을 미국인에게 널리 알리지 않으면 이 추세는 앞으로도 변하지 않을 겁니다.

잠시 돈 이야기를 해보겠습니다. 나는 원래 돈과 관련된 이야기를 좋아합니다. 해마다 조금씩 변동이 있지만, 당신이 납부한 세금 1달러 중 평균적으로 약 0.5센트가 NASA의 예산으로 쓰입니다.

스페이스 트윗 62   @neiltyson · 2011년 7월 8일 오전 11:10
미국의 부실한 은행들을 구제하기 위해 NASA의 50년 예산이 넘는 돈이 투입되었다.

NASA의 존재 가치를 설파하는 사람들은 종종 연구의 부산물(스핀 오프spin-off)을 강조하곤 하죠. 물론 우리는 삶의 곳곳에서 부산물의 덕을 보고 있습니다(구체적인 목록은 이 책 17장에 나열되어 있다—옮긴이). 또한 NASA는 각종 산업 분야에서 직간접적으로 경제적 가치를 창출해왔으며, 그로부터 다양한 지식인 모임이 만들어졌죠. NASA가 쓴 돈과 NASA 덕분에 창출된 부를 모두 더하면 결국은 플러스입니다. 그러나 이런 것만으로 NASA의 가치를 평가할 수는 없습니다.

대화 중에는 거의 언급되지 않지만, NASA의 가치를 판단하는 또 다른 기준은 '탐험과 발견을 통해 느끼는 순수한 기쁨'입니다. 모든 국가들이 국민에게 이런 기쁨을 줄 수 있는 것은 아닙니다. 가난한 나라는 국민들의 관심이 음식, 집, 섹스라는 세 가지 기본 항목에 집중되어 있습니다. 이것이 충족되지 않으면 그 종족은 멸종합니다. 그러나 부유한 나라의 국민들은 그 이상을 요구하죠. 우리는 우주에서 인간의 위치를 생각할 정도로 여유가 있습니다. 혹자는 이것을 사치라고 생각할지도 모르지만, 사실은 그렇지 않습니다. 나는 탐험과 발견이 인간의 뇌에 각인되어 있는 본능이라고 생각합니다.

우주에 대한 지식은 뇌를 사용해서 거둬들인 수확 중 하나입니다. 숫자도 마찬가지죠. 나는 숫자를 좋아합니다. 특히 큰 수는 사람을 끌어당기는 매력이 있죠. 그런데 사람들은 큰 수를 대할 때, 그것이 얼마나 큰지 잘 모르는 것 같습니다. 흔히 큰 수를 뭐라고 부르던가요? 그렇습니다. '천문학적 숫자'라고 부르죠. 천문학적인 부채, 천문학적인 봉급 등등… 우주는 모든 면에서 스케일이 큽니다. 그냥 큰 게 아니라 정말 어마어마하게 크죠. 여러분의 이해를 돕기 위해 그중 몇 가지만 살펴보겠습니다.

일단 워밍업 삼아 작은 것부터 시작해봅시다. 숫자 '1'은 어떨까요? 물론 '1'을 모르는 사람은 없을 겁니다. 여기에 동그라미 세 개를 붙이면 1,000이 됩니다. 이것도 우리에게 꽤나 익숙한 숫자죠. 여기에 다시 0 세 개를 붙이면 1,000,000, 즉 '100만'이 됩니다. 큰 도시의 인구가 이 정도쯤 됩니다. 뉴욕에는 약 800만 명이 살고 있습니다. 자, 여기에 또다시 0 세 개를 붙인 숫자는 1,000,000,000이라 쓰고 '10억'이라 읽습니다. 대체 얼마나 큰 수인지 지금부터 알아봅시다.

스페이스 트윗 63 @neiltyson • 2011년 2월 24일 오전 11:01

나는 지금 어느 나라에 살고 있는가? 타임 워너 케이블 방송 속에서 살고 있다. 뉴욕에서만도 750개 채널이 수십개 언어로 방영된다. 하지만 NASA-TV는 나오지 않는다.

맥도널드 사는 햄버거를 많이 팔았습니다. 너무 많이 팔아서 당사자들도 숫자를 세다가 놓쳐버렸다고 하더군요. 정확한 숫자는 알 길이 없지만, 대충 어림잡아 100,000,000,000(1000억)개라고 합시다. 이게 얼마나 많은 양인지 감이 잡힙니까? 햄버거 1000억 개를 일렬로 늘어세우면 지구를 52번 휘감을 수 있고, 위로 쌓으면 달까지 갔다올 수 있습니다. 이것이 바로 '1000억'의 위력입니다.

다시 10억으로 돌아가서 생각해보죠. 혹시 여러분 중 올해 서른한 살인 사람이 있습니까? 만일 있다면 만 서른한 살이 된 날부터 259일

1시간 46분 40초가 더 지나면 태어난 후로 정확하게 10억 초가 됩니다. (윤달과 윤초를 고려하면 조금 달라질 수도 있습니다.) 사람들은 흔히 생일을 축하하지만, 나는 태어난 지 10억 초가 되었을 때 샴페인으로 축배를 들었습니다. 여러분도 아직 10억 초가 안 되었다면 시간을 맞춰서 축하할 것을 권합니다. 단, 샴페인을 아주 빨리 마셔야 합니다. 축하할 시간이 단 1초밖에 없기 때문이죠.

10억에 동그라미 세 개를 더 붙이면 1,000,000,000,000, 즉 '1조'가 됩니다. 1 다음에 0이 12개 붙은 수죠. 1부터 시작해서 숫자를 세어나간다면 1조까지 세는 데 얼마나 걸릴까요? 1초에 하나씩 센다면 방금 말한 대로 10억까지 세는 데 약 31년이 걸립니다. 그런데 1조는 10억의 1000배이므로, 1조에 도달하려면 3만 1000년 동안 잠시도 쉬지 말고 세어야 합니다. 그러니 웬만하면 포기하는 게 좋습니다. 3만 1000년 전에 호주의 원주민들은 동굴 속에 살면서 돌에 그림을 새겼고, 유럽에 살던 원시인들은 뚱뚱한 여인상을 만들었죠.

이제 1 다음에 0이 15개 붙은 수(1000조)로 넘어가죠. 지구가 탄생한 이래로 지금까지 지구에서 살다 간 사람들이 입으로 발음했던 모든 소리, 모든 단어의 수를 깡그리 더하면 10경(1000조의 100배)쯤 됩니다. 물론 여기에는 국회에서 의원들이 싸우는 소리도 포함되죠.

1000조에 다시 0을 세 개 붙이면 100경이 됩니다. 1 다음에 0이 18개 붙은 수입니다. 웬만한 해변가의 평균 모래알 수가 이쯤 되죠. 당신이 해변가에서 묻혀 온 모래까지 다 합해서 그렇습니다.

100경에 또다시 0 세 개를 더 붙이면 10해(10^{21})가 됩니다. 1 다음에 0이 21개 붙어 있죠. 관측 가능한 우주에 존재하는 별의 수가 이쯤 됩니다. 당신의 자존심이 아무리 세다 해도 이 숫자에 대적하기는 어렵습니다. 우리 은하(은하수)에서 가장 가까운 이웃인 안드로메다 은하를 예로 들어봅시다. 그 안에서는 약 1000억 개의 별들이 무리를 이루고 있습니다. 여기서 더 먼 곳을 바라보면(허블 망원경에게 감사를!) 희미한 점들밖에 안 보이는데, 이들은 모두 안드로메다와 비슷한 은하들로서 각각 수천억 개의 별들로 이루어져 있습니다. 지구에서 아등바등 살고 있는 내가 참으로 작아 보이지 않습니까?

모든 은하에는 특별한 종류의 별들이 살고 있습니다. 이 별은 내부에서 무거운 원소들을 생산하다가 수명이 다하면 거대한 폭발을 일으켜 탄소, 질소, 산소, 실리콘 등을 은하 전체에 퍼뜨리고, 이것이 성간 구름과 섞이면서 다음 세대의 별과 행성이 태어납니다. 그리고 이 행성에는 생명 탄생에 필요한 모든 재료가 구비되어 있습니다.

우주에서 가장 흔한 원소는 수소입니다. 그래서 사람의 몸에도 수소가 가장 많죠. 지구에서 대부분의 수소는 물H_2O의 형태로 존재하고 있습니다. 수소 다음으로 흔한 원소는 헬륨인데, 다른 원소와 화학반응을 하지 않기 때문에 우리 몸에는 별로 쓸모가 없습니다. 파티장에서 헬륨을 들이마시면 친구들을 웃길 수 있지만, 생명체에게는 거의 무용지물이죠. 우주에서 가장 흔한 원소 3위에는 산소가 올라 있습니다. 또한 산소는 지구에 서식하고 있는 모든 생명체의 몸에서 두 번째로 많은 원소이기도 하죠. 그다음 순위인 탄소는 우주에서 네 번째, 생명체에서 세 번째로 많습니다. 우리의 육체도 탄소를 기반으로 이루어져 있습니다. 그다음 목록에는 질소가 올라 있습니다(우주 5위, 생명체 4위). 만일 우리 몸이 비스무트로 이루어져 있다면, 우리는 우주에서 아주 특별한 존재일 겁니다. 비스무트는 우주에서도 아주 희귀한 원소이기 때문이죠. 그러나 우리는 우주에서 가장 흔한 원소들로 이루어져 있으므로, 희소가치로 따진다면 지극히 평범합니다. 실망스럽습니까? 그럴 필요 없습니다. 우리 몸의 구성 성분이 우주의 주성분과 같기 때문에, 우주의 일원으로서 소속감과 참여 의식을 가질 수 있는 겁니다.

스페이스 트윗 64 & 65　　　　　@neiltyson · 2010년 7월 2일 오전 9:07

토막 상식: 우주에 존재하는 원소의 90%는 수소이다. 그 원자핵은 달랑 양성자 하나로 이루어져 있다.

@neiltyson · 2010년 7월 2일 오전 9:13

문득 떠오른 SF 스토리: 외계인이 은하를 가로질러 지구까지 와서 바다 H_2O로부터 수소를 마구 빨아들인다. 저자는 애스트로 101 Astro 101[*]이 절실하게 필요했나 보다.

　그렇다면 우주의 주인은 누구일까요? "우주의 주인은 인간"이라고 생각하는 사람들이 의외로 많습니다. 인간은 지성이 있고 어떤 생명체보다 많은 것을 이루어냈기 때문이죠. 하지만 박테리아의 생각은 우리와 다를지도 모릅니다. 지금 우리 몸속의 결장에는 지금까지 지구에서 살다 간 모든 사람보다 더 많은 수의 박테리아가 살고 있습니다. 이런데도 주인을 자처할 수 있을까요? 혹시 인간은 박테리아의 생존을 위해 태어난 숙주에 불과하지 않을까요? 그 답은 당신의 관점에 따라 달라질 수 있습니다.

★ 노즐이 달린 도장용 스프레이. 잉크 원액에 물을 타서 사용한다. ─옮긴이

나는 미국이 이디오크러시로 가는 것을 항상 걱정하고 있기 때문에, 인간의 지적 능력에 대하여 생각을 많이 하는 편입니다. 그러나 사람의 DNA는 침팬지와 98퍼센트가 일치하고, 다른 동물들과도 별 차이가 없습니다. 우리는 자신이 똑똑하다고 생각합니다. 인간은 시를 쓰고, 음악을 작곡하고, 방정식을 풀고, 비행기를 만들 줄 압니다. 똑똑하지 않다면 할 수 없는 일들이죠. 스스로 자신에 대하여 정의를 내리는 것이 살짝 꺼림칙하지만, 큰 문제는 없습니다. 온갖 수단과 방법을 동원해도 침팬지에게 삼각 함수를 가르칠 수 없으니, 인간은 다른 동물보다 확실히 우월한 존재입니다. 침팬지는 간단한 시간표조차 이해하지 못하지만, 인간은 우주선을 만들어 달까지 갔다 왔습니다.

그러니까 인간의 탁월한 지능은 DNA의 2퍼센트 차이에서 비롯된 셈입니다. 2퍼센트라… 아무리 생각해도 차이가 너무 작습니다. 인간은 침팬지보다 겨우 2퍼센트 똑똑한데, 우리가 그 차이를 너무 과대평가하고 있는 것은 아닐까요? 만일 우주 어딘가에 우리보다 2퍼센트 더 똑똑한 생명체가 있다면, 그들에게 우리는 침팬지와 비슷한 존재일 겁니다.

나는 인간이 우주의 비밀을 모두 풀지 못할까 봐 걱정됩니다. 우리는 그 정도로 똑똑하지 않을 수도 있기 때문입니다.

이런 이야기에 속이 불편한 사람도 있겠지만 그럴 필요 없습니다. 이 상황을 다른 관점에서 바라볼 수도 있으니까요. 우리는 '여기' 지구에 있고 나머지 우주는 '저기' 먼 곳에 있다고 생각합니까? 그렇지 않습니다. 일단 우리는 지구에 있는 모든 생명체들과 유전적으로 연결되어 있습니다. 우리는 생태계의 일원이며, 지금까지 발견된 모든 생명체들과 화학적으로 연결되어 있죠. 다른 생명체들이 생명 활동에 활용하는 원소는 인간이 발견한 주기율표에 모두 나와 있습니다. 그들의 주기율표는 우리가 알고 있는 주기율표와 완전히 일치합니다. 그런데 우주를 구성하는 원소들도 주기율표에 모두 나와 있으므로, 결국 우리는 우주와 연결되어 있는 셈이죠. 우리는 분자 단계에서 우주의 다른 물체object들과 연결되어 있으며, 원자 단계에서는 우주의 모든 물질matter과 연결되어 있습니다.

꽤 의미심장하지 않습니까? 아니, 의미심장을 넘어 정신적 교감까지 느껴지죠. 우리는 우주의 한 부분이면서 우리 몸 안에 우주가 들어 있습니다. 이런 소속감이 개인의 자존심을 훼손할까요? 아닙니다. 나는 나 자신이 우주와 연결되어 있다는 사실에 무한한 자긍심을 느낍니다.

나는 아홉 살 때부터 친구들, 동료들과 함께 이 장대한 여행을 계속해왔습니다. 다른 사람들도 여행의 즐거움을 만끽하기 바랍니다. 이 여행은 풍요로운 삶과 안전을 도모하고, 우주에서 자신의 위치를 파악하고, 미래를 꿈꾸는 데 반드시 필요한 요소임을 깨닫기 바랍니다.

34
챌린저호에 바치는 시*

우주를 향한 열망을 담고
발사대 위에 당당하게 서서,
누군가 "주 엔진 점화, 3-2-1"을 외치자
굉음을 내며 힘차게 솟아올랐지.

로켓의 추력은 너를 힘차게 들어 올렸으나
출력을 더 높이려다 뜻대로 되지 않아
화염이 너를 삼키고
폭발한 추진체는 허공에 꼬리를 그리며 날아갔네.

콜럼버스가 처음 닻을 올렸던

★ 1986년 우주왕복선 챌린저호 사고 직후 쓴 미발표 시. 엮은이 주: 이 시에는 당시 운용되고
있던 다섯 우주왕복선(애틀랜티스호, 챌린저호, 컬럼비아호, 디스커버리호, 엔터프라이즈호) 이름의 뜻이
담긴 단어가 모두 언급되어 있다.

대서양 위에서
그들은 용감한 자만이 갈 수 있는
진취적 여행길에 첫발을 내디뎠지.

우주인들은 우리에게 용기를 보여주고
장렬하게 바다로 사라졌네.
비행사 마이클 스미스와
선장 딕 스코비,

엔지니어 그레그 자비스와
주디스 레스닉도 거기 있었지.
엘리슨 오니즈카와
물리학자 론 맥네어도 함께했네.

용기 있는 교사 크리스타 매콜리프를
어찌 잊을 수 있을까.
그녀는 아이들과 부모들에게 꿈을 심어주고
창공에서 산화했지만 아직도 우리 마음속에 살아 있네.

탐험을 향한 우리의 열정은
마지막 숨을 내쉬는 그날까지 멈추지 않겠지만,
거기에는 발견을 위해 목숨을 걸겠다는
도전 정신이 필요하다네.

챌린저호 폭발 사고 며칠 전 훈련 도중. 왼쪽부터 크리스타 매콜리프, 그레그 자비스, 주디스 레스닉, 딕 스코비, 론 맥네어, 마이클 스미스, 엘리슨 오니즈카. NASA

미국은 멈춰 섰고 전 세계가 슬퍼하네.

그대들은 목적지에 도달하지 못했으나

NASA는 그대들을 영원히 잊지 않고

전 세계가 그 용기를 대대손손 칭송할지니.

35
우주선의 오작동★

깔개 밑에는 청소의 손길이 잘 닿지 않는 법이다. 1970년대 초에 발사된 NASA의 쌍둥이 탐사선 파이어니어 10호와 11호는 은하수 깊은 곳에서 미지의 별을 향해 날아가던 중 궤도에 영향을 주는 이상한 힘을 겪었다. 지금 이들과 태양 사이의 거리는 원래 예정보다 40만 킬로미터쯤 가까워진 상태이다.

파이어니어 어노멀리Pioneer anomaly로 알려진 이 예상 밖의 불일치는 1980년대 초에 처음 발견되었는데, 그 무렵에는 탐사선과 태양 사이의 거리가 충분히 멀어져서 태양풍의 압력이 거의 무시할 수 있을 정도로 약해졌기 때문에 탐사선의 속도에 더 이상 영향을 주지 않았다. 과학자들은 오로지 태양과 주변 천체들의 중력만이 탐사선의 경로를 바꿀 수 있다고 생각했으나, 그들의 예상은 완전히 빗나갔다. 지금까지는 태양풍의 미세한 잔여 압력이 어노멀리를 상쇄해왔으나, 그 영향

★ '우주선의 오작동Spacecraft Behaving Badly', 〈내추럴 히스토리〉, 2008년 4월.

력이 어노멀리 효과보다 더 작아지는 지점에 도달한 두 파이어니어호의 속도가 예기치 않게 지속적으로 바뀌면서 태양 쪽으로 조금씩 밀리기 시작한 것이다. 속도의 변화량은 초속 수억분의 1센티미터로 별것 아닌 듯하지만, 결국 예상 경로에서 매년 수천 킬로미터씩 벗어나게 되었다.

사람들은 과학자를 상상할 때 연구실 의자에 느긋하게 앉아서 자신의 업적을 자축하는 모습을 떠올리지만, 실상은 전혀 그렇지 않다. 그리고 새로운 발견이 이루어졌을 때 "유레카!"를 외치며 요란하게 떠들지도 않는다. 그저 새로운 결과를 지켜보며 "흠… 그거 흥미로운데?"라고 중얼거릴 뿐이다. 물론 대부분의 경우에는 무의미한 것으로 판명되어 실망만 안겨주고 끝나지만, 가끔은 우주의 법칙에 중요한 실마리를 제공할 때도 있다.

파이어니어 어노멀리가 처음 발견되었을 때에도 과학자들은 "흠… 그거 흥미로운데?"라고 중얼거리며 탐사선을 주의 깊게 관찰했다. 그들은 머지않아 파이어니어호가 정상 상태를 되찾을 것이라고 생각했으나, 아무리 기다려도 '흥미로운 현상'은 사라지지 않았다. 사태의 심각성을 파악한 과학자들은 1994년에 본격적인 원인 규명에 들어갔고, 1998년에 첫 연구 논문이 발표된 후로 파이어니어호의 비정상적 거동을 설명하는 온갖 가설들이 쏟아져 나왔다. 소프트웨어에 버그bug(프로그램상의 논리적 오류—옮긴이)가 있다는 설도 있었고, 비행 도중 궤적을 수정하는 로켓에서 연료가 유출되었다는 설, 태양풍이 탐사선의 라디오 신호 체계에 영향을 주었다는 설, 탐사선의 자체 자기장이 태양의 자기장과 상호 작용하면서 어노멀리가 발생했다는 설, 카이퍼 벨트_Kuiper belt_(태양계 바깥에서 얼음과 핵을 갖는 천체들이 둥근 고리 모양으로 뭉쳐 있는 지역. 혜성이 탄생하는 곳으로 추정되고 있다—옮긴이)에서 새로 발견된 천체가 탐사선에 중력을 행사했다는 설, 문제가 된 지역에서 시공간이 뒤틀려 있다는 설, 심지어는 우주의 팽창 속도가 점점 빨라져서 궤도에 영향을 주었다는 설까지 제기되었으나, 모두 사실이 아닌 것으로 판명되었다. 아직 검증되지 않은 가설 중에는 "태양계 밖으로 나가면 뉴턴의 중력 법칙이 적용되지 않는다."는 대담한 가설도 있었다.

파이어니어 프로그램에서 처음 제작된 탐사선 파이어니어 0호(우주선 이름에 '0호'도 있냐고? 그렇다, 있다!)는 1958년 여름에 발사되었으나 곧 폭발해버렸다. 그 후 20년 동안 14대의 탐사선이 추가로 발사되었는데, 파이어니어 3, 4호는 달 탐사용이었고 5~9호는 태양 관측용이었으며,

토성에 접근한 파이어니어 11호를 그린 상상도. NASA Ames

10호는 목성 관측, 11호는 목성과 토성 관측, 12, 13호는 금성 관측용이었다.

파이어니어 10호는 1972년 3월 2일에 케이프커내버럴에서 발사되어(최후의 달 착륙선 아폴로 17호가 발사되기 9개월 전) 바로 다음 날 아침에 달 궤도를 통과했고, 1972년 7월에 역사상 최초로 소행성 벨트(화성과 목성 사이에서 태양 주변을 공전하고 있는 작은 암석 집단)를 가로질렀다. 이어 1973년 12월에는 목성의 중력을 이용하여 속도를 높인 후 태양계 바깥을 향해 날아갔다. NASA는 파이어니어 10호와 통신이 가능한 기간을 21개월로 예상했으나, 2003년 1월 22일까지 거의 31년 동안 신호를 보내왔다. 파이어니어 10호의 쌍둥이 탐사선인 파이어니어 11호는 1995년 9월 30일에 마지막 신호를 송출한 후 통신이 두절되었다.

파이어니어 10, 11호의 중심부에는 본체가 있고, 여기서 여러 방향으로 뻗어 나온 팔들 끝에 장비와 소형 발전기 등이 달려 있다. 물론 본체에도 몇 가지 장비와 안테나가 장착되어 있다. 또한 열 반응 채광창은 탑재된 전자 기기가 작동하기에 적절한 온도를 유지하고, 세 쌍의 로켓 추진체는 수시로 방향을 수정하면서 탐사선을 목성으로 인도한다.

파이어니어호의 동력은 플루토늄 238을 이용한 방사성 동위 원소 열전기 발전기에서 공급된다. 플루토늄은 반감기가 88년인데, 이 과정에서 발생한 열은 거의 10년 동안 탐사선에 전기를 공급하고, 목성과 위성의 사진을 찍고, 다른 우주적 현상들을 기록하고, 다양한 실험을 수행하는 데 부족함이 없었다. 그러나 세월에는 장사가 없는 법, 2001년 4월에 파이어니어 10호에서 날아온 신호는 10억 × 1조분의 1

와트까지 약해져 있었다.

파이어니어 우주선들은 지름 2.7미터짜리 접시 안테나를 통해 지구와 교신을 주고받았는데, 원활한 통신을 위해 태양-별 감지 장치가 추가로 탑재되었다. 이것은 안테나의 중심축이 항상 지구를 향하도록 만들어주는 장치인데, 미식축구 선수가 공을 던질 때 공에 회전을 주어 안정된 궤적을 그리게 하는 것과 비슷한 원리이다.

파이어니어 10호와 11호의 측면에는 금도금 금속판이 부착되어 있는데, 여기에는 우주선 자체의 외형과 지구인 남녀의 신체 비율, 은하수에서 태양계의 위치 등 지구와 관련된 다양한 정보들이 새겨져 있다. 외계인에게 발견되었을 때 지구라는 행성의 존재를 소개하는 일종의 명함인 셈이다. 그런데 이것이 과연 현명한 짓이었는지 우려하는

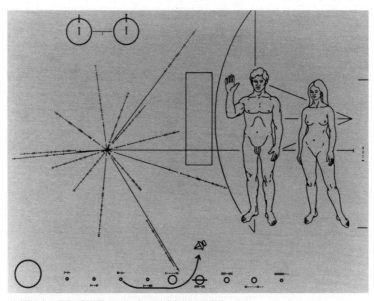

파이어니어 10호에 부착된 폭 229, 높이 152밀리미터짜리 금속판. NASA

사람들도 많다. 우리는 길거리에서 생전 처음 마주친 사람한테 다짜고짜 집 주소를 알려주지 않는다. 같은 종인 인간끼리도 서로 조심하는데, 인간과 완전히 다른 외계인에게 "우리 여기 있어요~!"라고 광고하는 것은 별로 좋은 생각이 아닌 것 같다.

⌒

깊은 우주 공간을 날아가는 우주선은 그다지 다이내믹하지 않다. 지표면에서 발사될 때는 엄청난 파워를 발휘하면서 장엄한 광경을 연출하지만, 일단 우주 공간으로 진출한 후에는 소위 '순항 모드'로 접어든다. 궤도를 수정하거나 다른 천체의 궤도에 진입할 때 소형 엔진을 간간이 가동하는 것만 빼면 그야말로 심심하기 짝이 없는 여행이다. 그래도 우주선을 태양계 내부의 한 지점에서 다른 지점으로 원하는 경로를 따라 이동시키려면 도중에 마주치는 혜성과 소행성, 위성, 행성, 태양 등의 중력을 하나도 빠짐없이 고려해야 한다.

이 계산을 모두 끝낸 후, 파이어니어 10, 11호는 아무도 가본 적 없는 행성 간 공간을 향해 수십억 킬로미터 장정에 올랐다. 이때만 해도 쌍둥이 탐사선이 중력과 관련된 새로운 현상을 발견하리라고는 아무도 예상하지 못했다.

천체물리학자는 천체를 관측할 뿐 천체를 마음대로 갖고 놀 수 없기 때문에, 이들이 새로운 물리 법칙을 발견하는 경우는 거의 없다. 새로운 발견은 실험실에서 관측 도구를 다루는 물리학자들의 몫이다. 천체망원경은 다분히 수동적인 관측 장비여서 기존의 법칙을 확인할 수 있을 뿐, 새로운 법칙을 찾는 데에는 한계가 있다. 다만 우주가 기존의 법칙에 어긋나게 행동할 때 이상 징후를 발견할 수는 있다. 태양계의 일곱 번째 행성인 천왕성을 예로 들어보자. 이 행성은 1781년에 영국의 천문학자 윌리엄 허셜에게 처음 발견되었다. (천왕성의 존재는 그전부터 알려져 있었으나, 천문학자들은 그것이 행성이 아닌 별이라고 생각했다.) 그 후 수십 년 동안 관측 데이터를 분석해보니, 천왕성이 중력 법칙을 따르지 않는 것처럼 보였다. 중력 법칙은 17세기에 뉴턴이 발견한 후로 행성과 위성의 운동을 서술하는 절대 진리로 군림해왔는데, 새로 발견된 천왕성이 반란을 일으킨 것이다. 그래서 일부 천문학자들은 천왕성처럼 태양으로부터 아주 멀리 떨어져 있는 천체들은 뉴턴의 중력 법칙을 따르지 않을지도 모른다고 생각했다.

스페이스 트윗 66   @neiltyson · 2010년 5월 14일 오전 3:18
아이작 뉴턴: 물리학 역사상 가장 뛰어난 천재. 중력 법칙을 발견하고, 광학의 기틀을 정립하고, 남은 시간에 미적분학을 개발했다. 그때 뉴턴의 나이는 불과 26세였다.

이럴 땐 어떻게 해야 할까? 뉴턴의 법칙을 폐기하거나 관측 데이터와 맞지 않는 부분을 수정하여 새로운 중력 법칙을 만들어야 할까? 아니면 천왕성보다 먼 곳에 또 다른 미지의 행성이 있어서 천왕성의 궤도에 영향을 주고 있다는 가설을 내세워야 할까? 이 의문은 1846년에 해결되었다. "뉴턴의 법칙이 맞으려면 이러이러한 지점에 다른 행성이 있어야 한다."고 생각했던 바로 그 지점에서 정말로 새로운 행성이 발견된 것이다. 이 행성은 해왕성으로 명명되었고, 뉴턴의 중력 법칙은 위기를 넘겼다.

한숨 돌리고 나니, 이번에는 태양에서 가장 가까운 수성이 문제로 떠올랐다. 근처에 다른 행성이 없는데도 수성의 근일점이 서서히 이동하고 있었던 것이다. 해왕성이 발견되기 전에 그 위치를 1도 이하의 오차 범위 안에서 정확히 예견했던 프랑스의 천문학자 위르뱅 장 조제프 르 베리에는 수성의 비정상적 거동을 설명하기 위해 ❶ 태양과 아주 가까운 곳에 우리가 모르는 행성(그는 이것을 벌컨Vulcan이라 불렀다. 태양과 지나치게 가까우면 태양의 섬광 때문에 관측이 안 될 수도 있다)이 존재하여 수성의 공전에 영향을 주고 있거나, ❷ 태양과 수성 사이에 소행성 벨트가 존재하여 수성에 영향을 주고 있다는 두 가지 가설을 내세웠다.

뉴턴의 중력 법칙이 절대 진리였다면 해답은 둘 중 하나였을 것이다. 그러나 이번에는 르 베리에의 가설이 먹혀들지 않았다. 뉴턴의 중력 법칙은 외태양계에서 별문제가 없었지만, 내태양계에서 행성의 운동을 정확하게 설명하려면 새로운 이론이 필요했다. 그것이 바로 뉴턴의 중력 이론을 대신하는 아인슈타인의 일반 상대성 이론general relativity이다. 태양과 거리가 가까워질수록 일반 상대론적 효과가 크게 나타나서 의외의 결과를 낳았던 것이다.

이처럼 천왕성과 수성에서 발견된 비정상적 거동은 외견상 큰 차이가 없어 보였지만, 완전히 다른 방식으로 해결되었다.

천체역학과 라디오파 물리학 전문가인 존 D. 앤더슨은 제트 추진 연구소에서 여러 탐사선의 궤적을 분석하던 중, 파이어니어 10호가 컴퓨터의 예상 경로에서 벗어나고 있음을 발견했다. 당시 파이어니어 10

호는 태양에서 15AU astronomical unit(천문단위. 1AU는 태양과 지구 사이의 거리로, 약 1억 5000만 킬로미터이다―옮긴이)만큼 떨어진 우주 공간을 여유롭게 순항 중이었는데, 태양풍이 탐사선의 경로에 영향을 주었을 수도 있기 때문에 확실한 결론을 내리지 못했다. 그러나 태양풍의 영향권에서 완전히 벗어난 20AU에 도달한 후에도 궤도 이탈 현상은 사라지지 않았다. 처음에 앤더슨은 소프트웨어에 오류가 있거나 탐사선이 오작동을 일으켰다고 생각했지만, 몇 가지 계산을 해보니 탐사선을 태양 쪽으로 계속해서 밀어 넣는 미지의 힘을 도입해야만 탐사선의 현재 위치를 설명할 수 있었다.

파이어니어 10호가 순항 도중에 무언가 이상한 물체와 마주친 것일까? 만일 그렇다면 비정상적인 거동을 어떻게든 설명할 수 있다. 그러나 완전히 다른 방향에서 태양계 바깥을 향해 날아가고 있는 파이어니어 11호도 예상 궤도에서 비슷하게 벗어났으므로 그럴 가능성은 거의 없다. 게다가 파이어니어 11호는 10호보다 정상 궤도에서 훨씬 많이 벗어나 있었다.

이런 경우에 우주선의 거동에 맞게 전통적인 물리학 법칙을 수정해야 할까? 아니면 기존의 법칙 안에서 비정상적 거동의 원인을 찾아야 할까? 앤더슨과 그의 동료 슬라바 투리셰프는 후자를 택했다. 물론 현명한 선택이었다. 하드웨어의 단순한 오작동을 설명하기 위해 새로운 물리 법칙을 도입할 사람은 없을 테니까.

다양한 방향으로 흐르는 열에너지는 언제든지 의외의 결과를 낳을 수 있다. 그래서 앤더슨과 투리셰프는 우주선의 몸체, 특히 우주선이 열을 흡수한 후 전도, 복사하는 과정을 추적하여 이탈한 궤도의 10퍼센트까지는 설명할 수 있었다. 그러나 두 사람은 열공학자가 아니었기에 더 이상 진도를 나가지 못했다. 이럴 때 바람직한 대책은?—그렇다. 전문가의 도움을 받는 것이다. 2006년 초에 투리셰프는 제트 추진 연구소의 연구원 게리 킨셀라를 찾아갔다. 두 사람은 그때까지 한 번도 만난 적이 없고 킨셀라는 파이어니어호에 대해 아무것도 모르는 상태였지만, 투리셰프는 킨셀라를 끈질기게 설득하여 연구팀에 합류시켰다. 그 후 2007년 봄에 세 사람은 뉴욕 시 헤이든 천문관을 방문하여 아직 마무리되지 않은 중간 결과를 발표했고, 전 세계의 다른 과학자들도 나름대로 원인을 분석하고 있었다.

태양으로부터 아주 멀리 떨어진 곳에서 임무 수행 중인 우주선이 어떤 환경에 놓여 있는지 상상해보자. 무엇보다도 온도가 문제다. 태양을 바라보는 쪽은 뜨겁게 달궈지는 반면, 그 반대쪽은 우주 공간의 온도와 비슷한 섭씨 -270도까지 내려간다. 게다가 우주선의 모든 부품들은 각기 다른 재질로 만들어졌기 때문에 열을 흡수하고 전도하고 방출하는 정도가 모두 다르다. 또한 각 부품들은 각기 다른 온도에서 작동하도록 설계되어 있다. 극저온에서 작동 가능한 부품은 우주 공간에 노출되어도 별문제 없지만, 카메라는 상온에서 작동하고 로켓 추진체는 한번 점화되면 거의 섭씨 1000도까지 올라간다. 게다가 이 모든 기기들은 기껏해야 3미터 범위 안에 올망졸망 모여 있다.

앤더슨과 투리셰프, 그리고 킨셀라가 직면한 문제는 탐사선에서 발생한 열이 각 부품에 미치는 영향과 정도를 알아내는 것이었다. 이를 위해 세 사람은 구형 외피로 둘러싸인 우주선을 구현한 컴퓨터 모델을 만든 후 표면을 2600구획으로 분할하여 우주선의 각 구획에서 흘러나온 열이 외피의 어느 부분에 영향을 주는지 일일이 확인했다. 또한 이들은 효과를 증대시키기 위해 각종 문서와 데이터 파일을 샅샅이 수집했는데, 그중 상당수는 데이터를 펀치 카드로 입력하고 9트랙 테이프에 저장하던 시절에 생성된 것이었다. (행성 협회가 연구비를 지원하지 않았다면 이 귀중한 자료들은 쓰레기통에 처박히고 말았을 것이다.)

우주선과 태양 사이의 거리(25AU)와 각도를 맞추고 모든 부품도 실제처럼 작동하는 것으로 세팅해놓고 보니, 우주선 외부 표면의 불균형한 열 발산으로 인해 정말로 비정상적인 효과가 나타났다. 우주선이 태양 쪽으로 가속되었던 것이다. 그렇다면 파이어니어 어노멀리는 이것으로 모두 설명될 수 있을까?

어노멀리의 나머지 부분은 어떻게 되는가? 모든 원인이 규명될 때까지 우주 양탄자 밑을 깨끗하게 쓸어내야 할까? 아니면 일부 물리학자들이 수십 년 동안 해왔던 것처럼 뉴턴의 중력 법칙을 처음부터 재검증해야 할까?

파이어니어 이전에 뉴턴의 중력 법칙을 이토록 방대한 거리에서 검증한 사례는 단 한 번도 없었다. 본인은 의식하지 않았겠지만, 슬라바 투리셰프에게 파이어니어호는 뉴턴의 중력 법칙을 역사상 가장 먼 거리에서 테스트하는 실험 도구였던 셈이다. 사실 그의 주 전공은 아인슈타인의 일반 상대성 이론이었다. 그는 "먼 거리에서는 뉴턴의 중력 법칙이 성립하지 않을 수도 있다."는 결론에 도달했다. 일반 상대론적 효과일 수도 있지 않을까?—아니다. 거리가 15AU를 넘어가면 일반 상대성 이론의 효과가 너무 작아서 우주선에 아무런 영향도 미치지 못한다.

2009년 초에 투리셰프와 그의 동료 빅토르 토트는 자신이 파이어니어 어노멀리에 집착하는 이유를 행성 협회 웹사이트에 공개했다. 글 제목은 '건초 더미에서 바늘 찾기, 또는 아무것도 없는 곳에서 바늘 찾기'인데, 내용이 제법 의미심장하여 그 일부를 여기 소개한다.

중력 상수의 소수점 이하 자릿수를 하나 더 늘리거나, 어떤 우주 현상이 일반 상대성 이론에서 벗어난 정도를 규명하는 것은 정확성에 지나치게 집착하는 편집증적 행동처럼 보일 수도 있다. 그러나 이런 내용은 좀 더 큰 스케일에서 바라봐야 한다. 200여 년 전 과학자들이 제법 개선된 실험 도구로 물체의 전기적 특성을 측정할 당시에는 대륙을 관통하는 전력망이나 정보경제학을 떠올리지 못했으며, 인간이 만든 기계가 머나먼 외태양계에서 지구로 미세한 전기 신호를 보낼 날이 오리라고는 상상도 하지 못했다. 그들은 그저 세심한 실험을 수행하면서 전기와 자기의 관계라든가 기전력과 화학 반응의 관계를 규명했을 뿐이다. 그러나 현대 문명은 이런 지엽적인 연구로부터 탄생했다.

이와 마찬가지로 중력에 대한 연구가 앞으로 어떤 결과를 낳을지 미리 단정할 수는 없다. 미래의 어느 날, 인류는 중력의 족쇄를 끊고 그것을 활용하게 될지도 모른다. 지금 우리가 제트기를 타고 태평양과 대서양을 수시로 넘나드는 것처럼, 미래에는 중력 엔진을 이용하여 태양계를 일상적으로 넘나들게 될 수도 있다. 심지어 로켓 엔진이 없는 우주선을 타고 다른 별을 방문하게 될지도 모를 일이다. 누가 알겠는가? 지난 수천 년 동안 그래왔듯이 미래는 항상 예기치 않은 방향으로 흘러간다. 그러나 이 와중에도 한 가지만은 확실하다. "지금 당장 세세한 것에 신경 쓰지 않으면 그런 미래는 결코 오지 않는다."는 것이다. 우리의 연구는 아인슈타인의 중력 이론을 넘어선 무언가를 찾아낼 수도 있고, 장거리 우주선의 항해술을 개선하는 데 그칠 수도 있다. 그러나 이 일을 지금 그만둔다면 우리가 꿈꾸는 미래는 결코 찾아오지 않을 것이다.

지금까지 알려진 바에 의하면 우주에서 우주선에 작용하는 두 가지 중요한 힘은 뉴턴의 중력과 수수께끼 같은 파이어니어 어노멀리이다. 만일 후자가 하드웨어의 오작동에 기인한 것으로 완전하게 밝혀지지 않는 한, 과학자들은 뉴턴의 중력 법칙을 의심 어린 눈으로 바라볼 것이다. 그리고 그 저변에 깔려 있는 새로운 법칙이 발견되어 물리학의 기초가 송두리째 바뀔 수도 있다.

36
NASA와 미국의 미래[★]

"지구에도 해결해야 할 일이 산더미인데, 왜 우주에 천문학적인 돈을 쏟아붓고 있는가?" 그동안 나는 이런 질문을 수도 없이 들어왔다. 가장 간단하면서도 설득력 있는 답은 다음과 같다. "직경 수 킬로미터짜리 소행성이 지구에 충돌하면 인간은 물론이고 지구상의 생명체는 대부분 멸종한다. 따라서 당신의 문제는 지구에만 국한되어 있지 않다. 그런 순간이 다가오면 우주는 당신의 유일한 관심사가 될 것이다."

버락 오바마의 우주 정책이 발표된 후 NASA는 지구 저궤도를 대상으로 우주 산업의 상업화를 도모하는 중이다. 1958년에 제정된 미국 항공우주법에 따라 NASA는 우주 개척을 선도하는 기관으로 탄생했다. 그러나 지구 저궤도는 더 이상 신개척지가 아니므로, NASA는 다음 단계로 나아가야 한다. 현재 계획은 달을 포기하고 화성에 사람을 보내는 것이라고 한다. 언제 실행될지는 나도 잘 모르겠다.

★ 뉴욕 주립 대학교 버펄로 캠퍼스에서 개최된 저명인사 초청 강연회 중 질의응답, 2010년 3월 31일.

나는 이 계획이라는 것이 매우 의심스럽다. 구체적인 실현 방안이 없는데, 미국의 젊은이들에게 어떻게 꿈을 심어줄 수 있겠는가? 내가 보기에 NASA는 과학자와 공학자, 수학자, 그리고 기술자들을 하나로 모으고 연구 의욕을 자극하는 힘이 있는 것 같다. 우리는 이들을 키우고 아낌없이 투자해야 한다. 바로 이들이 꿈을 실현시켜줄 주인공이기 때문이다.

21세기의 경제력은 과학기술에서 탄생한다. 과거 산업 혁명 시대에도 국력은 과학기술에 좌우되었다. 이 분야에 투자를 많이 했던 나라들이 현대 문명을 이끌었고, 결국은 선진국의 반열에 오를 수 있었다.

미국은 지금 쇠퇴기를 겪고 있다. 미래를 꿈꾸는 사람이 없는 것이다. NASA에 적절한 예산이 지원된다면 그 꿈을 이어나갈 수 있다. 물론 좋은 교사도 필요하다. 하지만 과거의 도제 시스템과 달리 요즘 학생들은 상급 학교로 진학하면서 담당 교사가 계속 바뀌기 때문에 사제 간의 지속적인 관계를 유지하기 어렵다. 불씨에 불을 지피는 것은 교사가 해줄 수 있지만, 그 불꽃이 계속 타오르게 하려면 무언가가 더 있어야 한다. 바로 그 역할을 NASA가 할 수 있다는 이야기다. NASA는 설립 초기부터 미국인의 정체성을 확립하고 미래를 꿈꾸는 데 중요한 영향을 미쳐왔다. 지금 세계에서 가장 강력한 입자 가속기는 프랑스와 스위스의 국경 근처 지하 100미터에서 맹렬하게 가동되고 있으며, 세계에서 가장 빠른 기차는 독일에서 제작되어 중국 대륙을 달리고 있다. 미국은 어떤가? 기반 시설은 붕괴되고, 꿈꾸는 사람을 찾아보기 어렵다.

국가의 꿈을 실현시켜줄 기관은 지금 재정난에 허덕이면서 의당 해야 할 일을 못하고 있다. 많은 돈이 드는 것도 아니다. 세금 1달러당 0.5센트만 더 할당하면 된다.

당신은 우주에 얼마까지 투자할 수 있는가?

스페이스 트윗 67　　　　　　　　@neiltyson・2011년 7월 8일 오전 11:13
지금은 전시가 아닌데도 미국 국방부는 NASA의 1년 예산을 23일 만에 쓰고 있다.

에필로그
우주적 관점★

인류가 개발한 모든 과학 중 천문학은 가장 고귀하고 흥미로우면서 가장 유용한 분야이다. 천문학이 있기에 우리는 지구 곳곳을 발견하고 우주를 이해할 수 있었으며, 인간이 세상의 중심이라는 편견에서 벗어날 수 있었다.

제임스 퍼거슨,

〈아이작 뉴턴의 원리에 입각한 천문학 해설, 수학 공부를 하지 않은 독자들을 위한 입문서〉(1757) 중에서

우주에 시작이 있었다는 사실을 아무도 몰랐던 시절, 지구로부터 200만 광년 이상 떨어진 곳에 가장 가까운 은하가 존재한다는 사실을 몰랐던 시절, 별의 탄생과 죽음에 대해 아무것도 알려지지 않았고 원자가 존재한다는 사실조차 몰랐던 시절에 영국의 천문학자 제임스 퍼거슨이 애정을 담아 쓴 천문학 소개문이 가슴에 와 닿는다. 18세기에 쓰인 책인데, 마치 어제 출간된 책을 읽는 기분이다.

★ '우주적 관점The Cosmic Perspective', 〈내추럴 히스토리〉, 2007년 4월.

그런데 누가 이런 생각을 떠올리는가? 우주적 관점에서 생명을 바라보는 사람은 누구인가? 외국에서 이주해 온 농부나 육체노동자들? 아니다. 쓰레기통에서 음식을 뒤지는 노숙자도 아니다. 생존이 보장된 상태에서 여분의 시간이 있는 사람들만이 이런 생각을 떠올릴 수 있다. 이를 위해서는 "우주에서 인간의 위치는 어디인가?"라는 질문에 가치를 부여하고 연구를 장려하는 나라에서 살아야 한다. 또한 지적 추구가 발견으로 이어지고, 그 발견이 쉽게 알려질 수 있는 사회에서 살아야 한다. 산업화된 국가의 국민들은 대체로 이런 환경에서 살아가고 있다.

그러나 우주적 시야는 공짜로 얻어지는 것이 아니다. 나는 달이 태양을 잠깐 동안 가리는 개기 일식을 보기 위해 수천 킬로미터를 이동하면서 지구 자체를 잊은 적이 종종 있다.

팽창하는 우주에서 은하들은 엄청난 속도로 멀어지고, 4차원 시공간은 끝없이 확장된다. 그런데 이런 생각을 떠올리다 보면 음식과 거처 없이 불모지를 떠도는 수많은 사람들을 잊어버리곤 한다.

그리고 우주 공간을 가득 채우고 있는 신비의 암흑 물질과 암흑 에너지를 생각하다 보면 '신'이라는 미명하에 사람들이 서로 죽이고 있다는 사실을 잊어버린다. 신을 믿지 않는 사람들도 국가의 이익을 위해 다른 사람들을 죽이고 있다.

중력이라는 안무에 따라 춤을 추고 있는 소행성과 혜성, 행성을 떠올릴 때에도 나는 지구의 대기와 바다, 그리고 육지가 오염되고 있다는 사실을 까맣게 잊곤 한다. 오염의 대가는 우리의 아이들과 그들이 낳은 아이들이 치르게 될 것이다.

또한 힘 있는 사람들이 힘없는 사람들을 거의 돌보지 않는 현실도 종종 잊을 때가 있다.

내가 이렇게 건망증이 심한 이유는 지구의 세상사와 비교할 때 우주가 너무나 크기 때문이다. 방대한 우주를 떠올리다 보면 우리의 일상사가 참으로 하찮게 보인다. 그러나 나는 이런 생각에 잠길 때마다 사고가 자유로워짐을 느낀다.

어른들 중에는 부서진 장난감, 괴롭히던 아이들, 철봉에서 떨어져 다친 무릎 등 어린 시절의 트라우마를 안고 살아가는 사람들이 있다. 어른이 되어 지난날을 회상해보면 안 좋은 일이 일어났던 이유를 이해할 수 있다. 그러나 아이들은 경험이 부족하기 때문에, 안 좋은 일을 당해도 문제의 원인을 알아내기 어렵다.

우주에 대해서는 어른들도 아이들처럼 서툰 관점을 갖고 있다. 당신은 이 사실을 인정할 수 있겠는가? 우리의 생각과 행동이 "세상의 중심은 나"라는 믿음에 기초하고 있다는 것을 인정하는가? 아마 그렇지 않을 것이다. 하지만 증거는 사방에 널려 있다. 우리 사회의 급진적인 행동, 인종 차별, 종교 분쟁, 국가주의라는 커튼을 걷어내면 인간의 '에고ego'가 그 모습을 드러낸다. 바로 이곳에서 모든 적대적 감정이 생겨나는 것이다.

모든 이들, 특히 힘 있는 사람들이 시야를 넓혀 우리가 사는 곳을 우주적 관점으로 바라본다면 어떻게 될까? 우리 사회의 온갖 문제가 줄어들거나 심지어 발생하지조차 않을 것이다. 용모와 문화가 다르다는 이유로 서로를 죽이던 조상들과 달리 우리는 그런 차이를 축복으로 받아들일 것이다.

지난 2000년, 헤이든 천문관을 개축하여 새로 오픈했을 때, 앤 드리앤
(칼 세이건의 아내—옮긴이)과 스티븐 소터(칼 세이건이 출연했던 TV 시리즈 〈코
스모스〉의 공동 제작자—옮긴이)의 '우주로 가는 여권Passport to the Universe'이
라는 동영상을 상영한 적이 있다. 천문관의 돔 지붕에 펼쳐진 이 동영
상은 뉴욕 시 전경에서 시작했다가 앵글이 점점 확장되어 지구, 태양
계, 그리고 수천억 개의 별들로 이루어진 은하수를 보여주었다.

　동영상 상영을 시작한 지 한 달쯤 후, 한 대학 교수가 나에게 편지
를 보내왔다. 그는 심리학자로서 자신의 주 연구 분야가 '인간의 존재
감을 위축시키는 것들'이라고 소개했는데, 솔직히 말해서 그런 분야가
있다는 것을 그때 처음 알았다. 그는 '우주로 가는 여권'이 사람들에
게 가장 큰 왜소감을 안겨주는 동영상이라면서, 헤이든 천문관의 방

헤이든 천문관. Alfred Gracombe

문객들을 대상으로 동영상 관람 전과 관람 후 자존감의 변화를 측정하는 설문지를 돌리고 싶다고 했다.

왜소감을 느낀다고? 정말 이해가 가지 않았다. 나는 그 영상을 볼 때마다 왜소감은커녕, 내가 생생하게 살아서 우주와 연결되어 있음을 느꼈다. 1킬로그램 남짓한 두뇌로 우주의 일부나마 이해하는 인간이야말로 정말로 위대한 존재가 아닌가?

나에게 편지를 보낸 그 교수는 아마도 에고가 강한 사람일 것이다. 인간이 우주에서 가장 중요한 존재라고 생각했기 때문에 그런 영상을 보면서 의기소침해졌을 것이다.

사람의 결장 1센티미터 안에 살고 있는 박테리아의 수는 지금까지 지구에 태어나 살아온 모든 인간의 수보다 많다. 이런 정보를 접하면 지구의 주인이 누구인지 다시 한 번 생각하게 된다.

나는 학창 시절에 박테리아에 대해 알게 된 후로 "사람은 시공간의 주인이 아니라 거대한 우주적 체인의 한 부분"이라고 생각하게 되었다. 우리는 지구상에 살고 있거나 멸종한 다른 생명체들과 유전적으로 연결되어 있으며, 수십억 년 전에 살았던 단세포 생물과도 무관하지 않다.

독자들 중에는 "아무리 그렇다 해도 사람은 박테리아보다 똑똑하다."고 생각하는 사람이 있을 것이다.

그렇다. 우리는 박테리아뿐만 아니라 지구에 살고 있는 그 어떤 생명체보다 똑똑하다. 그런데 얼마나 똑똑할까? 우리는 음식을 조리하고, 시와 음악을 창조하고, 예술과 과학을 탐구하고, 수학도 잘한다. 수학을 아주 싫어하거나 못하는 사람이라 해도 가장 똑똑한 침팬지보다는 훨씬 뛰어나다. 앞서 말한 대로 침팬지와 인간의 DNA는 98퍼센트가 일치하지만, 침팬지는 구구단을 외울 수 없고 두 자릿수 이상의 나눗셈을 할 수도 없다.

그런데 이런 차이가 고작 2퍼센트에서 비롯된 것이라면, 인간과 침팬지의 지적 능력은 거의 차이가 없는 것 아닐까?

더도 덜도 말고 딱 인간과 침팬지의 차이만큼 인간보다 우월한 존재가 있다고 가정해보자. 그렇다면 인간이 이룬 최고의 업적은 그들에게 어린애 장난보다 못할 것이다. 그런 종족의 아이들은 TV 유치원에서 ABC를 배우는 대신 다중 변수 미적분학을 배울 것이고, 우리에게는 가장 복잡한 수학 정리나 가장 심오한 철학과 예술도 그네들의 초등학교 숙제에 불과할 것이다. 그들이 스티븐 호킹(그는 17세기에 뉴턴에게 부여되었던 루커스 석좌 교수직을 물려받았다)에게 관심을 가진다면, 아마도 그가 물리학과 우주론 분야에서 다른 인간들보다 '아주 조금' 똑똑하기 때문일 것이다.

인간과 영장류 사이에 유전적으로 큰 차이가 존재한다면 우리는 자부심을 가질 만하다. 외모도 다르고 지능도 월등한데 DNA마저 크게 다르다면 다른 영장류와 근본이 다르다는 뜻이니 우월감을 마음껏 느껴도 된다. 그러나 이런 차이는 존재하지 않는다. 인간은 '그저그런 생명체들 중 하나'일 뿐이다.

증거가 더 필요하다면 얼마든지 보여줄 수 있다. 물을 예로 들어보자. 물은 분자 구조가 간단하고 어디에나 있으면서 생명 유지에 필수적이다. 8온스(227그램)들이 물 한 컵에 들어 있는 분자의 수는 지구에 존재하는 바닷물 전부를 컵에 담는다고 했을 때 필요한 컵의 개수보다 많다. 우리가 마신 물 한 컵은 몸 밖으로 배출되어 지구의 물과 섞이는데, 지구의 모든 물을 담는 각 컵에 이 컵의 물 분자를 1500개씩 나누어줄 수 있다. 그러므로 당신이 지금 마신 물의 분자들 중에는 2500년 전에 소크라테스가 마셨던 것도 있고, 칭기즈 칸과 잔 다르크가 마셨던 것도 있다.

공기도 물 못지않게 중요하다. 숨을 한 번 들이쉴 때 몸 안으로 유입되는 공기 분자의 수는 지구의 공기를 한 사람이 독식한다고 했을 때 그가 쉴 수 있는 호흡 횟수보다 많다. 이는 곧 나폴레옹과 베토벤, 링컨이 마셨던 공기 분자의 일부를 지금 당신이 마시고 있다는 뜻이다.

이제 우주로 나가보자. 우주에 존재하는 별은 해변의 모래알 수보다 많고, 지구의 나이를 초(秒)로 환산한 값보다 많고, 지구에서 살다 간 사람들이 평생 동안 발음한 단어의 수를 모두 합한 것보다 많다.

우주를 바라보면 과거로 갈 수 있다. 별에서 방출된 빛이 지구에 도달하려면 시간이 걸리기 때문에, 우리 눈에 보이는 별은 현재 모습이 아니라 과거의 모습이다. 즉, 우주는 거대한 타임머신인 셈이다. 멀리 바라볼수록 먼 과거를 볼 수 있는데, 심지어는 시간이 처음 흐르기 시작했던 초창기 무렵까지 거슬러 올라갈 수 있다.

당신의 몸을 이루고 있는 원소들이 어디서 왔는지 알고 싶은가? 지구에 갇혀 있는 시야를 우주로 넓히면 더욱 근본적인 답을 구할 수 있다. 우주에 존재하는 모든 화학 원소들은 질량이 큰 별의 내부에서 생성되었고, 그 별이 수명을 다해 폭발하면 온갖 원소들이 은하 곳곳으로 흩어진다. 그 결과 우주에서 가장 흔한 원소인 수소, 산소, 탄소, 질소는 지구 생명체의 주성분이 되었다. 다소 역설적으로 들리겠지만, 우리는 우주에 속하면서 우리 몸 안에 우주가 들어 있다.

그렇다. 우리는 별의 잔해에서 태어난 별의 후손이다. 이 분야에서 수행된 여러 연구 결과들을 하나로 합치면 우리는 누구이며 어디서 왔는지 분명한 결론을 내릴 수 있다.

첫째, 컴퓨터 시뮬레이션에 의하면 커다란 소행성이 행성에 충돌했을 때 엄청난 충돌 에너지가 발생하여 다량의 바위들이 하늘로 솟구치고, 이 바위들은 한동안 우주 공간을 배회하다가 그중 일부가 다른 행성의 표면에 떨어진다. 둘째, 미생물의 생명력은 상상을 초월할 정도로 강하다. 이들은 바위틈에 실린 채 우주 공간의 극단적인 온도와 압력, 그리고 살인적인 복사열을 견디다가 운 좋게 행성에 안착하면 다시 생명 활동을 시작한다. 셋째, 행성학자들은 최근 발견된 증거에 기초하여 "태양계 생성 초기에 화성은 지구보다 먼저 물을 확보했고, 생명체도 먼저 생겼을 것"으로 추정하고 있다.

이상의 결과를 종합해볼 때 생명체는 지구보다 화성에 먼저 존재했으며, 지구의 생명체는 화성에서 왔을지도 모른다. 이것이 소위 '포자 가설'이다. 물론 아직은 가설 단계지만 영화에나 등장하던 화성인이 우리의 조상일 수도 있다니, 정신이 번쩍 들지 않는가?

지난 수백 년 동안 우주에서 새로운 발견이 이루어질 때마다 지구는 우주의 변방으로 끊임없이 좌천되어왔다. 처음에 지구는 우주의 중심이었다가 태양 주변을 공전하는 여러 행성들 중 하나임이 밝혀졌고, 유일하다고 믿었던 태양도 알고 보니 수천억 개에 달하는 별들 중 하나에 불과했다. 그 후에는 은하수가 우주에 존재하는 유일한 은하라고 믿었으나, 관측 가능한 우주에는 거의 1000억 개의 은하가 존재하고 있었다. 우리는 우주의 중심이 아닌 변두리 중의 변두리에 살고 있었던 것이다.

이뿐만이 아니다. 양자역학과 끈 이론, 인플레이션 이론 등 첨단 물리학과 우주론에 의하면 우주는 하나가 아니라 여러 개일 가능성이 높다. 학자들은 이것을 '다중 우주multiverse'라 부른다. 이 이론이 옳다면 우리의 우주는 시공간 직물 속에서 계속 탄생하고 있는 수많은 거품 우주들 중 하나에 불과하다.

우주적 관점은 근원적 지식에서 비롯되지만, 지식을 뛰어넘는 것이기도 하다. 지식에 근거하여 우주에서 우리의 위치를 평가할 때에는 지혜와 통찰력도 중요한 변수로 작용한다. 따라서 우주적 관점이란 다음과 같은 것이다.

우주적 관점은 첨단 과학에서 탄생한다. 그러나 이는 과학자의 전유물이 아니라 모든 사람들의 것이다.

우주적 관점은 겸손하다.

우주적 관점은 우리의 정신세계와 밀접하게 관련되어 있지만 특정 종교와는 무관하다.

우주적 관점은 한 가지 생각으로 큰 것과 작은 것을 모두 이해하게 해준다.

우주적 관점은 유별난 아이디어에 우리의 마음을 열게 해준다. 그러나 마음을 너무 활짝 연 나머지 아무 말이나 쉽게 믿을 지경에 빠뜨리지는 않는다.

우주적 관점은 우리로 하여금 우주에 눈뜨게 해준다. 그곳은 편안한 요람이 아니라 춥고 외롭고 위험한 장소이다.

우주적 관점에 의하면 지구는 한 점 티끌에 불과하지만, 그래도 지구는 값진 티끌이며 우리가 살아갈 수 있는 유일한 집이다.

우주적 관점은 행성과 위성, 별, 그리고 성단의 아름다움과 함께 물리 법칙의 위대함을 깨닫게 해준다.

우주적 관점은 인간의 기본 목표인 음식, 집, 섹스를 초월하여 더 큰 가치를 추구하게 해준다.

우주적 관점은 우리에게 "우주 공간에는 공기가 없어서 깃발이 펄럭이지 않는다."는 사실을 상기시켜준다. 다시 말해서, 펄럭이는 깃발과 우주 탐험은 별개의 문제임을 일깨워준다.

우주적 관점은 인간과 다른 생명체들 사이의 유전적 관계를 일깨워주고, 아직 발견되지 않은 외계 생명체와의 관계까지 추측 가능하게 해준다.

아직 발견되지 않은 우주의 진실은 지금도 똑똑한 발견자를 기다리고 있다. 새로운 발견은 지구에서의 삶을 통째로 바꿀 수도 있다. 우주의 진실을 밝히려는 의지와 호기심이 없다면, 우리는 평생 동안 자기 땅에서 벗어나지 않는 시골 농부와 다를 것이 없다. 농부는 삶에 필요한 모든 자원을 자기 땅에서 얻을 수 있기 때문에 바깥세상으로 나갈 필요를 느끼지 못한다. 그러나 우리 선조들이 이런 식으로 살았다면 그는 지금 농부로 살아가는 대신 동굴 속에 살면서 막대기와 돌멩이로 음식을 구했을 것이다.

모든 탐험은 그 자체로 흥미롭다. 과거의 탐험가들 중에는 돈이나 명예에 무관하게 탐험 자체를 즐겼던 사람도 많다. 그러나 탐험에는 그 이상의 의미가 담겨 있다. 우주에 대한 지식이 더 이상 확장되지 않는 날이 온다면, 우리는 모든 천체들이 지구를 중심으로 회전하고 있다는 과거의 우주관으로 되돌아갈지도 모른다. 이런 세상에서 자원이 부족한 나라의 국민들은 오직 자신만의 이익을 위해 무기를 휘두를 것이다. 우주적 관점을 포용하는 문화가 되살아나지 않는 한, 이것은 우리의 마지막 모습이 될 것이다.

감사의 글

맨 먼저, 이 책에 실린 모든 연설을 기록해준 앤 래이 조너스에게 감사의 말을 전한다. 그녀는 내가 했던 말뿐만 아니라 내가 의미했던 바를 정확하게 짚어내어 완전한 문장으로 다듬어주었다. 또한 우주 탐험 역사가인 존 M. 록즈던은 내게 중요한 정보를 제공해주었으며, 컬럼비아 대학교의 리처드 W. 불리트는 우주 탐험에 관한 나의 첫 번째 글 '발견으로 가는 길'을 훌륭하게 편집하여 좋은 반응을 이끌어냈다. 그동안 나는 우주의 과거와 현재, 그리고 미래에 관하여 수많은 사람들과 대화를 나눴는데, 그중에서도 특히 감사를 전하고 싶은 사람들이 있다. 우주인 닐 암스트롱과 버즈 올드린, 톰 존스, 아일린 콜린스, 캐시 설리번, 하원 의원 로버트 워커, 작가 앤디 체이킨, 과학자 스티븐 와인버그와 로버트 럽턴, 그리고 공학자 루 프리드먼이 바로 그들이다. 또한 국가 안보에 관하여 나와 많은 대화를 나눴던 미국 공군 장성 레스터 라일스와 존 더글러스, 미국 해군 사령관 수 헤그, 항공우주 분석가 하이디 우드에게 감사드린다. NASA에 관해서는 로리

가버와 스테퍼니 시어홀즈, 일레인 워커, 엘리엇 풀럼, 그리고 빌 나이와의 대화가 많은 도움이 되었다. 또한 컴퓨터과학자 스티브 네이피어와는 바다 탐험과 우주 탐험의 역사에 관하여 많은 대화를 나눴고, 존 스톡턴은 내 원고를 읽고 많은 조언을 해주었다. 마지막으로, 〈내추럴 히스토리〉지에 기고했던 나의 글을 오랜 세월 동안 세심하게 편집해주고 이 책의 편집까지 맡아준 에이비스 랭의 도움이 없었다면 이 책은 세상 빛을 보지 못했을 것이다.

닐 디그래스 타이슨

어렵고 신기한 우주 이야기를 재미있게 풀어준 닐 타이슨에게 감사한다. 더불어, 편집을 도우면서 간식까지 챙겨준 엘리엇 포드월과 멋진 도표를 제공해준 경제학자 안와르 샤이크, 책의 전체적인 균형을 조율해준 캐나다의 우주 전문가 수렌드라 파라샤르, 세세한 내용을 꼼꼼하게 조사해준 노턴 랭과 니베디타 마줌다르, 프랜 네시, 줄리아 스컬리, 엘리너 웍텔, 그리고 문제가 생길 때마다 해결사 역할을 해준 엘리자베스 스태쇼에게도 감사의 말을 전한다.

에이비스 랭

모든 과학은 "왜?"라는 물음에서 시작된다는 소문이 있다. 소문이 아니라 사실이라고? 아니다. 과학 자체만 놓고 보면 사실일 수도 있지만, 과학이 실현되는 과정을 보면 반드시 그렇지만도 않다. 과학의 상아탑에서는 "왜?"라는 물음이 앞으로 나아가는 원동력이지만, 현실세계에서는 바로 이 "왜?"라는 물음에 적절한 답을 제시하지 못하여 능력을 갖췄는데도 앞으로 나아가지 못하는 경우가 태반이다.

한 가지 예를 들어보자. 우리나라는 1992년에 최초의 인공위성 우리별 1호를 발사했으니 우주 개발에 첫발을 내디딘 지 23년이 되었다. 그 23년 동안 우리는 로켓의 꼭대기에 실리는 화물, 즉 인공위성의 기능을 조금 개선했을 뿐, 정작 중요한 발사체는 아직도 다른 나라의 기술에 100퍼센트 의존하고 있다. 그러니까 엄밀히 말해서 한국의 우주 개발사는 23년 동안 화물을 만지작거리는 수준에 머물러왔다는 뜻이다. 그러나 미국과 구소련은 2차 세계 대전이 끝난 1945년부터 아무것도 없는 맨땅에서 우주 개발에 착수하여 12년 만에 인공위성을 쏘아 올렸고, 그로부터 다시 12년 후에는 달에 사람을 보냈다. 물론 두 나라는 자원이 풍부하고 전통적인 과학 강국이었으니 우리와는 사정이 달랐겠지만, 한국의 우주 개발사와 비슷한 24년 만에 우주 개발의 신기원을 이룩한 저변에는 상대방보다 군사적으로 우월해야 한다는 절박한 동기가 자리 잡고 있었다. (미사일에 탄두를 싣고 적국을 향해 발사하면 ICBM이 되고, 똑같은 미사일에 관측 장비를 싣고 우주를 향해 발사하면 인공위성이 된다.) 그 시기에 미국과 소련 사람들은 정부가 우주 개발에 천문학적 예산을 쏟아붓고 있는데도 "왜?"라는 의문을 떠올리지 않았다. 생존보다 더 절박한 이유는 존재하지 않기 때문이다. 그러나 절박한 이유가 사라지면 사람들은 정부의 예산 집행에 "왜?"라는 의문을 떠올리고, 생존에 버금가는 합당한 이유를 찾지 못하면 추진력을 잃게 된다.

이 책의 저자인 닐 디그래스 타이슨은 지금 미국이 바로 이런 상황에 놓여 있다고 주장한다. 1969년에 사람을 달에 보내면서 정점을 찍었던 미국의 우주 개발 사업은 소련보다 확실한 우위에 있음을 과시한 후 아폴로 17호(1972년)를 끝으로 막을 내렸고, 그 후로는 사람을 지구 저궤도 바깥으로 보낸 적이 없다. "그러는 사이에 유럽과 중국, 일본 등 신흥 우주 세력이 미국의 기술을 거의 따라잡았으니, 이런 추세로 간다면 미국은 우주 개발에 관한 한 2류 국가로 주저앉을 수밖에 없다."는 것이 그의 지론이다. 우주 개발을 선도한 적이 없는 순진한 우리의 귀에는 엄살처럼 들릴 수도 있지만, 명왕성을 퇴출시키는 데 혁혁한 공을 세운 미국의 천체물리학자가 이런 주제로 책 한 권을 썼으니 분위기가 달라진 것만은 분명한 사실인 듯하다.

우주 개발은 전쟁 다음으로 가장 규모가 큰 '돈 잔치'이다. 연구 개발에 들어가는 비용은 말할 것도 없고, 인공위성과 발사체를 설계, 제작하여 발사하는 데까지 수십조 원은 가볍게 들어간다. 게다가 충분한 경험이 축적되어 있지 않은 국가에서는 이 모든 과정을 다 거쳤다 해도 발사하는 순간에 아주 사소한 실수로 모든 것이 물거품으로 돌아갈 수도 있다. 단순히 '스페이스 클럽에 가입하기 위해' 치러야 하는 대가치고는 너무 크다. 그래서 경제 규모가 작고 절박한 동기도 없는 국가들은 굳이 우주에 관심을 갖지 않는다. 선진국이 이미 쏘아 올린 위성을 유료로 사용하는 편이 훨씬 안전하고, 비용도 싸게 먹히기 때문이다.

다들 알다시피 미국은 지난 50년 동안 우주 개발을 선도하면서 탄탄한 경험을 쌓아왔다. 그리고 경제 규모가 워낙 커서 NASA의 1년 예산은 미국 조세 수입의 0.5퍼센트에 불과하다. 그런데도 새로운 프로젝트가 의회에서 번번이 퇴짜를 맞거나 예산 삭감을 당하는 것을 보면, 미국인의 여론은 우주 개발에 별로 호의적이지 않은 것 같다. 그래서 NASA는 우주 관련 사업의 상당 부분을 민간에 이양하고 점차적으로 기술을 이전한다는 계획을 세워놓고 있다. 정부가 주도하기에는 공감대를 형성하기가 어려워졌기 때문이다. 저자인 타이슨은 이런 추세를 인정하면서도 1960년대에 세계를 선도했던 미국의 개척 정신과 모험 정신을 몹시 그리워하고 있다. 우주 개발이 민간 기업으로 넘어간다 해도 단순한 호기심을 자극하는 수준으로는 자본주의의 경쟁 시장에서 살아남을 수 없기 때문이다. 그는 과거 미국의 개척 정신과 모험심, 그리고 책임감을 민간 기업이 그대로 이어받기를 바라는 마음으로 이 책을 집필했다.

나는 지난 20여 년 동안 다양한 책을 번역해왔지만, 오직 미국인만을 위해 집필된 책을 번역한 것은 이번이 처음이다. 제아무리 강대국이라 해도 나름대로 문제점이 있기 마련이겠으나, 겉으로 쉽게 드러나지 않는 '정치와 과학의 불협화음'을 심도 있게 접하는 것은 그리 흔한 경험이 아닐 것이다. "미국은 강대국이니 무엇이건 세계 최고일 것"이라고 생각한다면 큰 오산이다. 그들이 많은 분야에서 세계 최고인 것은 항상 최고 자리를 유지해온 관성력 때문이 아니라, 각 분야의 전문가들이 그 필요성을 깊이 인지하고 매번 국민들을 끈질기게 설득하여 공감대를 이끌어냈기 때문이다. 그랬던 미국이 지금 우주 개발 분야에서 심한 내홍을 앓고 있다. 기술이 부족해서가 아니라, 그 분야에 돈을 써야 하는 이유가 불투명해졌기 때문이다. 우리나라는 아직 걸음마 단계이므로 이런 걱정을 미리 할 필요는 없겠지만, 이웃 부잣집의 고민거리를 거울삼아 처음부터 뚜렷한 목적의식과 사명감을 갖고 일을 추진한다면 시간을 많이 절약할 수 있을 것이다.

기초 과학은 그 동기가 순수하고 다른 분야와 독립적으로 존재한다 하여 '순수 과학'이라고도 불리는데, 그것을 현실 세계에 적용하여 가시적인 결과를 얻어내려면 어쩔 수 없이 '돈'이 개입된다. 일단 이 시점에 이르면 순수 과학이고 뭐고 전혀 순수하지 않다. 특히 이 책의 주제인 우주 개발 분야에서는 이름에 걸맞게 천문학적인 비용이 들어가기 때문에, 남들보다 우월해지고 싶다는 순진한 바람만으로는 첫발을 내딛기도 어렵다. 왜 우주에 관심을 가지는가? 왜 우주로 나가야 하는가? 왜 막대한 돈을 들여가면서 달에 사람을 보내고 기지를 건설해야 하는가? 이 질문에 국민들이 공감할 만한 답을 찾지 못한다면, 그냥 사용료를 지불하고 남들이 쏘아 올린 위성에 세 들어 사는 편이 낫다. 지금과 같은 세상에서 우주 개발을 위해 국민 복지의 일부를 희생할 수 있는 나라가 과연 몇이나 될까? 그런 나라에 속하는 것이 과연 바람직한 일일까? 기술적인 문제는 그 후에 해결해도 늦지 않다.

2015년 12월

박병철